# TRAITÉ

## DE L'ORGANISATION

# DU PIED DU CHEVAL,

COMPRENANT

## L'ÉTUDE DE LA STRUCTURE, DES FONCTIONS ET DES MALADIES DE CET ORGANE.

### Par M. H. BOULEY,

Professeur de clinique et de chirurgie à l'École nationale vétérinaire d'Alfort, Secrétaire
général de la Société nationale et centrale de médecine vétérinaire.

PREMIÈRE PARTIE. — *ANATOMIE ET PHYSIOLOGIE.*

UN VOLUME GRAND IN-8° SUR RAISIN,

## AVEC UN ATLAS DE 34 PLANCHES LITHOGRAPHIÉES,

DESSINÉES D'APRÈS NATURE

### Par M. Edm. POCHET.

Pas de pied, pas de cheval. (LAFOSSE.)
*No foot, no horse.* (JEREMIAH BRIDGES.

PRIX : Figures noires, 14 fr.; — Figures coloriées, 23 fr.

## PROSPECTUS.

Le livre dont nous annonçons aujourd'hui la publication est destiné à occuper dans la bibliothèque du vétérinaire, une place que la marche de la science a rendue, depuis longtemps, vacante.

Il sera utile tout à la fois à l'homme de science et au praticien.

Son auteur n'a pas voulu parler seulement à l'intelligence de ses lecteurs; il a voulu aussi s'adresser à leurs yeux.

C'est dans ce but qu'il a mis à côté du texte, où se trouvent traitées et approfondies toutes les questions que comportent l'*Anatomie* et la *Physiologie du pied du cheval*, un atlas de 34 planches, dans lequel un des meilleurs élèves du célèbre Jacob, M. Pochet, a reproduit, avec une rare perfection, toutes les dispositions de structure qui peuvent servir à l'étude de l'anatomie du pied, et aux éclaircissements de la physiologie, de la chirurgie et de la ferrure.

A l'aide de cette combinaison, qui n'avait plus été essayée en vétérinaire, d'une manière aussi complète, depuis la publication du grand traité de Lafosse fils, sur l'hippiatrie, l'élève aura à sa disposition un livre qui lui permettra d'étudier avec une grande facilité l'organisation d'une des parties les plus intéressantes du corps du cheval, et de bien en interpréter le mécanisme.

Le praticien se remettra facilement en mémoire tous les détails anatomiques et physiologiques, qui finissent par s'en effacer, faute d'occasion de les étudier de nouveau par la dissection, et qui lui sont cependant si utiles pour la pratique éclairée de la chirurgie et de la ferrure ;

Enfin, les vétérinaires de l'armée qui sont appelés si souvent, soit à faire des démonstrations aux officiers de leurs corps, soit à éclairer les maréchaux placés sous leurs ordres ;

Et les vétérinaires civils qui remplissent les fonctions de professeurs dans les fermes écoles et dans les fermes régionales, trouveront dans le livre de M. H. Bouley, un utile auxiliaire pour arriver plus directement à l'intelligence de leurs auditeurs et frapper davantage leur attention.

Dire que cette nouvelle publication répond complètement à tous ces besoins, c'est assez en faire comprendre l'importance et l'utilité.

Il ne nous appartient pas de nous prononcer ici sur la manière dont **M. H.** Bouley a conçu et exécuté son travail.

**M. H.** Bouley est connu des vétérinaires par la position élevée qu'il occupe dans l'enseignement à l'école d'Alfort; par la rédaction du *Recueil de médecine vétérinaire* dont il est le rédacteur en chef depuis quinze ans; et par les travaux spéciaux qu'il a publiés dans ce recueil.

Ces titres parlent assez d'eux-mêmes pour que nous croyions devoir nous abstenir de toute appréciation.

Nous nous contenterons, pour donner aux vétérinaires une idée du travail de **M. H.** Bouley, de le laisser parler lui-même, en reproduisant ici la préface de son livre, dans laquelle il expose le plan qu'il s'est proposé de suivre :

« Le livre que je me hasarde à soumettre aujourd'hui au jugement du public, est la première partie d'un travail qui doit embrasser dans son ensemble l'étude complète de l'organisation du pied du cheval, considéré sous le triple rapport de l'*anatomie,* de la *physiologie* et de la *pathologie.* En prenant à mon tour, pour thème de mes études, un sujet déjà traité d'une manière si supérieure, par Bourgelat, M. Girard, Bracy Clark et M. Périer, je me suis moins proposé pour but de faire un travail complétement original, que de présenter dans un nouveau cadre, plus large et plus étendu, toutes les connaissances acquises aujourd'hui à notre science sur cette importante matière. Quoique signé d'un seul nom, le livre que j'offre en ce moment au public, peut donc être considéré comme une œuvre collective. Je me suis, en effet, inspiré pour le rédiger, et des travaux des auteurs qui m'ont précédé dans la voie où j'ai essayé d'entrer, et des leçons de mes maîtres, de M. Renault principalement, dont les travaux inédits m'ont été d'un si utile secours dans l'exécution de celui-ci ; et, enfin, des conseils et des renseignements qu'ont bien voulu me communiquer mes collègues et mes confrères.

« En outre, la connaissance de la langue anglaise m'a permis de mettre à contribution les recherches si multipliées que nos confrères de la Grande-Bretagne ont faites sur le pied du cheval, qui a été pour eux, on peut le dire, un sujet de véritable prédilection.

« Sans doute qu'il y a de ma part quelque témérité à placer, sous un patronage aussi considérable, un livre qui ne répondra peut-être pas au nombre et à la grandeur des moyens dont j'étais libre de disposer pour l'exécuter. Je ne me le suis pas dissimulé, mais j'ai dû me mettre en dehors de cette préoccupation pour obéir à un sentiment bien naturel de reconnaissance envers ceux, devanciers ou contemporains, dont les travaux m'ont été si profitables.

« Un mot maintenant sur le plan suivi dans la rédaction de ce livre.

« Ce plan est celui qui m'était tracé par la nature même.

« Dans une première partie consacrée à l'anatomie, j'ai étudié avec plus de développements qu'on ne l'avait fait encore, la disposition et la structure des différents tissus, dont l'admirable assemblage constitue la région du pied du cheval, tâchant à éviter, autant que possible, et la surabondance des détails trop minutieux qui fatiguent le lecteur, sans beaucoup d'avantages pour son instruction, et la trop grande sécheresse des descriptions qui ne donne pas une idée suffisante de la disposition organique qu'on se propose de faire comprendre.

« Afin de faciliter l'interprétation des faits de l'anatomie, de la physiologie et de la pathologie que ce livre a pour but d'éclairer, j'ai cru devoir ajouter à son texte un atlas de trente-quatre planches, dont l'exécution a été confiée à M. Ed. POCHET, l'un des élèves les plus

distingués de cet excellent maître Jacob, ancien professeur de dessin
à l'École d'Alfort, où il a laissé de si bons souvenirs, et qui a élevé
à la science anatomique humaine l'un des monuments les plus impérissables.

« Un pareil travail ne pouvait se faire sans des frais considérables,
devant lesquels ont reculé les éditeurs de profession, en raison même
du public assez restreint auquel s'adresse un ouvrage de la nature de
celui ci, et de la lenteur de son écoulement.

« Cette première et grande difficulté ne devait pas m'arrêter, si je
voulais faire un livre aussi utile que possible aux vétérinaires.

« En général, un ouvrage d'anatomie a besoin, pour être bien
compris, d'être accompagné de planches, qui, mieux que ne peut le
faire le texte, initient l'élève aux secrets de l'organisation dont il
doit rechercher la connaissance plus complète par la dissection, et
remettent mieux aussi dans la mémoire du praticien la disposition
organique que la dissection lui a autrefois dévoilée.

« Mais si les planches sont utiles pour l'étude de l'anatomie en général, leur utilité est surtout incontestable lorsqu'il s'agit des régions
du corps qui, telles que le cerveau, la moelle ou les tissus sous cornés, se dérobent par leur situation même aux atteintes immédiates
du scalpel, et ne peuvent être mises à découvert qu'après la brisure
de leur enveloppe résistante ; opération difficile et pénible toujours,
et qui fait que, dans la pratique, les investigations de l'autopsie s'arrêtent souvent devant cette barrière.

« Il m'a semblé, en raison de la difficulté que présente d'habitude
la dissection de la région du pied du cheval, que ce serait rendre un
véritable service aux élèves comme aux praticiens, que de donner, à
l'aide de planches, la représentation fidèle des tissus contenus dans
l'intérieur de la boîte cornée.

« C'est un des motifs principaux qui m'ont décidé à faire exécuter l'atlas joint au texte de cet ouvrage.

« Il est vrai que ce travail complémentaire du mien n'a pu être fait sans qu'il en résultât une plus grande élévation du prix de la livraison qu'il accompagne.

« Dans une publication essentiellement vétérinaire, c'est là un inconvénient réel, dont je ne me suis pas dissimulé la gravité.

« Mais cet inconvénient devait-il me faire perdre de vue les avantages incontestables que me semblait offrir l'adjonction de planches au texte de mon livre? Je ne l'ai pas pensé, et mes lecteurs, j'en suis bien convaincu, partageront cet avis, lorsqu'ils verront avec quelle habileté supérieure l'artiste distingué qui a bien voulu s'associer à moi a reproduit les pièces anatomiques que je lui avais données pour modèles.

« Je me suis, du reste, fait un devoir de remplir le plus qu'il m'a été possible, à l'avantage du public spécial auquel je m'adresse, le rôle d'éditeur dont j'ai dû me charger contre mon gré, en abaissant, autant qu'il a dépendu de moi, le prix de cette première livraison, et je puis dire avec satisfaction que j'ai atteint un résultat qui n'est pas ordinaire dans le commerce de la librairie.

« La deuxième partie de cette livraison traite des différentes fonctions du pied.

« J'ai étudié successivement la circulation artérielle et veineuse et la nutrition dans les tissus du pied, le rôle de cet organe comme instrument principal de l'appareil locomoteur, les propriétés sensoriales qui lui appartiennent, et enfin les deux sécrétions dont il est le siége, à savoir la sécrétion kératogène et l'exhalation séreuse.

« Toutes ces questions sont d'une importance si dominante dans la physiologie du cheval, considéré comme animal moteur (et c'est là

sa fonction domestique exclusive), que je n'ai pas hésité à leur consacrer des développements très-étendus.

« Je n'ai pas fait effort, en exposant cette partie de mon sujet, pour
*éviter d'être long*, parce que j'avais la conviction de ne rien dire
d'inutile, et il me sera facile, je l'espère, de démontrer, lorsque je serai
arrivé à la troisième division de mon travail, combien les connaissances fournies par la physiologie sont fécondes dans leur application à l'hygiène et à la thérapeutique du pied du cheval.

« Cette première livraison n'embrasse que l'anatomie et la physiologie.

« Dans une deuxième, je traiterai de l'anatomie et de la physiologie
pathologiques, de l'étiologie des maladies du pied, de leur prognose
et de leur traitement, considérés d'une manière générale.

« Dans une troisième enfin, je donnerai la description spéciale de
ces maladies, et je formulerai les principes généraux qui doivent
présider à la ferrure du cheval dans les conditions physiologiques et
pathologiques.

« J'aurai recours, pour toutes les questions pratiques si hérissées
de difficultés que comportent ces dernières divisions de mon travail,
non-seulement aux documents que j'ai pu recueillir depuis que je
suis attaché à la chaire de clinique d'Alfort, soit comme chef de service, soit comme professeur, mais encore et surtout à la longue et
savante expérience de mon père, et aussi au savoir de M. VATEL,
qui tous les deux ont bien voulu m'assurer le concours de leurs lumières pour l'achèvement de la difficile entreprise dont je me suis
chargé. J'espère qu'avec une pareille assistance, il me sera possible
de la conduire à bonne fin.

« Je ne terminerai pas cet avant-propos sans adresser ici des témoignages publics de ma reconnaissance à mon collègue M. GOUBAUX,

professeur d'anatomie à Alfort, pour le concours qu'il a bien voulu me prêter dans les recherches anatomiques que mon travail a nécessitées ; à M. Clément, chef de service de chimie à Alfort, auquel je dois des détails pleins d'intérêt sur la structure de la corne et sur ses propriétés physiques et chimiques ; à M. Chauveau, chef de service d'anatomie à l'École de Lyon, qui m'a assisté dans mes travaux anatomiques pendant son séjour comme élève à l'école d'Alfort, et a bien voulu me communiquer depuis le résultat de ses recherches micrographiques sur la corne, avec d'excellentes planches que je n'ai pu reproduire, parce que cela aurait entraîné de trop grandes dépenses ; à M. Reynal, chef de service de clinique à Alfort, qui a mis à ma disposition tous les documents qui pouvaient m'être utiles ; à M. Legris fils, vétérinaire à Paris, auquel je dois de très-bons renseignements, fruits de son observation particulière sur l'activité de la sécrétion kératogène dans certaines conditions anormales du pied, et enfin à M. Deshayes, actuellement élève de la quatrième année à Alfort, dont le zèle infatigable, l'habileté manuelle et l'intelligence m'ont été d'un si utile secours dans la préparation des pièces que M. Pochet a reproduites avec tant de fidélité dans son atlas.

« H. BOULEY.

« Alfort, le 3 juin 1851. »

Paris. — Typogr. de E. et V. PENAUD frères, rue du Faubourg-Montmartre, 10.

# TRAITÉ

DE L'ORGANISATION

# DU PIED DU CHEVAL.

Typographie de E. et V. PENAUD FRÈRES, rue du Faubourg-Montmartre, n° 10.

# TRAITÉ

## DE L'ORGANISATION

# DU PIED DU CHEVAL,

COMPRENANT

L'ÉTUDE DE LA STRUCTURE, DES FONCTIONS ET DES
MALADIES DE CET ORGANE;

## Par M. H. BOULEY,

Professeur de clinique et de chirurgie à l'École nationale vétérinaire d'Alfort, Secrétaire
général de la Société nationale et centrale de médecine vétérinaire.

## AVEC UN ATLAS DE 34 PLANCHES LITHOGRAPHIÉES,

dessinées d'après nature par M. Edm. POCHET.

Pas de pied, pas de cheval. LACOSSE
*No foot, no horse.* JEREMIAH BRIDGES

---

# PARIS

LABÉ, ÉDITEUR, LIBRAIRE DE LA FACULTÉ DE MÉDECINE
ET DE LA SOCIÉTÉ NATIONALE ET CENTRALE DE MÉDECINE VÉTÉRINAIRE,
Place de l'École-de-Médecine, 23 ancien n° 4.

1851

# A Monsieur J. GIRARD,

Chevalier de la Légion d'honneur et de l'ordre de Saint-Michel,
ancien Directeur-Professeur de l'École d'Alfort,
Membre de l'Académie nationale de médecine et de la Société nationale et
centrale d'agriculture, Président honoraire de la Société nationale et
centrale de médecine vétérinaire, etc.


Monsieur et très-honoré Maitre,

Permettez-moi de mettre sous l'invocation de votre nom, vénéré à tant de titres parmi les vétérinaires, ce premier essai, dont la pensée m'a été inspirée par la lecture d'un des excellents livres dont vous avez doté notre enseignement.

En le rédigeant, je n'ai voulu que continuer votre œuvre.

Veuillez-en agréer l'hommage comme expression de ma profonde vénération pour vos travaux et de ma bien vive reconnaissance pour l'amitié dont vous m'avez toujours honoré.


H. BOULEY.

# PRÉFACE.

Le livre que je me hasarde à soumettre aujourd'hui au jugement du public, est la première partie d'un travail qui doit embrasser dans son ensemble l'étude complète de l'organisation du pied du cheval, considéré sous le triple rapport de l'*anatomie,* de la *physiologie* et de la *pathologie.* En prenant à mon tour, pour thème de mes études, un sujet déjà traité d'une manière si supérieure, par Bourgelat, M. Girard, Bracy Clark et M. Périer, je me suis moins proposé pour but de faire un travail complétement original, que de présenter dans un nouveau cadre, plus large et plus étendu, toutes les connaissances acquises aujourd'hui à notre science sur cette importante matière. Quoique signé d'un seul nom, le livre que j'offre en ce moment au public, peut donc être considéré comme une œuvre collective. Je me suis, en effet, inspiré pour le rédiger, et des travaux des auteurs qui m'ont précédé dans la voie où j'ai essayé d'entrer, et des leçons de mes maîtres, de M. Renault principalement, dont les travaux inédits m'ont été d'un si utile secours dans l'exécution de celui-ci ; et, enfin, des conseils et des renseignements qu'ont bien voulu me communiquer mes collègues et mes confrères.

En outre, la connaissance de la langue anglaise m'a permis de mettre à contribution les recherches si multipliées que nos confrères de la Grande-Bretagne ont faites sur le pied du cheval, qui a été pour eux, on peut le dire, un sujet de véritable prédilection.

Sans doute qu'il y a de ma part quelque témérité à placer, sous un patronage aussi considérable, un livre qui ne répondra peut-être pas au nombre et à la grandeur des moyens dont j'étais libre de disposer pour l'exécuter. Je ne me le suis pas dissimulé, mais j'ai dû me mettre en dehors de cette préoccupation pour obéir à un sentiment bien naturel de reconnaissance envers ceux, devanciers ou contemporains, dont les travaux m'ont été si profitables.

Un mot maintenant sur le plan suivi dans la rédaction de ce livre. Ce plan est celui qui m'était tracé par la nature même.

Dans une première partie consacrée à l'anatomie, j'ai étudié avec plus de développements qu'on ne l'avait fait encore, la disposition et la structure des différents tissus, dont l'admirable assemblage constitue la région du pied du cheval, tâchant à éviter, autant que possible, et la surabondance des détails trop minutieux qui fatiguent le lecteur, sans beaucoup d'avantages pour son instruction, et la trop grande sécheresse des descriptions qui ne donne pas une idée suffisante de la disposition organique qu'on se propose de faire comprendre.

Afin de faciliter l'interprétation des faits de l'anatomie, de la physiologie et de la pathologie que ce livre a pour but d'éclairer, j'ai cru devoir ajouter à son texte un atlas de trente-quatre planches, dont l'exécution a été confiée à M. Ed. POCHET, l'un des élèves les plus distingués de cet excellent maître Jacob, ancien professeur de dessin à l'École d'Alfort, où il a laissé de si bons souvenirs, et qui a élevé à la science anatomique humaine l'un des monuments les plus impérissables.

Un pareil travail ne pouvait se faire sans des frais considérables, devant lesquels ont reculé les éditeurs de profession, en raison même du public assez restreint auquel s'adresse un ouvrage de la nature de celui-ci, et de la lenteur de son écoulement.

Cette première et grande difficulté ne devait pas m'arrêter, si je voulais faire un livre aussi utile que possible aux vétérinaires.

En général, un ouvrage d'anatomie a besoin, pour être bien compris, d'être accompagné de planches, qui, mieux que ne peut le faire le texte, initient l'élève aux secrets de l'organisation dont il doit rechercher la connaissance plus complète par la dissection, et remettent mieux aussi dans la mémoire du praticien la disposition organique que la dissection lui a autrefois dévoilée.

Mais si les planches sont utiles pour l'étude de l'anatomie en général, leur utilité est surtout incontestable lorsqu'il s'agit des régions du corps qui, telles que le cerveau, la moelle ou les tissus sous cornés, se dérobent par leur situation même aux atteintes immédiates du scalpel, et ne peuvent être mises à découvert qu'après la brisure de leur enveloppe résistante ; opération difficile et pénible toujours, et qui fait que, dans la pratique, les investigations de l'autopsie s'arrêtent souvent devant cette barrière.

Il m'a semblé, en raison de la difficulté que présente d'habitude la dissection de la région du pied du cheval, que ce serait rendre un véritable service aux élèves comme aux praticiens, que de donner, à l'aide de planches, la représentation fidèle des tissus contenus dans l'intérieur de la boîte cornée.

C'est un des motifs principaux qui m'ont décidé à faire exécuter l'atlas joint au texte de cet ouvrage.

Il est vrai que ce travail complémentaire du mien n'a pu être fait sans qu'il en résultât une plus grande élévation du prix de la livraison qu'il accompagne.

Dans une publication essentiellement vétérinaire, c'est là un inconvénient réel, dont je ne me suis pas dissimulé la gravité.

Mais cet inconvénient devait-il me faire perdre de vue les avantages incontestables que me semblait offrir l'adjonction de planches au texte de mon livre? Je ne l'ai pas pensé, et mes lecteurs, j'en suis bien convaincu, partageront cet avis, lorsqu'ils verront avec quelle habileté supérieure l'artiste distingué qui a bien voulu s'associer à moi a reproduit les pièces anatomiques que je lui avais données pour modèles.

Je me suis, du reste, fait un devoir de remplir le plus qu'il m'a été possible, à l'avantage du public spécial auquel je m'adresse, le rôle d'éditeur dont j'ai dû me charger contre mon gré, en abaissant, autant qu'il a dépendu de moi, le prix de cette première livraison, et je puis dire avec satisfaction que j'ai atteint un résultat qui n'est pas ordinaire dans le commerce de la librairie.

La deuxième partie de cette livraison traite des différentes fonctions du pied.

J'ai étudié successivement la circulation artérielle et veineuse et la nutrition dans les tissus du pied, le rôle de cet organe comme instrument principal de l'appareil locomoteur, les propriétés sensoriales qui lui appartiennent, et enfin les deux sécrétions dont il est le siége, à savoir la sécrétion kératogène et l'exhalation séreuse.

Toutes ces questions sont d'une importance si dominante dans la physiologie du cheval, considéré comme animal moteur (et c'est là sa fonction domestique exclusive), que je n'ai pas hésité à leur consacrer des développements très-étendus.

Je n'ai pas fait effort, en exposant cette partie de mon sujet, pour *éviter d'être long*, parce que j'avais la conviction de ne rien dire d'inutile, et il me sera facile, je l'espère, de démontrer, lorsque je serai arrivé à la troisième division de mon travail, combien les connaissances fournies par la physiologie sont fécondes dans leur application à l'hygiène et à la thérapeutique du pied du cheval.

Cette première livraison n'embrasse que l'anatomie et la physiologie.

Dans une deuxième, je traiterai de l'anatomie et de la physiologie pathologiques, de l'étiologie des maladies du pied, de leur prognose et de leur traitement, considérés d'une manière générale.

Dans une troisième enfin, je donnerai la description spéciale de ces maladies, et je formulerai les principes généraux qui doivent présider à la ferrure du cheval dans les conditions physiologiques et pathologiques.

J'aurai recours, pour toutes les questions pratiques si hérissées de difficultés que comportent ces dernières divisions de mon travail, non-seulement aux documents que j'ai pu recueillir depuis que je suis attaché à la chaire de clinique d'Alfort, soit comme chef de service, soit comme professeur, mais encore et surtout à la longue et savante expérience de mon père, et aussi au savoir de M. VATEL, qui tous les deux ont bien voulu m'assurer le concours de leurs lumières pour l'achèvement de la difficile entreprise dont je me suis chargé. J'espère qu'avec une pareille assistance, il me sera possible de la conduire à bonne fin.

Je ne terminerai pas cet avant-propos sans adresser ici des témoignages publics de ma reconnaissance à mon collègue M. GOUBAUX, professeur d'anatomie à Alfort, pour le concours qu'il a bien voulu me prêter dans les recherches anatomiques que mon travail a nécessitées ; à M. CLÉMENT, chef de service de chimie à Alfort, auquel je dois des détails pleins d'intérêt sur la structure de la corne et sur ses propriétés physiques et chimiques ; à M. CHAUVEAU, chef de service d'anatomie à l'École de Lyon, qui m'a assisté dans mes travaux anatomiques pendant son séjour comme élève à l'école d'Alfort, et a bien voulu me communiquer depuis le résultat de ses recherches micrographiques sur la corne, avec d'excellentes planches que je n'ai pu reproduire, parce que cela aurait entraîné de trop grandes dépenses; à M. REYNAL, chef de service de clinique à Alfort, qui a mis à ma disposition tous les documents qui pouvaient m'être utiles; à M. LEGRIS fils, vétérinaire à Paris, auquel je dois de très-bons renseignements, fruits de son observation particulière sur l'activité de la sécrétion kératogène dans certaines conditions anormales du pied, et enfin à M. DESHAYES, actuellement élève de la quatrième année à Alfort, dont le zèle infatigable, l'habileté manuelle et l'intelligence m'ont été d'un si utile secours dans la préparation des pièces que M. Pochet a reproduites avec tant de fidélité dans son atlas.

Alfort, le 3 juin 1851.

H. BOULEY.

# TABLE DES MATIÈRES.

### Parties externes du pied.

*Appareil corné. — Ongle. — Sabot. — Boîte cornée.*

## Appendice.

*Aperçu général des modifications de forme et de structure que présente
le pied suivant les âges.*

# TRAITÉ

DE

## L'ORGANISATION DU PIED DU CHEVAL.

L'ancienne hippiatrie exprimait par l'aphorisme que nous avons pris pour épigraphe de ce livre l'importance que l'on doit attacher à l'intégrité absolue des pieds du cheval dans l'appréciation des aptitudes de cet animal aux services de la domesticité.

« Pas de pied, pas de cheval ; *no foot, no horse.* »

Quel est, en effet, l'usage exclusif du cheval dans le groupe des animaux que l'homme a soumis à son empire? Celui d'un moteur. Comme ces merveilleuses machines que l'industrie humaine a créées, pour ainsi dire, à son imitation, et auxquelles il a servi d'unité de mesure, cet animal est employé exclusivement à engendrer le mouvement et à le communiquer aux masses inertes avec lesquelles on le met en rapport.

Or, le cheval ne peut fonctionner comme moteur et produire la plus grande somme possible d'effets utiles qu'à la condition de la parfaite solidité de ses colonnes de soutien et de la force des adhérences de ses pieds sur le sol. Car c'est vers le pied que convergent, et c'est à lui qu'aboutissent toutes les actions des ressorts locomoteurs ; c'est lui qui sert de point d'appui aux leviers que ces ressorts mettent en mouvement ; et, en dernier résultat, c'est de la solidité de cet appui que dépendent, et la sûreté de la station, et la stabilité de l'équilibre de la machine animale, et aussi l'énergie de la propulsion qui détermine son déplacement.

Pas de pied, pas de cheval donc. Cette vérité trouve tous les jours sa triste confirmation dans la ruine prématurée de bon nombre d'animaux réduits à l'impuissance de rendre leurs services, parce qu'ils pèchent par les pieds.

Toutes les qualités d'un cheval sont, en effet, considérablement amoindries, et peuvent même être entièrement annulées, par la mau-

1

vaise conformation ou les altérations accidentelles de ces organes essentiels; et, quelle que soit la supériorité de son origine, si parfaite que se présente sa construction d'ensemble, si régulier l'agencement de ses parties, si bonne la trempe de ses ressorts : l'animal n'en demeure pas moins incapable de suffire aux services auxquels il était apte par sa race et par sa conformation, lorsque ses pieds, altérés dans leurs formes ou rendus douloureux par des maladies profondes, ne fournissent plus à la machine qu'un point d'appui incertain ou hésité; — témoin, par exemple, ces excellents chevaux de la race anglaise, fameuse à tant de titres, qui périssent si souvent avant l'âge par la ruine de leurs pieds, qu'un auteur vétérinaire a pu dire, sans être taxé de trop d'exagération dans son langage, qu'une des maladies les plus redoutables et les plus fréquentes dont ils sont atteints, la maladie naviculaire, était *comme une malédiction jetée sur la bonne chaire de cheval.*

La région du pied a donc une importance principale dans l'ordonnance générale du mécanisme locomoteur, elle le tient tout entier sous sa dépendance, comme la base l'édifice, comme le point d'appui le levier; la régularité de sa structure, l'intégrité de sa fonction, sont les conditions essentielles, absolues, de l'utilisation complète du cheval aux usages de la domesticité.

Ces simples considérations expliquent, et justifieront sans doute aux yeux de nos lecteurs, les développements assez étendus que nous avons cru devoir consacrer à l'étude de la région digitale du plus utile de nos animaux moteurs.

Notre travail comprendra trois divisions.

Dans la première, consacrée à l'**anatomie,** nous étudierons le pied dans tous les détails de sa merveilleuse organisation;

Dans la deuxième, nous traiterons de la **physiologie** de cet organe;

Dans la troisième, enfin **(pathologie)**, nous considèrerons les altérations de forme, de structure et de fonctions qu'il peut éprouver, et nous indiquerons les moyens les mieux appropriés, soit pour lui conserver, soit pour lui restituer autant que possible son intégrité normale.

## PREMIÈRE DIVISION.

# ANATOMIE.

La région des membres du cheval à laquelle on donne le nom de PIED dans le langage ordinaire, n'est à proprement parler que l'extrémité du *doigt,* car le pied considéré au point de vue zoologique, s'étend depuis le carpe ou le tarse jusqu'à la dernière phalange. Mais l'usage a consacré l'application de cette dénomination à la partie du membre qui est immédiatement en rapport avec le sol, et malgré ce qu'elle peut avoir de vicieux, il y aurait plutôt inconvénient qu'avantage à ne pas l'adopter dans le langage scientifique.

Le pied du cheval est remarquable par une disposition anatomique assez exceptionnelle pour que les naturalistes l'aient considérée comme un caractère zoologique principal de la famille, très-nettement distincte, à laquelle le cheval appartient : — son doigt est unique et son pied conséquemment *indivisé.* — D'où les noms de *monodactyles* et de *solipèdes,* sous lesquels les animaux de cette famille sont assez souvent désignés.

Cette simplicité de disposition anatomique n'exclut pas cependant, dans le pied du cheval, la richesse et la complexité de l'organisation. Au contraire, le doigt unique dont il est formé, considérablement développé relativement à ceux des autres animaux, fait voir, avec un grossissement naturel pour ainsi dire, toutes les parties constituantes de cet organe, et dévoile, par la grandeur de ses dimensions et l'achèvement de sa structure, les secrets d'une organisation moins facilement saisissable dans les autres familles d'animaux digités.

Le pied du cheval est composé de deux ordres de parties, les unes INTERNES, *organisées* et *sensibles;* les autres EXTERNES, formées d'une matière organique *cornée,* mais complétement dénuées des *propriétés de la vie.*

A. Les parties internes sont :

1° Des *os,* au nombre de trois : la *deuxième phalange,* la *troisième* et le *petit sésamoïde,* qui forment, par leur réunion, *l'articulation du pied;*

2° Des *ligaments* spéciaux, qui maintiennent ces os dans leurs rapports ;

3° Des *tendons*, qui remplissent le triple office d'agents de transmission du mouvement, de ligaments articulaires et d'organes de suspension du poids du corps ;

4° Un *appareil fibro-cartilagineux élastique*, surajouté à la troisième phalange, qui la complète pour ainsi dire en arrière, et élargit la surface par laquelle elle prend son appui sur le sabot, et transmet au sol les pressions qu'elle supporte ;

5° Des *artères*, des *veines*, des *lymphatiques*, des *nerfs*, remarquables par leur nombre, par leur développement et par leur disposition flexueuse et anastomotique ;

6° Une *membrane tégumentaire* propre à la région du pied, qui diffère du tégument général auquel elle fait continuité par ses caractères extérieurs, sa structure notablement modifiée et ses fonctions spéciales.

*B.* Les parties externes du pied, au nombre de quatre, la *paroi*, la *sole*, la *fourchette* et le *périople*, forment, par leur assemblage, une boîte cornée, l'*ongle* ou le *sabot*, qui s'adapte exactement, par sa cavité intérieure, sur les contours de la face externe de la membrane sous-ongulée, contracte avec elle une adhérence intime par engrénement réciproque, et complète la structure générale du pied en fournissant à ses parties sensibles un appareil épais, dur, résistant et cependant élastique, qui fait corps avec elles et les protége contre la violence des corps avec lesquels le pied, par la nature de sa fonction, est destiné à être incessamment en rapport.

Telles sont, dans leur ordre de succession du dedans au dehors, les différentes parties composantes du pied du cheval.

Cette première division de notre travail va être consacrée à les étudier isolément dans leurs formes, dans leur structure et dans leurs rapports normaux.

Nous considèrerons donc successivement :

*A.* Les **parties internes**, comprenant :

1° L'APPAREIL OSSEUX avec l'appareil *fibro-cartilagineux élastique*, qui n'en est pour ainsi dire que le complément ;

2° L'APPAREIL ARTICULAIRE, comprenant les ligaments spéciaux du pied, les tendons, qui en remplissent l'office, et les gaînes synoviales ;

3° L'appareil vasculaire, comprenant les artères, les veines et les lymphatiques ;

4° L'appareil nerveux ;

5° L'appareil tégumentaire.

*B*. Les **parties externes,** comprenant un seul appareil :

L'appareil corné, en d'autres termes, l'ongle, le sabot, dont les différentes parties constituantes sont : la *paroi,* la *sole,* la *fourchette* et le *périople.*

Lorsque nous aurons considéré isolément chacun de ces éléments de la structure du pied, nous les rétablirons dans leur ensemble, afin d'étudier la configuration extérieure de l'organe qu'ils concourent à former.

# PARTIES INTERNES DU PIED.

## CHAPITRE PREMIER.

## APPAREIL OSSEUX.

Trois os servent de base au pied du cheval : la troisième phalange, la deuxième, et le petit sésamoïde.

### § I<sup>er</sup>.

### DE LA TROISIÈME PHALANGE.

(Planches I, II, III, IV.)

La troisième phalange, *phalange unguéale* de Rigot, *coffin bone* des Anglais (littéralement : os du coffre, par allusion à la boîte du sabot dans laquelle il est renfermé), plus communément *os du pied,* forme l'extrémité inférieure ou la première assise de la colonne brisée que les membres représentent.

Son étude anatomique offre sous le double rapport de la physiologie et de la chirurgie une importance principale qui expliquera les détails dans lesquels nous allons entrer.

La troisième phalange est un os court dont la forme, très-irrégulière dans sa partie postérieure, participe cependant de celle du cône par la courbe de sa face antérieure et par le segment de circonférence de sa base.

Cet os constitue comme le noyau du pied, suivant l'expression assez heureuse de Bracy Clarck [1].

C'est autour de lui que se trouve disposé, à la manière du péricarpe du fruit, le parenchyme vasculaire et nerveux qui continue en dedans du sabot l'enveloppe tégumentaire générale; il sert de support à la colonne des membres, et de point d'attache aux plus longues cordes tendineuses qui mettent en jeu leurs leviers.

Pour la facilité de la description et la précision du langage, il faut reconnaître à l'os du pied trois faces, trois bords et deux extrémités.

### I. — DES FACES DE LA TROISIÈME PHALANGE.

#### a. FACE ANTÉRIEURE.

(Pl. I, Fig. 1. — Pl. II, Fig. 1 et 2. — Pl. IV, Fig. 1 et 2.)

Des trois surfaces qui limitent la phalange unguéale, l'antérieure est la plus étendue; c'est elle qui, par sa courbure dirigée d'une extrémité à l'autre, et par son inclinaison de haut en bas et d'arrière en avant, donne à cet os sa configuration principale, celle d'une section de cône irrégulièrement tronquée dans sa partie postérieure.

Cette face de la phalange est principalement remarquable par les aspects différents sous lesquels s'y présente le tissu osseux.

Pour en donner une idée, il est nécessaire d'en examiner successivement la disposition dans la région médiane, sur les parties latérales et vers les extrémités de l'os.

A la région médiane, et vers le bord supérieur de la phalange (A), dans l'étendue en hauteur de 3 à 4 centimètres environ, la couche corticale est formée par du tissu compact dont la superficie, sillonnée d'empreintes vasculaires, est très-finement criblée d'une multitude d'ouvertures qu'on dirait pratiquées avec la pointe acérée d'une aiguille.

Immédiatement en bas de cette couche condensée, le tissu osseux se raréfie et laisse voir à nu, dessinées en fin relief, ses fibres constitutives, qui affectent une disposition réticulaire analogue à celle de l'écorce des arbres (B).

Plus bas, ce tissu, raréfié davantage encore, se divise en lamelles

---

[1] *It is the nucleus of the foot.* 2ᵉ édition anglaise, p. 128; in-4°. London, 1829.

tr:s-fines, qui descendent, en s'entrecroisant dans leur trajet, vers
.. marge inférieure de la phalange, et forment par leurs bords libres
un réseau très-délié à mailles étroites et profondes.

Sur les parties de la phalange immédiatement attenantes à la
région centrale, la disposition extérieure du tissu osseux présente
à peu de différences près les mêmes caractères ; seulement, en bas
de la zone compacte supérieure, moins large dans ces parties qu'antérieurement, on voit se hérisser quelques aspérités irrégulières qui
affectent la structure lamelleuse propre à toute la couche corticale
inférieure de la phalange.

Cette structure lamelleuse, qui se dessine de plus en plus à mesure
qu'on se rapproche des extrémités postérieures, acquiert son plus
complet développement dans l'étendue de 5 à 6 centimètres en avant
de ces extrémités (Pl. II, Fig. 2, c).

Là, la substance osseuse n'est plus divisée en lamelles seulement,
mais en petites écailles, minces et arrondies sur leurs bords, imbriquées d'avant en arrière à la manière des tuiles d'un toit. et maintenues à distance les unes des autres par des lames obliques, de
façon à intercepter entre elles de vastes aréoles dont la disposition
est surtout saisissable lorsqu'on les examine d'arrière en avant.

La substance raréfiée de l'os, ainsi considérée, présente à l'observateur les orifices béants de cellules irrégulières, circonscrites
par ces lames écailleuses.

Une disposition analogue se fait observer dans une étendue correspondante à la face plantaire.de la phalange, dont l'aspect spongieux contraste dans ce point avec la compacité de sa couche corticale (Pl. I, Fig. 2, c).

Éminence patilobe (Pl. II, Fig. 2, c). — Cette région écailleuse
des parties latérales de l'os du pied forme un renflement ovalaire,
compris entre la scissure préplantaire et la marge inférieure de l'os,
auquel Bracy Clarck, s'inspirant d'idées théoriques que nous aurons
plus tard à apprécier, a donné le nom d'*éminence patilobe*[1], sous lequel il est généralement désigné aujourd'hui.

Il avait encore proposé de l'appeler nœud écailleux de l'os du
pied, *scaly node of the coffin bone*, expression qui nous paraît meilleure, en ce sens qu'elle ne rappelle que l'aspect objectif des parties,
sans rien impliquer de leurs usages comme la première.

---

[1] *Patere*, ouvrir ; *loba*, les lobes.

En outre des porosités innombrables que représentent les mailles de son réseau cortical, le tissu de la troisième phalange laisse voir, sur sa face antérieure, une multitude considérable d'ouvertures, de diamètre inégal, en général irrégulières dans leur situation, variables dans leurs formes, qui ne sont autre chose que les orifices extérieurs des canaux vasculaires dont la trame de l'os est traversée ; ce sont tout à la fois, pour parler le langage de Bichat, des cavités de transmission des vaisseaux intra-osseux à la membrane qui sert de revêtement à la phalange, et des cavités de nutrition qui permettent le passage dans la trame de l'os de ses vaisseaux nutritifs.

Parmi ces cavités vasculaires, il en est quelques-unes qui présentent une certaine fixité dans leur situation et dans leur direction : ce sont les plus considérables.

Ainsi, vers le bord inférieur de l'os, elles sont généralement disposées, en nombre variable de huit à douze, sur une ligne parallèle à ce bord lui-même, obliquement dirigées de haut en bas et de dedans en dehors, allongées dans le sens de l'inclinaison de la surface qu'elles traversent, et continuées en demi-canal jusque sur le tranchant de la phalange, auquel elles donnent quelquefois un aspect dentelé (o o o).

Les grandes ouvertures supérieures, moins régulières dans leur dissémination et dans leur nombre, affectent une direction inverse des premières ; elles traversent la substance osseuse de bas en haut et de dedans en dehors. Deux d'entre elles sont fixes dans leur position, ce sont celles qui terminent les scissures vasculaires profondes dont les faces latérales de la phalange sont creusées.

Apophyse basilaire (D). — Au-dessus des éminences patilobes, entre l'angle postérieur de la surface articulaire de la phalange et son extrémité terminale, s'élève une éminence discoïde qui se détache de l'os et se projette en arrière et un peu en dehors, par dessus l'apophyse *rétrossale* (R) (extrémité postérieure), dont elle est séparée par une profonde entaille, origine des scissures préplantaires.

Cette éminence, jusqu'à présent innominée, a été souvent confondue par les anatomistes français avec les *patilobes* de Bracy Clarck. Pour éviter cette erreur et permettre plus de précision dans le langage, nous lui donnerons le nom d'*apophyse basilaire,* en raison de son siége et de ses usages par rapport au cartilage latéral auquel elle sert de base d'implantation. Il faut distinguer dans l'apophyse basilaire deux faces, un bord terminal et une base.

La *face externe,* aplatie et rugueuse, a pour revêtement cortical une couche de substance compacte, traversée par une multitude de cavités vasculaires très-ténues.

La *face interne* (Pl. III, Fig. 1, D), compacte aussi, plus rugueuse encore que la première, et creusée, comme elle, de cavités vasculaires nombreuses, présente dans sa longueur un renflement allongé.

Le *bord* forme une lèvre épaisse, arrondie dans son contour, hérissée çà et là de quelques aspérités et criblée de porosités.

SCISSURES VASCULAIRES. — L'apophyse basilaire tient à la phalange par un pédoncule renflé et compact, profondément creusé d'arrière en avant et de dedans en dehors par un demi-canal circulaire, qui isole les apophyses basilaire et rétrossale l'une de l'autre et se continue sur la surface convexe de la phalange par deux profondes scissures (Pl. II, Fig. 2, E E'); l'une, antérieure (E), rampe d'arrière en avant, sur le tiers latéral de l'os, dans une direction horizontale, au-dessus de l'éminence patilobe qu'elle limite supérieurement, et se termine dans un ou plusieurs des trous principaux dont la face convexe de la phalange est criblée; l'autre, postérieure, descend jusqu'au bord tranchant, en se dirigeant obliquement d'arrière en avant, à travers l'éminence patilobe qu'elle sillonne (E').

Quelquefois cette dernière scissure est biflexe; l'une de ses branches est alors oblique en avant et l'autre en arrière jusqu'au sommet de l'apophyse rétrossale, où elle se termine.

Le fond de ces scissures destinées à loger les divisions de l'artère préplantaire est revêtu d'une couche épaisse de substance compacte. Leurs bords sont hérissés d'aspérités très-aiguës qui, dans quelques circonstances, se projettent au-dessus d'elles et les convertissent par places en un canal osseux presque complet.

La forme que nous venons d'indiquer comme propre à l'apophyse basilaire est celle qu'elle affecte, en effet, sur les os phalangiens des sujets adultes dont le sabot n'a pas encore éprouvé de déformation.

Mais avec l'âge, et par le fait des altérations dont la phalange unguéale devient presque fatalement le siége dans le cheval de service, l'apophyse basilaire change de forme et augmente de volume. Les modifications très-variables qu'elle peut éprouver seront indiquées dans la partie de notre travail où nous traiterons des altérations morbides des tissus du pied.

### *b*. FACE INFÉRIEURE DE LA PHALANGE UNGUÉALE.

( Pl. I, III, IV.)

La face inférieure ou la base de la troisième phalange représente dans son ensemble un segment de figure ovalaire dont la courbe parabolique du bord tranchant de l'os du pied forme la circonscription antérieure et qui est limité en arrière par la marge transversale de la surface articulaire supérieure.

Cette face concave, suivant le sens de ses deux diamètres principaux, offre à considérer deux plans distincts, creusés à des niveaux différents, entre lesquels la délimitation est établie par une crête parabolique (*crête semi-lunaire* A), concentrique à la courbe du bord antérieur de l'os.

PLAN ANTÉRIEUR. — Le plan situé en avant de la convexité de cette crête est le plus étendu et le moins excavé (Fig. 2, Pl. I, IV).

Il est revêtu, dans son centre, d'une couche assez épaisse de substance compacte que traversent, par places irrégulièrement disséminées, des ouvertures ovalaires, obliquement dirigées vers le bord circulaire de la phalange.

A mesure qu'elle se rapproche de ce bord, cette couche compacte se raréfie de plus en plus et revêt les caractères du tissu spongieux sur la limite extrême de la surface.

C'est surtout sur les parties latérales de l'os et vers ses extrémités, aux régions qui correspondent aux éminences patilobes, que cette texture spongieuse devient plus marquée ; là, le tissu compacte a disparu complètement, et laisse voir une succession de lamelles imbriquées, maintenues à distance les unes des autres et interceptant entre elles de larges aréoles de figure ovalaire (c).

PLAN POSTÉRIEUR (Pl. I, Fig. 2 ; Pl. III, Fig. 1, 2 ; Pl. IV, Fig. 3). — Le plan situé en arrière de la concavité de la crête est plus profondément et plus irrégulièrement creusé que le plan antérieur. Il est taillé obliquement de bas en haut et d'avant en arrière. En arrière de la crête et parallèlement à elle existe de chaque côté une scissure inflexe (s) de 2 à 4 centimètres de longueur qui procède de la base de l'apophyse basilaire au point d'origine des scissures préplantaires, dont elle est séparée par une sorte d'éperon saillant, longe la courbe intérieure de la crête et aboutit à un large foramen ovalaire par lequel elle se continue dans la profondeur de l'os (Pl. III, Fig. 1, x).

Cette scissure est la voie de transmission de la division plantaire de l'artère digitale.

En dedans et en arrière de ces scissures plantaires, on remarque une série d'empreintes ligamenteuses disposées sur une ligne trans- versale (j j).

La couche osseuse qui sert de revêtement à cette excavation de la surface plantaire de la phalange est très-compacte. Cependant elle est traversée par des ouvertures vasculaires, nombreuses surtout à l'endroit des empreintes ligamenteuses et, plus particulièrement en- core, au niveau du bord qui établit la limite entre elle et la surface articulaire supérieure.

Crête semi-lunaire. — La crête qui sépare les deux plans inéga- lement concaves de la face plantaire de la phalange a reçu, en raison de sa forme, le nom de *crête semi-lunaire* (a).

Jetée en manière d'écharpe de l'extrémité d'une apophyse rétros- sale à l'autre, cette crête ne présente pas le même développement dans toute son étendue.

Dans sa partie centrale, elle forme deux saillies distinctes ; l'une linéaire (a), sorte d'arête âpre et rugueuse, qui décrit une courbe concentrique au bord tranchant de l'os et marque la limite en arrière du plan antérieur de sa face plantaire ; l'autre plus renflée, inégale, raboteuse et creusée d'empreintes transversales.

Cette dernière partie varie, du reste, beaucoup dans sa forme, même sur les très-jeunes sujets.

Tantôt elle constitue une éminence saillante au-dessus des plans de l'os et des parties latérales de la crête ; d'autres fois elle s'étale, se projette en manière de promontoire entre les deux foramens pro- fonds auxquels aboutissent les scissures plantaires, et empiète jusque sur la moitié du plan concave postérieur. Dans d'autres cas, enfin, elle n'est représentée que par un groupe d'aspérités granuleuses rassemblées dans une dépression de la face plantaire à cet endroit.

De chaque côté de cette partie centrale la crête forme un relief sail- lant et arrondi (Pl. I, IV, Fig. 2, ii), dans le flanc duquel se trouve creusée supérieurement la scissure plantaire.

Enfin, elle se termine soit par un renflement continu, soit par une série d'aspérités tubéreuses à la face interne des apophyses rétros- sales.

La *crête semi-lunaire* sert de surface d'insertion à l'expansion membraniforme du tendon fléchisseur profond ; elle est constituée, comme toutes les éminences d'insertion, par un renflement de substance compacte très-dense qui ne se laisse traverser de porosités vasculaires qu'au niveau des apophyses rétrossales et sur la limite de la scissure plantaire.

Le sommet de cette crête présente presque toujours des empreintes linéaires, tracées dans le sens du diamètre antéro-postérieur, qui semblent le résultat de l'impression des fibres tendineuses auxquelles elle donne implantation.

### C. FACE SUPÉRIEURE DE LA TROISIÈME PHALANGE.

( Pl. I, Fig. 1. — Pl. III, Fig. 1, 2. )

La face supérieure de l'os du pied , circonscrite en avant par une courbe arciforme assez régulière, et en arrière par une ligne droite transversale qui réunit l'une à l'autre, à la manière de la corde de l'arc, les deux extrémités de la courbe antérieure, représente ainsi dans son ensemble un segment de figure ovalaire dont le plus grand diamètre serait postérieur.

Cette surface, oblique en arrière et en bas et concave dans le sens de son inclinaison , constitue une sorte de plan incliné , de chaque côté duquel sont, pour ainsi dire, empreintes deux cavités ovalaires, rapprochées l'une de l'autre par leur extrémité antérieure et s'en écartant en arrière (N N). Entre ces deux cavités glénoïdales, d'inégale grandeur (l'interne est toujours plus grande que l'externe), existe un renflement conique de la table articulaire qui les sépare l'une de l'autre (G).

A la base de ce renflement, en arrière des deux cavités glénoïdales, le plan d'inclinaison de la surface articulaire change brusquement ; il devient tout à coup plus oblique par en bas (Pl. III, Q). L'os présente, à cet endroit, une facette plane disposée transversalement, plus large dans son milieu qu'à ses extrémités, et séparée de la partie postérieure de la surface, qu'elle continue, par une sorte d'arête mousse qui n'est autre chose que le sommet de l'angle plan formé par le changement d'inclinaison.

Cette face supérieure de la troisième phalange a pour revêtement, comme toutes les surfaces articulaires, une couche de substance compacte à laquelle est superposé un cartilage diarthrodial.

## II. — Bords de la troisième phalange.

### 1° bord supérieur.

Le bord supérieur (F) de la troisième phalange décrit une courbe onduleuse à trois contours alternes réguliers, et forme une arête vive entre la face supérieure et la face antérieure de l'os.

La partie médiane de cette courbe, dont la convexité saillante est tournée en haut, circonscrit une éminence d'insertion, dite *pyramidale* en raison de sa forme (Pl. II, Fig. 2, K), qui fait continuité par sa face antérieure à la face convexe de l'os du pied, et par sa face postérieure à la surface articulaire supérieure qu'elle prolonge en avant et en haut.

Cette éminence présente antérieurement un relief onduleux (A), concentrique au contour supérieur de l'os, et des empreintes irrégulières (Pl. II, Fig. 1, L). La substance qui la forme est très-compacte, mais traversée, cependant, de cavités vasculaires assez nombreuses, surtout à son sommet, sur la marge de l'articulation.

L'éminence pyramidale donne implantation aux fibres épanouies du tendon extenseur du pied.

Sur chacun de ses côtés, le bord supérieur de la phalange s'abaisse en décrivant une courbe dont la convexité est inférieure et va se réunir à angle droit à son bord postérieur en dedans des apophyses basilaires.

Aux extrémités de la courbe qu'il décrit, en avant et à la base des apophyses basilaires, on remarque au-dessous de ce bord une cavité d'insertion, de forme triangulaire, large dans sa partie supérieure de plus de 1 centimètre, profondément creusée jusque dans le pédoncule de l'apophyse qui la domine, dont les marges sont hérissées d'aspérités et traversées de foramens vasculaires assez nombreux (Pl. II, Fig. 1 et 2, T).

Ce sont les cavités d'insertion des ligaments latéraux antérieurs de la troisième articulation phalangienne.

### 2° bord inférieur.

#### ( Pl. I, II, C. )

Le bord inférieur, encore appelé bord tranchant, forme une arête vive au point de réunion de la face convexe de l'os avec sa face concave, et représente un croissant dont les branches sont très-prolongées en arrière. Les canaux qui continuent les grands trous vasculaires ouverts à l'extrême limite inférieure de la face convexe de la phalange empiètent çà et là sur son épaisseur et lui donnent un aspect *dentelé* (Pl. I et II, u).

Dans son centre il présente presque toujours une échancrure plus profonde, que Bracy Clarck considère comme une espèce de linéament par lequel la nature a voulu marquer le passage du pied des monodactyles au pied des bisulques (Pl. I, Fig. 2, p).

La substance osseuse qui sert de base à ce bord de la troisième phalange ne présente pas la même densité sur l'une et l'autre des faces dont il est le point de réunion, et dans toute son étendue. Très-compacte à la face inférieure, elle est, au contraire, raréfiée et spongieuse sur toute l'étendue de la face antérieure.

Les mêmes caractères de spongiosité se manifestent à la face inférieure, sur les parties latérales, au niveau des éminences patilobes, là où, comme nous l'avons indiqué plus haut, la substance de l'os présente une texture alvéolaire si remarquable.

3° BORD POSTÉRIEUR.

( Pl. I, III, v. )

Il s'étend en ligne droite de la base d'une éminence basilaire à l'autre, et établit la délimitation entre la surface diarthrodiale et la partie postérieure de la base de la phalange.

Il n'offre pas d'autre particularité à indiquer que la compacité de sa substance et la rareté des ouvertures vasculaires qui le traversent.

III. — EXTRÉMITÉS DE LA TROISIÈME PHALANGE ; ÉMINENCES RÉTROSSALES DE BRACY CLARCK.

( Pl. I, II, III, IV, R. )

Situées au-dessous et en arrière des apophyses basilaires, à la terminaison des deux branches du croissant que représente la partie antérieure de la surface solaire, les extrémités de la phalange sont très-variables et très-irrégulières dans leur forme. Tantôt elles constituent une espèce de pyramide triangulaire dont les faces, l'interne surtout, sont inégales et raboteuses ; tantôt elles sont seulement bifaciées ; d'autres fois elles forment une tubérosité mousse, très-irrégulièrement sculptée d'anfractuosités sinueuses.

Quelle que soit la forme qu'elles affectent, les extrémités de la troisième phalange sont caractérisées principalement par leur texture spongieuse, identique à celle des éminences patilobes dont elles font partie et qu'elles terminent en arrière (Pl. I, Fig. 2, R). Elles portent ordinairement du côté interne et à leur pointe la plus extrême un ou plusieurs tubercules arrondis, qui font continuité, comme nous l'avons dit, à la crête semi-lunaire ; et du côté externe une scissure vasculaire, dirigée obliquement en arrière, qui émane de la scissure principale creusée dans la base de l'apophyse basilaire ( Pl. I, Fig. 2, e').

Bracy Clarck a donné à ces extrémités postérieures de la phalange le nom d'apophyse rétrossale (*retro,* en arrière ; *ossa,* os), que nous adoptons parce qu'il permet de mettre plus de précision dans le langage [1].

## IV. — Structure de la troisième phalange.

Le tissu osseux se présente dans la troisième phalange, comme dans toutes les autres parties du squelette, avec les différences d'aspect et de texture que les anatomistes ont distinguées sous les noms de *substance compacte* et de *substance spongieuse.*

### a. De la substance compacte dans la troisième phalange.

La substance compacte entre dans sa composition :

1° Pour constituer son enveloppe extérieure ou corticale ;

2° Pour servir de revêtement aux canaux de transmission des branches postérieures de l'artère digitale et au sinus profond dans lequel ces branches s'anastomosent ;

3° Et enfin pour former dans l'intérieur de la substance spongieuse des sortes de poutres ou de contre-forts sur lesquels viennent prendre un point d'appui les lamelles constitutives de la substance celluleuse.

#### 1° Disposition de la substance compacte à l'extérieur de la phalange.

L'enveloppe corticale de substance compacte est complète autour de la troisième phalange, quoique les apparences extérieures semblent, dans quelques points, indiquer qu'elle fait défaut ; mais cette couche est différemment épaisse sur chacune de ses faces et dans les différents points de leur étendue.

Sa plus grande épaisseur existe à la région plantaire, au niveau du renflement de la crête semi-lunaire, comme on peut s'en assurer sur une coupe longitudinale pratiquée dans le plan médian de la

---

[1] Bracy Clarck a encore désigné ces extrémités sous les noms de *posterior appendice of the coffin bone,* appendice postérieur de l'os du pied. Le nom d'apophyse rétrossale a, sur ce dernier, l'avantage de la concision.

phalange. Lorsque les os sont arrivés à leur complet achèvement, elle peut équivaloir, dans ce point, aux deux tiers environ d'un centimètre.

En avant de la crête semi-lunaire, cette épaisseur décroît insensiblement, au point de se réduire à celle d'une pièce de cinq francs environ, dimension qu'elle conserve dans la partie centrale de l'os jusqu'à son bord tranchant, mais qui diminue vers les parties latérales, où la couche compacte se raréfie par sa face profonde et acquiert le caractère du tissu celluleux.

En arrière de la crête semi-lunaire, la couche compacte s'amincit rapidement aux dépens de ses lames externes, et devient presque pelliculaire à son angle de jonction avec la table de la face supérieure.

Cette table de substance compacte, correspondante à la surface articulaire de la phalange, présente une épaisseur variable dans les différents animaux, suivant le développement de leur système osseux, mais toujours plus considérable sur le même os dans le centre des cavités glénoïdales et diminuant insensiblement vers leurs bords.

A la face antérieure de la phalange unguéale, la substance compacte est inégalement répartie. Très-abondante et très-condensée dans toute l'étendue mesurée par la hauteur de l'éminence pyramidale ; considérablement épaissie à la base de cette éminence et du côté de ses lames internes, au point d'acquérir des dimensions presque doubles de celles qu'elle présente à son sommet, elle décroît sensiblement aux dépens de sa couche profonde, à partir de ce renflement intérieur jusqu'au bord tranchant de l'os, point où elle augmente de nouveau d'épaisseur par la superposition l'une à l'autre des couches de substance compacte qui forment les revêtements antérieur et inférieur de la phalange.

Les lamelles et les écailles sculptées sur la face antérieure de cette phalange, et qui semblent accuser l'absence de la substance compacte dans toute l'étendue de la surface où elles se dessinent, sont superposées au plan extérieur de cette substance et formées aux dépens de ses couches superficielles, comme on peut s'en assurer par l'examen des coupes longitudinales ou horizontales pratiquées dans l'épaisseur de l'os.

Telles sont les dispositions de la substance compacte à l'extérieur de la phalange.

### 2° Disposition de la substance compacte à l'intérieur de la phalange.

La substance compacte forme dans l'intérieur de la phalange les parois d'une vaste cavité cylindrique et demi-circulaire, que nous appellerons, en raison de sa forme et de ses usages, *sinus semi-lunaire* (Pl. V, Fig. 1, 2, P s).

Ce sinus, disposé sur un plan horizontal et dans une direction transversale au-dessus et un peu en avant de la crête semi-lunaire, est parallèle par sa couche profonde au plan inférieur de la phalange, par sa convexité antérieure à la courbe parabolique de son bord tranchant et par sa concavité postérieure à la convexité de la crête semi-lunaire.

Ses parois inférieures sont formées par la couche corticale de la face plantaire dans laquelle il est comme incrusté, et sa voûte est constituée par une lame de substance compacte dont la surface externe sert de support aux cloisons perpendiculaires du tissu celluleux.

Dans quelques cas, la capacité intérieure de ce sinus est séparée en deux compartiments dans sa région centrale par une sorte de pilier qui descend de la voûte au plancher.

Le sinus semi-lunaire est en communication avec les faces antérieure et inférieure de la phalange par deux groupes de canaux ou de tuyaux osseux, que l'on peut distinguer, d'après leur siége et leur direction, en antérieurs et en postérieurs.

Les tuyaux postérieurs (P s), au nombre de deux, sont, à proprement parler, la continuité de la cavité du sinus. Ils ont une direction oblique de bas en haut et d'avant en arrière, comme la couche corticale plantaire sur laquelle ils reposent. Convergents l'un vers l'autre, ils aboutissent, en arrière de la crête semi-lunaire, aux *trous plantaires* (Pl. I, Fig. 2, s) par lesquels les scissures du même nom (Pl. V, Fig. 2, M), qui ne sont elles-mêmes que la continuité extérieure du sinus semi-lunaire, s'ouvrent dans l'intérieur de la phalange.

Les canaux antérieurs peuvent être distingués en *descendants* et *ascendants*.

Les canaux descendants (D D D) affectent sur la convexité antérieure du sinus une sorte de disposition rayonnée, analogue à celle des raies sur le moyeu de la roue.

Situés sur le plan horizontal de la couche corticale plantaire dans laquelle ils sont incrustés, comme le sinus lui-même, ils en suivent l'inclinaison et descendent en ligne, ou droite, ou sinueuse, ou bifurquée, jusqu'aux trous ovalaires, au nombre de dix à quatorze, qui s'ouvrent sur la face convexe de la phalange, immédiatement au-dessus de son bord tranchant.

Les canaux ascendants s'élèvent perpendiculairement de la partie périphérique antérieure et supérieure du sinus, et vont aboutir, à travers la substance spongieuse de l'os, à ces ouvertures irrégulièrement disséminées dont sa face antérieure est criblée.

Les parois de tous ces canaux sont formées par une lame de substance compacte.

Enfin, cette même substance semble irradier à travers le canevas celluleux de l'os une multitude de lamelles solides, disposées et entrecroisées comme les poutres d'une charpente pour répartir les pressions sur les parties de l'os qui, par leur densité et leur compacité, offrent le plus de résistance.

Ainsi, par exemple, il existe un pilier très-solide de substance compacte qui se prolonge en ligne perpendiculaire du renflement intérieur de l'éminence pyramidale au renflement de la couche corticale inférieure, correspondant à la crête semi-lunaire.

Le pilier de séparation qu'on remarque, dans quelques pièces, au milieu du sinus semi-lunaire, peut être considéré comme un appareil de renforcement de la substance intérieure de la troisième phalange.

### b. DE LA SUBSTANCE SPONGIEUSE DANS LA TROISIÈME PHALANGE.

La substance spongieuse remplit l'intervalle qu'interceptent, en se réunissant, les trois plans compacts des surfaces de la phalange et les vides laissés entre les lamelles de renforcement irradiées d'un plan compact à l'autre.

Cette substance représente un assemblage de lamelles continues à la face interne du tissu compacte, qui forment, en s'entrecroisant, une multitude innombrable de cellules, de configuration et de grandeur variées, communiquant toutes ensemble, comme le démontrent les injections au mercure ou même simplement à la cire.

La direction de ces lamelles, comme la disposition de leurs cellules, échappe à une description de détail.

Ce qui semble ressortir d'une inspection à l'œil nu ou à la loupe faite sur différentes coupes parallèles, pratiquées dans le sens de la longueur de l'os, c'est qu'elles paraissent combinées, dans leur disposition générale, de manière à transmettre et à répartir les pressions sur les régions de l'os qui, par leur structure et leur composition, offrent le plus de conditions de résistance.

C'est ainsi, par exemple, que les lamelles du tissu spongieux situées au-dessus de la surface diarthrodiale descendent perpendiculairement, en avant vers le renflement intérieur de la base de l'éminence pyramidale, et en arrière sur la couche compacte qui sert de base à la crête semi-lunaire.

La texture de la substance spongieuse n'est pas la même dans toute la profondeur de la phalange. Généralement plus serrée au voisinage des lames compactes, elle se raréfie davantage et présente des aréoles plus larges et plus développées dans la partie centrale de l'os.

Différences entre les phalanges antérieures et postérieures.

Ces différences ne sont pas essentielles; elles consistent seulement dans une modification légère de la forme, les phalanges postérieures présentant un diamètre latéral plus étroit et un diamètre antéro-postérieur plus étendu que les phalanges antérieures. Peut-être aussi que la densité de ces dernières est moins forte que celle des premières. Mais à part cela, la disposition extérieure et la structure interne sont les mêmes dans les unes et dans les autres.

## De l'appareil fibro-cartilagineux élastique du pied.

( Pl. VI, VIII, IX, X, XI. )

La troisième phalange est continuée, et pour ainsi dire complétée, à ses deux extrémités et à son bord postérieur, par un vaste appareil fibreux et fibro-cartilagineux qui lui est si intimement uni qu'on peut le considérer comme faisant partie de sa propre substance (Pl. VI, Fig. 1).

Sa description doit donc suivre immédiatement celle de l'os du pied.

L'appareil fibro-cartilagineux élastique forme, en arrière et au-dessous de la troisième phalange, un vaste bassin fibreux, à parois souples et flexibles, qui joue dans l'élasticité du pied un rôle principal que nous aurons plus tard à apprécier.

Nous distinguerons dans cet appareil élastique, très-complexe sous le rapport de la disposition physique et de la structure anatomique, trois parties : deux *latérales* symétriques perpendiculaires, et une *médiane* : distinction basée plutôt sur un artifice anatomique que sur une différence de texture ; car ces trois parties forment un tout qui, s'il n'est pas homogène, est parfaitement continu et n'est divisible que par le scalpel.

Les anatomistes qui nous ont précédé donnent aux parties latérales de l'appareil fibreux complémentaire de l'os du pied les différents noms de *prolongements fibro-cartilagineux de l'os du pied* (Girard), *fibro-cartilages du troisième phalangien* (Renault), *grands cartilages du pied, great podal cartilages* (Bracy Clarck).

Nous conserverons ces différentes dénominations, mais il nous arrivera dans le cours de nos descriptions de leur substituer celles d'*appendice scutiforme* de la phalange ou de *plaque cartilagineuse,* expressions qui joignent à la concision l'avantage de donner une idée du contour et de la forme des cartilages, et en même temps aussi de permettre de varier la monotonie du langage anatomique.

Nous conserverons à la partie médiane de l'appareil fibro-cartilagineux complémentaire le nom de *coussinet plantaire,* sous lequel elle est depuis longtemps désignée par les anatomistes français. Seulement, pour en donner une idée plus exacte et plus complète, et pour mieux en faire comprendre la disposition, nous y distinguerons deux parties :

1° Une *inférieure* (Pl. VII, ᴀ), renflée dans son centre en pyramide allongée et disposée en couche horizontale du bord inférieur d'un appendice scutiforme à l'autre. Nous lui réserverons le nom de *renflement pyramidal* du coussinet plantaire, ou, plus brièvement, de *corps pyramidal ;*

2° Nous désignerons, avec Bracy Clarck, sous le nom de *bulbes* du coussinet plantaire (*resilient globes*) la partie de cet organe située au-dessus du renflement pyramidal, entre les deux plaques cartilagineuses, et qui, bien que continue à elle-même dans son milieu, semble divisée en deux globes latéraux par une dépression médiane (Pl. XI, ꜰ).

Lorsque nous aurons examiné séparément les différentes parties que nous venons de reconnaître artificiellement pour la facilité de nos descriptions, nous reconstruirons l'appareil qu'elles forment et nous l'étudierons dans son ensemble.

I. — Dᴇs ᴘᴀʀᴛɪᴇs ʟᴀᴛᴇ́ʀᴀʟᴇs ᴅᴇ ʟ'ᴀᴘᴘᴀʀᴇɪʟ ꜰɪʙʀᴏ-ᴄᴀʀᴛɪʟᴀɢɪɴᴇᴜx ᴇ́ʟᴀsᴛɪꝗᴜᴇ ᴅᴇ ʟᴀ ᴛʀᴏɪsɪᴇ̀ᴍᴇ ᴘʜᴀʟᴀɴɢᴇ, ᴏᴜ ᴅᴇs ꜰɪʙʀᴏ-ᴄᴀʀᴛɪʟᴀɢᴇs ᴅᴇ ʟ'ᴏs ᴅᴜ ᴘɪᴇᴅ.

(Pl. VI, VIII, IX.)

Ces cartilages s'élèvent perpendiculairement sous la forme d'un large appendice scutiforme, de chaque côté de la troisième phalange, en arrière de la cavité d'insertion du ligament qui unit cette dernière à l'os coronaire (Pl. VIII, c).

A leur base, ils englobent, en avant (b), l'apophyse que nous avons appelée *basilaire* en raison de cette position même, et qui semble destinée à leur servir de cheville d'implantation ; et en arrière l'éminence *rétrossale*, au-dessous de laquelle ils se réfléchissent (h).

Puis ils montent en s'inclinant un peu en avant, jusqu'au niveau de la première articulation phalangienne, se prolongent de quelques centimètres en arrière de la deuxième phalange et des extrémités de la troisième, et se replient, enfin, en arrière et au-dessous du tendon fléchisseur profond, pour confondre leur tissu dans la partie médiane du vaste appareil que nous étudions.

Il faut reconnaître à cet appendice fibro-cartilagineux deux faces et quatre bords.

*a.* Face externe (Pl. VIII, IX). — La face externe, irrégulièrement convexe et bossuée, fait continuité par en bas à la face latérale de la troisième phalange, mais sur un niveau un peu différent, car elle se projette en dehors et en bas, et rencontre conséquemment cette dernière sous un angle très-obtus.

Cette face est criblée d'ouvertures vasculaires obliquement dirigées de bas en haut et de dehors en dedans, nombreuses surtout et d'un diamètre considérable en arrière de l'apophyse basilaire, au niveau de l'insertion du cartilage, sur les marges de l'éminence patilobe.

*b.* Face interne. — La face interne est concave et moulée, pour ainsi dire, sur la saillie des parties qu'elle embrasse (Pl. XI, XII, c c).

Il faut y distinguer deux régions, l'une antérieure, l'autre postérieure.

La région antérieure, la moins étendue, est libre d'adhérences ; elle est immédiatement en rapport avec la capsule articulaire avec laquelle elle est unie par un tissu cellulaire à grandes lames.

La région postérieure est appliquée contre les bulbes renflés du coussinet plantaire (Pl. XI, c).

La disposition de la surface interne du cartilage dans cette partie est fort remarquable.

En haut, la substance du cartilage est creusée d'anfractuosités sinueuses qui ne sont, pour ainsi dire, que l'empreinte du réseau veineux auquel elle sert de support.

Du sommet des reliefs qui séparent ces anfractuosités, on voit s'échapper de petites brides fibreuses, sortes de ligaments qui plongent dans les *bulbes* du coussinet plantaire et établissent entre eux et la plaque cartilagineuse un commencement de continuité. Plus bas, ces ligaments sont remplacés par des colonnes saillantes qui pénètrent dans la masse de ces bulbes et se fondent avec elle. Ces colonnes interceptent entre elles des canaux complets dans lesquels rampent les veines du plexus cartilagineux interne.

Enfin, plus bas encore, le tissu de l'appendice cartilagineux et celui de la couche inférieure du coussinet plantaire se confondent intimement, ou, pour mieux dire, forment un tout continu, indivis, traversé par de nombreux foramens vasculaires qui s'ouvrent à la surface externe et inférieure du cartilage latéral, comme nous l'avons indiqué plus haut (Pl. XI, F).

Il résulte de cet aperçu que la plaque du cartilage latéral est unie, dans sa partie supérieure, aux renflements bulbeux du coussinet plantaire par des brides fibreuses et par le tissu cellulaire qui recouvre le plexus veineux cartilagineux interne ; que cette union devient plus intime, dans le milieu, par des reliefs saillants qui s'échappent de la trame cartilagineuse et pénètrent dans la masse bulbeuse du coussinet ; et enfin qu'en bas elle s'établit par une véritable continuité de texture.

### *Bords du cartilage latéral.*

*a.* BORD INFÉRIEUR. — Le bord inférieur (Pl. VIII, IX, D) constitue la base du cartilage latéral. C'est dans son épaisseur que s'incrustent l'apophyse basilaire et cette éminence tubéreuse, irrégulièrement anfractueuse, qui forme l'extrémité de l'os (*éminence rétrossale* (H).

Il se prolonge jusque par-dessus la scissure préplantaire et implante ses fibres aux aspérités qui la bordent et à la marge supérieure de l'éminence patilobe, puis il se réfléchit en arrière et en dessous (H), à la face inférieure de la troisième phalange, pour faire continuité à la couche inférieure du coussinet plantaire.

*b.* BORD SUPÉRIEUR (Pl. VIII, IX, F). — Le bord supérieur, encore appelé par Bracy Clarck *bord coronaire,* mince et taillé en écaille, est tantôt convexe et tantôt rectiligne. Sa limite antérieure est à l'insertion supérieure du ligament latéral de l'articulation. Sa limite postérieure est indiquée par une saillie anguleuse qui marque le point où il s'incline en arrière et en bas pour former le bord postérieur.

En avant de cette saillie il présente ordinairement une encoche profonde, par laquelle passent l'artère et la veine digitales (Pl. VIII, F).

En dedans de cette encoche, du côté de la face interne, existe un petit tubercule auquel s'implante la plus courte branche du ligament sésamoïdien, encore appelé ligament latéral postérieur.

*c*. Bord antérieur (Pl. VIII, IX, G). — Le bord antérieur, obliquement dirigé de haut en bas et d'avant en arrière, est taillé en biseau par sa face interne, et se continue par cette face avec la partie postérieure du ligament latéral antérieur, qui n'est, pour ainsi dire, qu'un renforcement funiculaire de sa trame, en sorte qu'il n'y a pas, à proprement parler, de division entre deux ; le tissu de l'un est continu à l'autre, fait chirurgical important, sur lequel nous aurons plus tard à revenir.

Vers son extrémité supérieure, ce bord du cartilage projette en avant et en haut, par-dessus l'origine du ligament latéral, une bandelette fibreuse, assez large, qui s'intrique en travers avec ses fibres les plus superficielles, et va s'unir avec la bandelette qui lui est symétriquement opposée, par-dessus l'épanouissement du tendon extenseur auquel elle est intimement unie.

*d*. Bord postérieur (J). — Le bord postérieur, convexe et trèsoblique en arrière, descend, en s'épaississant, jusqu'à la rencontre du bord inférieur avec lequel il s'unit à angle aigu et constitue un renflement saillant que Bracy Clarck a désigné sous le nom de *bulbe cartilagineux* (*b*). C'est la base de la région qu'on appelle communément le *talon*.

On remarque sur ce bord plusieurs ouvertures vasculaires assez considérables.

Différences des fibro-cartilages dans les pieds antérieurs et postérieurs.

Les fibro-cartilages de la troisième phalange ne présentent pas tout à fait la même disposition dans les membres antérieurs et postérieurs. Dans les premiers (Pl. VIII), ils sont plus épais, plus forts, plus élevés au-dessus du sabot, plus développés en surface que dans les seconds (Pl. IX).

Il existe aussi entre eux des différences de structure que nous indiquerons plus loin.

## II. — Du coussinet plantaire ou partie médiane de l'appareil fibro-cartilagineux élastique de la troisième phalange.

Le coussinet plantaire occupe le vaste espace borné de chaque côté par les apophyses rétrossales de l'os du pied et les plaques cartilagineuses qui les dominent; en avant par la face postérieure des deux dernières phalanges et les tendons qui les revêtent; en arrière par la peau, et en dessous par le réticulum fibreux qui double la membrane veloutée et sert de support au plexus veineux solaire.

Considéré dans son ensemble, le coussinet plantaire représente une masse polyédrique, logée, à la manière d'un coin, dans cet espace anguleux, et dont on peut facilement concevoir la forme générale et la disposition en faisant une coupe verticale des dernières phalanges et du sabot dans le sens du plan médian.

On peut reconnaître à cette masse fibreuse cinq faces distinctes l'une de l'autre par les rapports qu'elles contractent, et trois bords.

*a.* Face antérieure (Pl. X, i, Pl. XI, f). — La face antérieure et supérieure, étendue d'une plaque cartilagineuse à l'autre, et depuis le milieu de la deuxième phalange jusqu'à la crête semi-lunaire qu'elle déborde dans son plan médian (d), est concave de haut en bas, et moulée sur le coude que forme le tendon perforant lorsqu'il quitte la face postérieure de la deuxième phalange pour s'infléchir au-dessous de la troisième et atteindre la crête semi-lunaire.

Lorsque cette face est désunie des parties auxquelles elle adhère, elle présente en relief la saillie *des deux bulbes du coussinet,* séparés l'un de l'autre par une dépression médiane (Pl. XI, f).

Elle est revêtue d'une membrane cellulo-fibreuse, *tunique propre* du coussinet plantaire, qui fait continuité par sa face interne aux cloisons fibreuses dont la substance de ce coussinet est traversée et adhère par sa face externe à la *gaîne de renforcement* interposée entre elle et le tendon perforant.

Au-dessus des bulbes renflés du coussinet plantaire, cette membrane se prolonge sur la tunique fibreuse de la grande gaîne sésamoïdienne, jusqu'en arrière des sésamoïdes, point où elle se confond avec le fascia d'enveloppe propre à la région supra-phalangienne.

De chaque côté, *cette tunique propre* du coussinet plantaire est bordée sur sa marge d'une longue bande ligamenteuse, qui lui forme dans toute son étendue une espèce d'ourlet, dont la couleur blanche nacrée et la grande densité contraste avec la teinte mate et la laxité du restant de la membrane.

Cette bride ligamenteuse est divisée à son extrémité supérieure en deux branches; l'une, plus large et moins épaisse, converge à la face postérieure de l'articulation métacarpo-phalangienne vers la branche du côté opposé et sert, avec elle, à maintenir fixée sur la face postérieure du tendon perforé, à son passage sur la grande poulie sésamoïdienne, la pelote de tissu cellulo-fibreux jaune sur laquelle s'appuie l'ongle rudimentaire que l'on désigne sous le nom d'*ergot*.

L'autre branche de cette bride ligamenteuse suit une direction ascendante, d'arrière en avant, et va s'implanter au bouton du péroné.

De ces deux points d'attache supérieurs, *la bride-ourlet* de la tunique du coussinet plantaire descend dans une direction oblique d'arrière en avant, et en augmentant de force et de volume, jusqu'à la face interne de l'apophyse rétrossale, où elle s'attache en dehors des points d'insertion des *renflements funiculaires de la gaîne fibreuse* du tendon perforant.

Le prolongement supérieur de la *tunique propre* du coussinet plantaire forme ainsi, en arrière des phalanges et par-dessus les tendons fléchisseurs, une gaîne d'enveloppe qui, par ses brides latérales de renforcement, peut être considérée comme un appareil ligamenteux complémentaire.

La face antérieure du coussinet plantaire déborde un peu, de chaque côté, le tendon perforant, en dedans de la plaque du cartilage latéral.

Là, la marge extrême de cette surface est libre d'adhérence et limite en arrière la cavité celluleuse étroite dans laquelle est logé le renflement de la capsule articulaire de la deuxième et de la troisième phalange.

*b.* FACES LATÉRALES. — Les faces latérales du coussinet plantaire sont en rapport de contact et de continuité avec la face interne de la plaque cartilagineuse, à laquelle elles s'unissent dans sa région postérieure, ainsi que nous l'avons indiqué, d'abord par un tissu cellulaire assez lâche; puis par des brides fibreuses qui s'étendent de l'une à l'autre; puis par des colonnes fibro-cartilagineuses qui s'élèvent de la trame de la plaque pour plonger dans celles du coussinet où elles se confondent; puis enfin vers le bord inférieur, par une véritable continuité de texture.

En outre, l'union des faces latérales du coussinet avec l'appendice cartilagineux est consolidée par l'insertion, au bord supérieur de cet appendice et à son angle postérieur, de cette membrane fibro-celluleuse épaisse qui est interposée entre le tendon perforant et la face antérieure de la masse du coussinet plantaire.

*c*. Face postérieure. — La face postérieure du coussinet plantaire présente deux renflements hémisphériques (*bulbes renflés du coussinet plantaire*), séparés dans le plan médian par une dépression longitudinale.

Elle est revêtue, comme la face antérieure, d'une *tunique propre* fibro-celluleuse élastique, qui s'implante de chaque côté au bord postérieur de la plaque cartilagineuse et se prolonge, en avant, sur la grande gaîne sésamoïdienne, en doublant la membrane de la face antérieure qui sert à cette gaîne de premier revêtement.

Cette membrane d'enveloppe des bulbes du coussinet est unie par sa face externe avec la peau du paturon qu'elle applique et maintient sur les reliefs des bulbes et dans leur sillon de séparation.

*d*. Face inférieure (Pl. VII). — La face inférieure du coussinet plantaire correspond à ce que nous avons appelé la *couche inférieure*, à ce que les anciens désignaient sous le nom impropre de *fourchette de chair* et, mieux, sous celui de *corps pyramidal*. Convexe dans le sens antéro-postérieur, elle présente deux reliefs arrondis (b b) qui procèdent des bulbes cartilagineux (c c) dont ils ne sont qu'une continuité; décrivent à leur naissance un contour saillant (e e) dont la convexité est tournée en dedans; puis convergent en ligne droite l'un vers l'autre pour se rencontrer au niveau à peu près de la crête semi-lunaire, où ils se fondent l'un dans l'autre et forment une saillie conique (f) qui se projette en avant, au delà du centre de la face plantaire.

Ces deux reliefs saillants de la couche inférieure du coussinet plantaire sont connus communément sous le nom de *branches de la fourchette de chair,* et l'on appelle *corps de la fourchette de chair* la saillie conique qu'ils forment en se réunissant. Nous avons désigné cette projection en relief de la face inférieure du coussinet plantaire sous le nom de *renflement pyramidal.*

Les deux branches du *renflement pyramidal* interceptent entre elles, avant de se rencontrer, une cavité anguleuse profonde (m) (*lacune médiane du coussinet plantaire*), et circonscrivent de chaque

côté deux autres *lacunes* connues sous le nom de *lacunes latérales* (L L).

*Bords ou marges du coussinet plantaire.*

*a.* MARGE ANTÉRIEURE. — La marge antérieure du coussinet plantaire présente un angle saillant dans sa partie médiane, et de chaque
côté deux courbes régulières, convexes en avant.

Elle s'implante par la convexité de ses courbes à la ligne âpre et
rugueuse de la crête semi-lunaire, en avant de l'insertion du tendon
perforant, avec les fibres duquel elle confond les siennes ; et par sa
saillie médiane elle se prolonge sur le plan antérieur de la troisième
phalange, auquel elle adhère à la manière d'un tendon.

*b.* MARGES LATÉRALES. — Les marges latérales de la *couche inférieure*, parallèles à la ligne de direction des extrémités postérieures
de la troisième phalange, sont intimement unies au bord inférieur
des appendices cartilagineux, ou, pour mieux dire, n'en sont que la
continuité réfléchie, au-dessous des apophyses rétrossales qu'elles
enveloppent de leurs fibres et auxquelles elles adhèrent solidement.

Une multitude d'ouvertures vasculaires traversent en ce point, de
dessous en dessus, leur trame raréfiée.

*c.* MARGE POSTÉRIEURE. — La marge postérieure présente de
chaque côté un relief arrondi, saillant en arrière, un peu contourné
de dehors en dedans et de haut en bas, qui a pour base l'angle de
réunion du bord postérieur de la plaque cartilagineuse avec son bord
inférieur, et qui constitue ce que nous avons appelé avec Clarck le
*bulbe cartilagineux* (Pl. VII, c c).

Entre ces deux bulbes existe la commissure postérieure de la cavité anguleuse (*lacune médiane*) qui sépare l'une de l'autre les deux
branches du renflement pyramidal.

*d.* MARGE SUPÉRIEURE. — Quant à la marge supérieure du coussinet plantaire, elle est taillée en biseau très-mince, rectiligne, jetée
d'une plaque cartilagineuse à l'autre, comprise entre les membranes
d'enveloppe des faces antérieure et postérieure du coussinet plantaire et maintenue immédiatement appliquée contre le tendon perforant par ces membranes superposées.

### De l'appareil fibro-cartilagineux élastique de la troisième phalange considéré dans son ensemble.

Il résulte des considérations dans lesquelles nous venons d'entrer
que l'appareil fibro-cartilagineux élastique forme un tout continu,

indivis, que l'on ne peut séparer en ces différentes parties que nous y avons distinguées que par un artifice anatomique.

Si, pour se faire une idée complète de cet appareil considéré dans son ensemble, on isole, par une dissection convenable, la troisième phalange de la deuxième et du petit sésamoïde, ainsi que de l'expansion tendineuse du perforant, en ayant soin de ménager l'appareil fibro-cartilagineux, on obtient ainsi une préparation qui permet parfaitement d'en concevoir la forme générale et aussi les usages, comme nous le verrons plus tard lorsque nous traiterons la question physiologique.

On voit, dans cette préparation, que la troisième phalange constitue avec l'appareil fibro-cartilagineux qui la continue de chaque côté, en arrière et en dessous, une sorte de bassin, partie osseux, partie fibro-cartilagineux, bordé en avant par l'apophyse pyramidale (Pl. VI, к), de chaque côté par les plaques scutiformes des cartilages (c c) et, en arrière, par le bord supérieur du coussinet plantaire.

Le fond de cette sorte de coupe présente deux plans inclinés, opposés l'un à l'autre ; l'un, antérieur, sur un niveau plus élevé, est formé par la table supérieure de la troisième phalange ; l'autre, postérieur, oblique d'arrière en avant, plus étendu, et inférieur par rapport au premier, est représenté par la face antérieure du coussinet plantaire (Pl. XI).

C'est sur ce double plan que se trouve répandu et divisé le poids de la masse entière du corps, lorsqu'il lui est transmis par la continuité des colonnes de soutien dont la dernière assise repose dans le fond de cette cavité fibro-osseuse que nous venons d'essayer de décrire et de faire comprendre.

Dans la description que nous venons de donner de l'appareil fibreux complémentaire de la troisième phalange, nous n'avons pas considéré comme un corps à part la partie saillante à la face plantaire du pied, que les anatomistes qui nous ont précédé ont appelée *corps pyramidal* ou *fourchette de chair,* et qu'ils considéraient comme constituant exclusivement le *coussinet plantaire,* car pour eux cette dernière expression était synonyme des deux premières.

Cette distinction des anciens anatomistes avait, à nos yeux, le tort d'impliquer une délimitation qui n'est pas dans la nature, et aussi une différence de texture et de fonctions entre des parties parfaitement continues à elles-mêmes et destinées à remplir les mêmes usages.

Ce que l'on appelle le corps pyramidal ne constitue que le plan le plus inférieur du vaste appareil que nous avons décrit plus haut; anatomiquement, il n'est que la continuation des fibro-cartilages réfléchis au-dessous du pied par leur bord inférieur; physiologiquement, ses fonctions sont intimement associées à celles de tout l'appareil fibro-cartilagineux; enfin, sous le point de vue de la pathologie, leurs maladies ont entre elles la plus grande affinité, et s'engendrent l'une par l'autre.

ORGANISATION DE L'APPAREIL FIBRO-CARTILAGINEUX ÉLASTIQUE DE LA TROISIÈME PHALANGE.

Malgré la parfaite continuité de toutes les parties qui entrent dans sa composition, l'appareil fibro-cartilagineux ne présente pas dans toute son étendue une texture uniforme et homogène.

Il faut, pour prendre une idée complète des différences que cette texture peut présenter, l'étudier : 1° dans les fibro-cartilages latéraux ; 2° dans le coussinet plantaire.

1° *Texture des fibro-cartilages latéraux.*

La plaque des fibro-cartilages est essentiellement composée, comme l'indique le nom donné à ces appendices de la troisième phalange, de tissu fibro-cartilagineux.

Sa substance est d'un blanc nacré et douée d'une flexibilité telle qu'on peut la plier jusqu'à la doubler sur elle-même sans qu'elle se rompe.

Elle possède une très-grande élasticité, en vertu de laquelle elle revient toujours à sa forme première, lorsque l'effort sous lequel elle a fléchi cesse de s'exercer sur elle.

Les tissus fibreux et cartilagineux qui la constituent par leur combinaison ne sont pas cependant également distribués dans toute son épaisseur.

Ainsi, à la face externe de la plaque, la substance cartilagineuse prédomine, et l'on peut facilement s'en convaincre en enlevant, avec un instrument bien tranchant, des lames de sa surface. Le tissu mis à nu par ces coupes présente une teinte d'un blanc mat; il est dense, serré, homogène, et même, à première vue, amorphe. Mais ce n'est là qu'une apparence qui tombe devant un examen plus approfondi. Il est facile de reconnaître, même à l'œil nu, qu'il existe des fibres entre-croisées jusque dans les couches les plus superficielles de la plaque cartilagineuse. Cette texture fibreuse est rendue surtout apparente lorsqu'on interpose entre l'œil et la lumière une des minces lamelles détachées de sa surface, et, mieux encore, lorsqu'on l'examine avec un instrument grossissant.

A mesure que, par des coupes successives pratiquées parallèlement à la surface de la plaque du fibro-cartilage, on pénètre plus profondément dans son épaisseur, on voit se dessiner davantage sa texture exclusivement fibreuse, mais non pas uniformément cependant et sur les mêmes niveaux.

Ainsi, l'épaisseur de la couche où la matière cartilagineuse prédomine sur le tissu fibreux est surtout considérable à la partie antérieure et sur la convexité de la plaque ; mais elle est presque nulle vers son bord inférieur, au point où elle s'implante sur l'os du pied ; là, il suffit d'enlever quelques lamelles toutes superficielles pour mettre à nu le canevas intriqué du tissu fibreux.

Vers l'extrême bord antérieur, au point de fusion du fibro-cartilage avec le ligament latéral articulaire, il n'y a aussi qu'une couche très-mince de substance condensée superposée à la trame fibreuse.

Vers la partie postérieure, la couche extérieure de l'appendice cartilagineux présente une assez grande condensation ; mais elle a peu de profondeur. La texture fibreuse de son canevas est très-apparente sur les premières coupes superficielles que l'on y pratique, surtout vers le bord inférieur, au point de réunion de la plaque latérale de l'appareil fibreux complémentaire avec sa couche horizontale.

Lorsque, par des dédolations successives, on a fait disparaître cette croûte condensée, d'apparence cartilagineuse, qui forme le revêtement externe de la plaque cartilagineuse, et lui donne sa fermeté, celle-ci se trouve réduite à une membrane épaisse, souple, exclusivement fibreuse, dont les filaments entre-croisés d'une manière inextricable se dessinent très-apparents à sa surface.

Le canevas de cette membrane ne présente pas la même condensation dans toute son étendue ; il est très-serré vers son bord antérieur au point où il s'unit et se confond avec le ligament latéral. Sur toute la longueur de la base de la plaque, à l'insertion du cartilage sur l'os, le tissu de cette membrane fibreuse est aussi très-condensé, mais non pas d'une manière uniforme. On y remarque par places des noyaux plus blancs et plus compacts, lesquels ne sont autre chose que les bases de ces colonnes rompues fibro-cartilagineuses qui se prolongent de la base du cartilage dans l'épaisseur des bulbes renflés du coussinet plantaire.

Au centre et dans les parties postérieures de la plaque, la membrane fibreuse qui lui sert de charpente est beaucoup plus raréfiée.

Vaisseaux des fibro-cartilages. — La plaque cartilagineuse est traversée par deux ordres de vaisseaux : les uns qui ne font pas partie intrinsèque de sa substance et auxquels elle sert de support ; les autres qui lui appartiennent en propre et lui fournissent les éléments de sa nutrition.

Les premiers de ces vaisseaux dépendent principalement du système veineux ; ils s'élèvent perpendiculairement à la partie postérieure de la phalange, pénètrent dans le cartilage par les nombreux pertuis de sa face externe, se logent dans les conduits cylindriques dont il est traversé entre ses deux lames à sa moitié inférieure, et viennent sortir vers le milieu de sa face interne, où ils forment en dedans de la plaque un plexus fort remarquable (plexus veineux cartilagineux interne), sur lequel nous reviendrons. (Voy. *Système veineux du pied*.)

Les vaisseaux nutritifs du fibro-cartilage proviennent de l'artère digitale ; ils sont très-nombreux, comme on peut s'en convaincre par des coupes dédolées pratiquées de sa superficie vers sa profondeur ; mais ils ne sont pas également répartis dans toute sa substance.

La couche externe est très-peu vasculaire ; on y remarque cependant un plus grand nombre de canaux sanguins qu'on n'en observe en général dans le tissu cartilagineux pur ; mais, à mesure que l'on se rapproche de la couche fibreuse profonde, les lamelles qu'on détache de la plaque cartilagineuse apparaissent criblées d'ouvertures ténues et sillonnées de petits canaux arborisés qui témoignent de la multitude de vaisseaux capillaires ramifiés dans la trame fibreuse du cartilage.

Cette disposition vasculaire se dessine avec les caractères les plus saillants, lorque, par des amincissements successifs, on a réduit la plaque cartilagineuse à son canevas fondamental.

Cette préparation laisse voir à l'œil nu une riche arborisation capillaire qui diminue et se raréfie vers les bords antérieur et inférieur de la lame fibreuse profonde, là où sa trame est, comme nous l'avons dit, le plus serrée.

**Différences dans la structure des fibro-cartilages antérieurs et postérieurs.**

L'organisation des fibro-cartilages postérieurs diffère de celle des antérieurs par la prédominance marquée du tissu fibreux sur le cartilagineux, et conséquemment par une plus grande vascularité; différence notable qui établit une assez grande dissemblance dans la marche des maladies dont ces organes sont affectés.

2° *Texture du coussinet plantaire ou partie médiane de l'appareil fibro-cartilagineux complémentaire.*

Nous distinguons dans le coussinet plantaire une *couche inférieure horizontale* et une partie supérieure que nous avons appelée bulbes renflés du coussinet.

Nous allons les considérer isolément sous le rapport de leur structure.

*a.* **Texture de la couche inférieure du coussinet plantaire (1).**

Cette partie de l'appareil fibro-cartilagineux complémentaire présente une organisation presque exclusivement fibreuse et celluleuse. Le tissu cartilagineux n'entre dans sa composition que dans quelques points très-isolés.

Son tissu fondamental est le tissu fibreux blanc; il constitue à l'extérieur une membrane très-épaisse qui l'enveloppe comme d'une capsule, en se moulant sur les reliefs saillants de sa surface. Cette enveloppe fibreuse fait continuité en arrière aux bords inférieurs de la plaque cartilagineuse, et s'implante en avant, à la manière d'un tendon, sur les parties latérales de la crête semi-lunaire ; et, dans le plan médian, à la face inférieure de la troisième phalange, sur laquelle elle se continue avec le réticulum fibreux qui lui sert de revêtement périostique.

La texture de cette membrane fibreuse est très-serrée dans toute son étendue, mais elle se raréfie sur ses parties latérales, en arrière, au point de réunion avec le fibro-cartilage, où elle est traversée d'une multitude de pertuis vasculaires, obliques de bas en haut et d'avant en arrière.

A l'intérieur de cette capsule fibreuse d'enveloppe, le tissu du corps pyramidal présente une disposition aréolaire fort remarquable, dont on peut prendre une idée en pratiquant des coupes horizontales sur le corps du coussinet plantaire et sur ses branches.

---

[1] Encore appelée *corps pyramidal du coussinet, fourchette de chair, fourchette interne* (internal frog) (Bracy Clarck).

La surface de ces coupes laisse voir un réseau formé par de grosses brides de tissu fibreux blanc, entre-croisées d'une manière irrégulière, et interceptant entre elles de larges mailles remplies d'une substance molle, jaunâtre, dont la couleur contraste avec celle du canevas blanc qui la supporte. Ces mailles sont d'autant plus serrées qu'on les examine plus près de la surface, et plus en avant; et d'autant plus larges, au contraire, qu'on pénètre plus profondément dans l'épaisseur du coussinet.

A première vue, et en suivant ce mode de préparation, on saisit difficilement le plan de la disposition de ce canevas fibreux intérieur, mais si, au lieu de pratiquer des coupes horizontales dans l'épaisseur du *renflement pyramidal*, on en fait une perpendiculaire transversale et une autre dans le sens de la longueur, on obtient ainsi une préparation qui permet mieux de saisir l'organisation interne du coussinet.

La première coupe (Pl. XI, G) laisse voir une succession de plans fibreux superposés par couches horizontales et interceptant entre eux d'étroits compartiments dans lesquels est renfermée cette subtance jaunâtre dont nous venons de parler, amorphe en apparence, mais susceptible de prendre une forme membraneuse lorsqu'on écarte l'un de l'autre deux des plans fibreux entre lesquels elle est comprise.

Sur la coupe longitudinale (Pl. X), on voit se dessiner des brides fibreuses blanches qui semblent s'irradier d'un point central dans la substance du corps pyramidal et forment des intersections, dont les unes inclinées de bas en haut et d'arrière en avant, coupent obliquement l'espace anguleux interposé entre la membrane celluleuse élastique (1) qui tapisse la face supérieure du renflement pyramidal et la membrane fibreuse épaisse qui forme son revêtement inférieur (A); tandis que les autres, les plus postérieures, affectent une disposition perpendiculaire dans l'épaisseur des bulbes du coussinet.

Ces brides, d'apparence ligamenteuse, ne sont autre chose que la tranche des plans fibreux que laisse voir une coupe transversale.

La substance d'aspect jaunâtre comprise entre les plans de ces intersections a été considérée par tous les auteurs, et surtout par Coleman, en Angleterre, comme du tissu graisseux: c'est une illusion d'observation.

Elle n'est autre chose qu'une membrane celluleuse élastique, ayant quelque analogie de forme et de texture avec les fines lamelles que l'on détache par le scalpel de la tunique jaune des artères.

Cette membrane est largement épanouie sur les cloisons fibreuses du corps pyramidal ; elle tapisse les vastes cellules qu'elles interceptent entre elles, et comme elle présente une étendue de surface beaucoup plus considérable que celle qui est mesurée par la superficie des parois de ces cellules, elle est, dans chacune d'elles, doublée plusieurs fois sur elle-même, ce qui lui donne l'apparence d'une substance amorphe enfermée dans les aréoles d'un canevas fibreux.

Mais il est facile de lui faire perdre cette apparence et de lui restituer la forme membraneuse en cherchant à écarter deux plans fibreux l'un de l'autre sur une coupe verticale du coussinet plantaire. On voit alors la substance d'aspect globuleux interposée entre ces plans se déplisser sous les doigts et s'étaler en membrane mince à double feuillet.

Cette membrane paraît être continue à elle-même dans toute l'étendue du coussinet plantaire, et aussi avec la membrane de même nature qui forme le revêtement supérieur du renflement pyramidal ; mais les adhérences qu'elle contracte avec les intersections fibreuses de ce renflement sont de telle nature qu'il est impossible de la déplisser sur une grande surface et de s'assurer de sa continuité.

### b. Texture des bulbes du coussinet plantaire.

Les bulbes du coussinet plantaire sont situés au-dessus de sa couche horizontale inférieure, à laquelle ils font continuité, et entre les deux plaques perpendiculaires des fibro-cartilages qui envoient dans leur intérieur des irradiations fibreuses.

Pour se faire une idée de l'organisation de cette masse arrondie, il faut l'attaquer par une coupe perpendiculaire conduite dans le sens de la lacune médiane du corps pyramidal.

La surface de cette coupe laisse voir, à sa partie inférieure, la tranche assez épaisse de la couche fibreuse inférieure du coussinet plantaire, remarquable par sa texture serrée et par l'intrication irrégulière de ses fibres blanches (Pl. X, c).

De ce canevas, comme base, s'élèvent en rayonnant une succession de lignes blanches que réunissent ensemble des filets de même nature, dirigés obliquement de l'une à l'autre.

C'est dans les interstices de ce réseau fibreux à larges mailles que se trouve comprise la substance jaune fondamentale des bulbes.

Elle se présente sous un aspect finement ridé dans le sens des rayons fibreux qui la supportent, comparable par ses apparences extérieures à la peau fine qui revêt la torsade élastique d'une bretelle ou d'une jarretière.

Sur une coupe horizontale, le tissu des bulbes offre un aspect différent ; il laisse voir une succession de petits mamelons, serrés les uns contre les autres, entre lesquels se trouvent disséminés irrégulièrement des points et des lignes blanches doués d'une plus grande densité.

Tel est l'aspect objectif des coupes pratiquées dans les bulbes renflés.

Si, sur une tranche mince, enlevée à la surface d'une coupe perpendiculaire, on exerce, avec la pulpe des doigts, une traction transversale à la direction des rayons fibreux, on voit la substance jaune perdre son aspect ridé, et s'étaler en membrane unie et douée d'une grande élasticité. Lorsque la traction cesse, le tissu revient sur lui-même, et les rides effacées se dessinent de nouveau.

Sur une tranche mince d'une coupe horizontale, le même phénomène se produit : on efface par la traction les mamelons serrés qu'elle présente, et l'on peut étaler son tissu en membrane mince très-élastique, qui revient sur elle-même et reprend son aspect granuleux lorsqu'on cesse les efforts de distension.

Si maintenant, au lieu de séparer le corps bulbeux en deux parties par une coupe complète, on se contente de pénétrer dans sa profondeur par une tranchée faite perpendiculairement dans sa base fibreuse, en le laissant continu à lui-même par son sommet, on remarque sur les plans de la coupe des rides très-fines perpendiculaires à la base des bulbes ; et, dans le fond du sillon tracé par le tranchant de l'instrument, une multitude de plis transversaux qui semblent être comme les bords d'une succession de plans juxta-posés.

Ces rides et ces plis disparaissent sous l'influence d'une traction méthodique, et le tissu qui les présente se déploie en membrane pour reprendre sa forme première lorsqu'il ne supporte plus d'efforts.

Dans quelque sens que l'on exerce ces manipulations, elles donnent toujours des résultats semblables ; en sorte que l'on est conduit à penser que le tissu fondamental des bulbes renflés du coussinet plantaire est constitué, d'après les apparences, soit par une immense membrane pliée sur elle-même une multitude de fois et dont les feuillets superposés auraient contracté adhérence par leurs deux faces, soit par une succession de lames appliquées les unes sur les autres, adhérentes ensemble, plissées et comme chiffonnées sur elles-mêmes pour être contenues dans un plus petit espace.

Le tissu fondamental des bulbes du coussinet plantaire serait, d'après cette manière de voir, un tissu jaune élastique, à forme membraneuse.

Le tissu fibreux blanc participe toutefois à leur composition dans une assez forte proportion ; c'est lui qui en forme la couche la plus inférieure et qui constitue dans leur intérieur ces plans et ces rayons entre-croisés, sorte de charpente sur laquelle est appuyée la matière jaune expansible.

## § II.

### DU PETIT SÉSAMOÏDE.

( Pl. III, Fig. 3, 4, 5 ))

Le petit sésamoïde, ainsi nommé en raison de sa ressemblance avec une graine de sésame, encore appelé os naviculaire (de *navicula*, petite nacelle) à cause de sa forme ; *os de la noix,* en raison de sa situation profonde ; *os de la navette,* en raison encore de sa ressemblance avec l'instrument des tisserands, est situé transversalement entre les éminences rétrossales, le long du bord postérieur de l'os du pied, dont il continue et complète la surface articulaire.

On peut lui reconnaître trois faces, trois bords et deux extrémités latérales.

#### a. FACE SUPÉRIEURE.
( Fig. 4. )

La face supérieure, ovalaire et très-allongée transversalement, présente, comme la surface diarthrodiale de la troisième phalange, qu'elle continue et complète en arrière, un renflement médian (A) qui sépare l'une de l'autre deux dépressions latérales, correspondantes et continues aux petites cavités glénoïdales de la surface articulaire phalangienne ; elle est revêtue, comme cette dernière, d'un cartilage diarthordial.

#### b. FACE ANTÉRIEURE.

La face antérieure (Fig. 4, D, et Fig. 5, H) forme avec la première un angle plan droit ; elle présente vers son bord supérieur deux petites facettes ovalaires, séparées l'une de l'autre par une dépression anfractueuse et destinées à s'adapter au plan fortement oblique que présente en arrière la surface diarthrodiale de la troisième phalange [1].

Au-dessous de ces facettes articulaires, la face antérieure de l'os naviculaire est irrégulièrement creusée, et laisse voir un assez grand nombre de pertuis vasculaires dont quelques-uns offrent un diamètre très-considérable (Fig. 5, E).

### c. FACE INFÉRIEURE.
(Fig. 3.)

La face inférieure, ovalaire comme la supérieure, mais plus large qu'elle, en raison du relief saillant que forme le bord inférieur de l'os, présente, dans son milieu, un renflement transversal (c), et, de chaque côté, une dépression transversale elle-même. Elle est revêtue d'une épaisse membrane fibreuse, analogue, par sa disposition, aux cartilages diarthrodiaux, mais différente par sa texture, son organisation et ses propriétés.

### a. BORD ANTÉRIEUR SUPÉRIEUR.

Le bord antérieur supérieur forme une vive arête convexe entre les facettes articulaires antérieures et la face supérieure (Fig. 4, D).

### b. BORD ANTÉRIEUR INFÉRIEUR.

Le bord antérieur inférieur peut être considéré comme la carène de la petite nacelle dont le sésamoïde simule assez bien le profil par sa face inférieure (Fig. 3 et 4, E E).

Il constitue une crête convexe, saillante en avant, à arête tranchée, sur laquelle s'implantent les brides transverses du ligament interosseux.

### c. BORD POSTÉRIEUR.

Le bord postérieur, très-épais, fournit une large surface d'implantation à une forte lèvre ou bourrelet qui continue et complète le petit sésamoïde en arrière. On remarque sur ce bord un assez grand nombre de cavités vasculaires (Fig. 4, G).

### EXTRÉMITÉS DU SÉSAMOÏDE.

Les extrémités de l'os naviculaire (H H) sont mousses, arrondies en mamelons, et servent d'implantation *au bourrelet fibreux complémentaire,* qui les déborde de chaque côté et les englobe dans sa substance.

---

[1] Ces deux petites facettes, isolées l'une de l'autre dans le jeune âge, se réunissent avec les progrès de l'ossification, et n'en forment plus qu'une à une époque plus avancée de la vie.

Nous reviendrons sur la disposition de ce bourrelet fibreux lorsque nous étudierons les moyens d'attache du sésamoïde aux phalanges (Voir plus loin aux articulations).

### *Structure du petit sésamoïde.*

Le petit sésamoïde est enveloppé par une couche de matière compacte, assez épaisse, au niveau de ses surfaces diarthrodiales supérieure et inférieure, et vers ses extrémités, mais plus rare dans les points où le revêtement diarthrodial disparaît. Là il est traversé par un assez grand nombre de pertuis vasculaires qui permettent la pénétration dans son intérieur d'un grand nombre de vaisseaux nourriciers. Le centre de cet os est constitué par une substance spongieuse très-vasculaire à aréoles petites et serrées (Pl. X, o).

### §. III.

#### DE LA DEUXIÈME PHALANGE.

La seconde phalange ou phalange moyenne, encore appelée *os de la couronne, os coronaire,* par Lafosse et par Bracy Clarck (*coronet bone*), est un os court, de figure cuboïdale, auquel, pour la simplicité de la description, on peut ne reconnaître que quatre faces.

A. La *face supérieure,* irrégulièrement ovalaire, est taillée sur un plan oblique d'arrière en avant; elle est excavée en gouttière dans le sens de son grand diamètre, qui est transversal, plus profondément creusée sur les côtés que dans son centre, où elle présente un renflement arrondi et peu saillant qui sépare l'une de l'autre les petites fosses glénoïdales qui constituent ses excavations latérales.

Cette face est circonscrite par un rebord à vive arête qui répète, dans les ondulations de son contour, les mouvements de la table osseuse dont il forme la limite.

B. La *face inférieure,* allongée transversalement, est hémicylindroïde; elle présente, dans le sens antéro-postérieur, une étendue de surface plus considérable que celle que mesure l'épaisseur de l'os, en sorte qu'elle se prolonge pour ainsi dire sur les faces antérieure et postérieure.

Son milieu est creusé d'une dépression antéro-postérieure peu profonde, et, de chaque côté, sa table renflée constitue une espèce de condyle destiné à se loger dans la cavité glénoïdale correspondante de la troisième phalange.

La partie de cette surface qui déborde en avant est de forme elliptique, et rappelle dans son contour celui de la face postérieure de l'éminence pyramidale de l'os du pied à laquelle elle correspond.

En arrière, son évasement a pour but de la mettre en rapport d'étendue avec le vaste bassin diarthrodial qui résulte de la jonction du petit sésamoïde à l'os du sabot.

Le bord qui circonscrit cette face de la deuxième phalange ne forme en avant qu'un très-léger relief; il est taillé à arêtes plus vives sur les parties latérales; et en arrière, il s'efface de nouveau. Immédiatement au delà de ce bord, sur les faces non articulaires, la substance de l'os est traversée de pertuis vasculaires nombreux, surtout en arrière.

c. La *face postérieure* de la deuxième phalange est aplatie et taillée sur un plan très-oblique de haut en bas et d'arrière en avant.

Le sommet de ce plan constitue tout à la fois une éminence d'insertion et de réflexion; c'est un relief saillant, disposé transversalement, dont la surface irrégulière et raboteuse donne implantation à un appareil ligamenteux sur lequel nous reviendrons plus loin, et sert en même temps au glissement du tendon perforant.

Aux extrémités latérales de ce renflement osseux existent deux saillies tubéreuses, destinées à servir de support au ligament postérieur de l'articulation et d'implantation aux fibres de ses ligaments latéraux.

Un assez grand nombre de foramens vasculaires se font remarquer sur cette face de l'os coronaire et surtout au-dessous de son renflement supérieur.

d. La *face antérieure,* convexe d'un côté à l'autre, est rendue inégale par des aspérités et des fosses symétriquement disposées pour donner attache à des fibres ligamenteuses et tendineuses. Nous préciserons leur disposition en traitant de l'ensemble de l'appareil fibreux dont la seconde phalange est enveloppée.

On observe sur toute l'étendue de cette face des ouvertures vasculaires en assez grand nombre, irrégulièrement disséminées.

### Structure de la deuxième phalange.

La deuxième phalange est formée par un noyau de substance spongieuse et une couche très-épaisse de substance corticale compacte qui lui donne une très-grande force de résistance.

Ses vaisseaux nutritifs sont très-nombreux et pénètrent dans son intérieur par un grand nombre d'ouvertures dont elle est traversée sur ses faces antérieure et postérieure.

---

## CHAPITRE II.

# APPAREIL ARTICULAIRE.

—

### § I<sup>er</sup>.

### ARTICULATION DE LA DEUXIÈME PHALANGE AVEC LA TROISIÈME, OU ARTICULATION DU PIED.

(Pl. VII, VIII, IX, X, XI, XII, XIII et XIV.)

Cette articulation résulte de la réception de l'extrémité inférieure de la deuxième phalange dans le vaste bassin diarthrodial formé par l'association de la troisième au petit sésamoïde.

Nous avons indiqué plus haut la forme des surfaces articulaires, nous n'y reviendrons pas.

Les moyens d'union des os dans cette jointure constituent un appareil fibreux très-complexe que concourent à former des cordes ligamenteuses propres à l'articulation même, les expansions des tendons extenseurs et fléchisseurs qui vont s'insérer à la troisième phalange, une gaîne fibreuse de renforcement superposée à ces derniers, et enfin l'appareil fibro-cartilagineux complémentaire de l'os du pied.

#### LIGAMENTS PROPRES A L'ARTICULATION DU PIED.

Ces ligaments sont au nombre de cinq : deux ligaments pairs, appelés latéraux antérieurs, établissent l'union de la deuxième phalange avec la troisième ; deux autres, latéraux postérieurs, joignent le premier de ces os aux extrémités du petit sésamoïde ; le cinquième, interosseux, est interposé entre le petit sésamoïde et l'os du pied.

##### a. LIGAMENTS LATÉRAUX ANTÉRIEURS.

(Pl. VIII et IX, G ; et Pl. XII, A.)

Les ligaments latéraux antérieurs forment deux larges faisceaux fibreux qui s'étendent obliquement de la face antérieure de la deuxième phalange au bord supérieur de la troisième. Courts, renflés dans leur

partie centrale, amincis sur leurs bords, aplatis du côté de leur face
interne, ils sont appliqués, dans les quatre cinquièmes de leur étendue en longueur, sur les parties latérales de l'os de la couronne, auquel ils s'attachent par des fibres épanouies et renflées dans la fos-
sette circulaire d'insertion dont cet os est creusé et sur le relief sail-
sant qui la borde.

Cette insertion occupe en étendue plus de la moitié inférieure de
la deuxième phalange.

L'extrémité inférieure de ce ligament s'implante en s'irradiant dans
la longue et profonde rainure qui est creusée, au delà du bord articulaire de la troisième phalange, entre l'éminence pyramidale et l'a-
pophyse basilaire (Pl. II, т). Ses fibres d'insertion se prolongent au
delà de cette rainure, en bas, pour venir s'attacher sur les aspérités
qui bordent la scissure préplantaire, et en arrière pour s'implanter
en dedans de l'apophyse basilaire jusque sur les extrémités du petit
sésamoïde.

Le ligament latéral antérieur est immédiatement en rapport par
toute l'étendue de sa face interne avec la membrane synoviale de
l'articulation du pied, et il lui est si intimement adhérent, qu'on ne
peut les désunir que par la dissection la plus minutieuse et en mor-
dant avec le tranchant de l'instrument sur l'épaisseur du ligament.
Il est recouvert en totalité à son extrémité supérieure, et sur toute
la moitié postérieure seulement de sa face externe, dans toute sa
longueur, par le bord antérieur de la plaque du cartilage latéral,
dont le tissu se confond avec le sien d'une manière tellement intime
qu'on doit les considérer comme une continuité l'un de l'autre, car
ce n'est que par l'artifice de la dissection qu'on peut les diviser.

A son insertion supérieure, il unit quelques-unes de ses fibres avec
celles du ligament latéral postérieur correspondant (Pl. XII, d).

Celles qui s'implantent à la troisième phalange se confondent en
arrière avec la trame fibreuse de la plaque cartilagineuse et avec les
fibres divergentes du ligament latéral postérieur, à la face interne de
de la même plaque (Pl. XII, e).

Enfin, par son bord antérieur, le ligament latéral antérieur de
l'articulation du pied s'unit intimement à l'expansion tendineuse de
l'extenseur, d'une part, à l'aide de la bandelette fibreuse transversale qui, de l'extrémité antérieure de la plaque cartilagineuse, se
projette sur la face antérieure du tendon, et, plus profondément,
par une véritable continuité de texture (Pl. XII, в): en sorte qu'ici

encore il faut l'intervention du scalpel pour opérer une séparation.

Texture. — Le ligament latéral antérieur est formé de fibres entrelacées dont la texture est très-serrée. Cependant des coupes horizontales permettent d'y reconnaître à l'œil nu quelques ramifications vasculaires rouges, nombreuses surtout au point de fusion de ce ligament avec la trame fibreuse de la plaque cartilagineuse.

### b. LIGAMENTS LATÉRAUX POSTÉRIEURS.

#### (Pl. XII et XIII.)

Les ligaments latéraux postérieurs (Pl. XII, D) sont situés en arrière des antérieurs, obliques comme eux et dans le même sens, mais sous une plus forte inclinaison.

Ils font continuité aux ligaments latéraux de l'articulation de la première phalange avec la deuxième (Pl, XII, I), contournent cette dernière sur son bord latéral, glissent dans une espèce de gouttière oblique dont ce bord est entaillé, et vont s'attacher, par des fibres divergentes, d'une part, aux extrémités du petit sésamoïde et sur son bord supérieur (Pl. XIII, E), et d'autre part à la face interne de la plaque des cartilages latéraux.

L'insertion supérieure de ce ligament se fait par le faisceau le plus superficiel de ses fibres sur la face externe du ligament latéral de l'articulation des deux premières phalanges, ou, pour parler plus exactement, les fibres de ce dernier constituent, en se prolongeant, la couche la plus superficielle du ligament latéral postérieur, car il y a de l'un à l'autre une continuité parfaite sans interruption.

Le faisceau le plus profond, formé de fibres plus courtes, s'insère en arrière et au-dessus de l'insertion supérieure du ligament latéral antérieur, dans une petite fosse d'implantation que présentent à cet effet les faces latérales de l'os de la couronne. Quelques-unes de ses fibres s'attachent dans l'espèce d'encoche que présente le bord latéral de cet os, au-dessus des condyles articulaires ; enfin un petit faisceau cylindrique, formant une bride ligamenteuse à part, se détache du bord supérieur de la plaque cartilagineuse et vient se réunir au faisceau principal au moment où il contourne le bord de la phalange pour s'infléchir vers sa face postérieure.

L'extrémité inférieure de ce ligament (Pl. XII et XIII E) s'épanouit en arrière et au-dessous de la deuxième phalange et va s'attacher et se confondre par ses fibres divergentes au bourrelet fibreux épais qui continue et complète le petit sésamoïde à son bord supérieur.

*Ce bourrelet complémentaire* (Pl. XIII, g), qu'on peut considérer comme un épanouissement renforcé des fibres d'insertion de ligaments latéraux postérieurs, présente aux extrémités de l'os naviculaire une épaisseur beaucoup plus considérable que dans son milieu, où il affecte davantage la forme membraneuse.

Il laisse voir, au point d'insertion des ligaments postérieurs, une espèce de ligne courbe saillante en relief, qui fait continuité à son bord antérieur et marque la limite de la surface de frottement du tendon perforant.

L'insertion du ligament latéral postérieur à cette lèvre complémentaire de l'os naviculaire est une véritable continuité de texture, car il n'y a pas de démarcation entre le tissu du ligament et celui du bourrelet fibreux auquel il s'attache.

En dehors de cette large surface d'insertion, le ligament latéral postérieur s'implante encore par un faisceau divergent à la face interne et à la base de la plaque cartilagineuse, dans le tissu de laquelle il confond ses fibres terminales avec les fibres postérieures du ligament latéral antérieur (Pl. XII, ε).

Enfin, par un autre faisceau, il se prolonge en dehors de l'extrémité de l'os naviculaire, qu'il déborde, jusqu'à la face interne de l'apophyse rétrossale, et forme ainsi, sur la limite extrême du ligament interosseux, une forte bride de renforcement (Pl. XIII, h) qui assure la solidité des rapports de l'os sésamoïde avec la troisième phalange. Entre ces deux faisceaux de terminaison, ce ligament présente une demi-gouttière profonde dans laquelle glisse l'artère digitale au moment où elle va subir sa division terminale.

### Rapport du ligament latéral postérieur.

Ce ligament est superposé et continu à son origine aux fibres terminales du ligament latéral de la première articulation phalangienne.

Sa surface externe est revêtue dans cette région par le fascia aponévrotique qui fait continuité à la membrane d'enveloppe du coussinet plantaire.

Son extrémité inférieure est immédiatement située sous la plaque cartilagineuse, et en rapport par sa face externe avec le plexus veineux coronaire interne.

Sa face interne recouvre en partie le cul-de-sac supérieur de la capsule articulaire de la dernière articulation phalangienne.

Texture. — La texture de ce ligament est beaucoup moins serrée que celle du ligament latéral antérieur; ses fibres, plus lâches, semblent douées d'une sorte d'élasticité plus marquée qu'on ne l'observe dans le tissu fibreux blanc en général.

Le bourrelet complémentaire du petit sésamoïde est formé d'un tissu bien plus dense que celui des ligaments auxquels elle fait continuité.

Les fibres y sont entre-croisées comme dans le tissu fibro-cartilagineux, dont ses coupes rappellent l'aspect, la texture et la compacité.

### c. LIGAMENT IMPAIR OU INTEROSSEUX.

#### (Pl. XIII.)

Le ligament interosseux (1) forme une espèce de membrane interposée entre le bord antéro-inférieur du petit sésamoïde et le bord postérieur de l'os du pied. Il présente sa plus grande largeur dans le centre de l'articulation et se rétrécit vers les extrémités de l'os naviculaire.

Les fibres qui le composent sont réunies en petites brides parallèles, saillantes à la face externe, assez écartées les unes des autres, entre lesquelles la continuité de la membrane ligamenteuse n'est établie que par une pellicule fibreuse mince et transparente. Quelquefois les fibres centrales de ce ligament sont réunies en un faisceau dense et épais.

Ces brides s'étendent en ligne droite du bord antérieur du petit sésamoïde, à la convexité duquel elles s'attachent, jusqu'à la crête semi-lunaire de la troisième phalange.

Son insertion à cet os se fait par des fibres de longueur inégale à toute l'étendue de cette surface âpre et raboteuse comprise entre le bord postérieur de la phalange et le relief de la crête.

Les plus longues et les plus superficielles de ces fibres s'attachent au rebord de cette crête par-dessus la scissure plantaire ; les autres, d'autant plus courtes qu'elles sont plus profondes, se fixent sur toute l'étendue du plan incliné compris entre la scissure plantaire et le bord postérieur de l'os du pied.

Le tissu du ligament interosseux fait continuité en arrière avec la membrane fibreuse qui sert de revêtement diarthrodial à la face inférieure de l'os naviculaire.

Aux extrémités de cet os, il se confond avec un faisceau divergent du ligament latéral postérieur (H), qui le renforce considérablement et constitue en ce point, ainsi que nous l'avons déjà fait observer, une bride ligamenteuse épaisse, interposée entre l'extrémité de l'os naviculaire et la face interne de l'éminence rétrossale sur laquelle se prolonge la crête semi-lunaire.

Par sa face supérieure, le ligament interosseux est en rapport avec la membrane synoviale de l'articulation du pied, et par sa face inférieure avec celle de la petite gaîne sésamoïdienne, qui le sépare de l'expansion tendineuse du perforant (τ) avec les fibres duquel il confond les plus superficielles des siennes à son insertion phalangienne (s).

Texture. — Le ligament interosseux est formé de petites brides fibreuses cylindriques ou aplaties, de longueur inégale, superposées les unes aux autres, et réunies par un tissu cellulaire assez lâche. Cette disposition funiculaire des brides constituantes du ligament est surtout marquée dans sa partie centrale où elles ont ordinairement une assez grande épaisseur ; sur les parties latérales, elles affectent davantage la forme d'une membrane mince et serrée ; enfin, elles sont réunies en un seul faisceau très-dense aux extrémités du petit sésamoïde.

Le tissu de ces petites brides ligamenteuses a une teinte blanche rosée, un peu différente de celle qui caractérise le tissu fibreux en général, et il existe des ramifications capillaires nombreuses dans le tissu cellulaire qui les sépare.

## DISPOSITION DES TENDONS EXTENSEUR ET FLÉCHISSEUR AUTOUR DE L'ARTICULATION DU PIED.

La partie de ces tendons qui passe sur l'articulation du pied concourt d'une manière tellement efficace à en assurer la solidité, qu'il ne nous semble pas que leur description doive être disjointe de celle de l'articulation même.

### a. DISPOSITION DU TENDON EXTENSEUR.

( Pl. VIII. )

Le tendon extenseur (i) commence à s'épanouir en large et épaisse membrane fibreuse au niveau du tiers inférieur de la première phalange. Il passe, en étalant davantage ses fibres, sur la première articulation intra-phalangienne, revêt toute la face antérieure de l'os de la couronne, et vient aboutir par-dessus l'articulation du pied, à laquelle il forme un large plastron fibreux, à l'éminence pyramidale de la troisième phalange.

Cette expansion tendineuse est fixement maintenue dans tout ce trajet que nous venons d'indiquer, en haut, par une adhérence assez intime que sa face interne contracte avec la face antérieure de la première phalange ; et, de chaque côté, par deux longues brides fibreuses (к) qui se détachent du tendon au-dessus de la première articulation intra-phalangienne, se rendent en divergeant aux deux forts mamelons d'insertion qui dominent en arrière de la face supérieure de l'os du paturon, glissent sur les mamelons sans y adhérer, en croisant la direction des ligaments sésamoïdiens latéraux, et vont se fondre avec les branches terminales des ligaments suspenseurs du boulet auquel elles font continuité (к').

Sur l'articulation de la première et de la deuxième phalange, le tendon de l'extenseur adhère par un tissu cellulaire très-serré à la capsule synoviale, qui se prolonge jusque sur la face antérieure de la première phalange, pour constituer un diverticulum spécialement destiné à son glissement.

De chaque côté, il s'étale sur l'origine des ligaments latéraux de cette articulation et s'y unit solidement par un tissu cellulaire très-fin.

A la seconde phalange, le tendon extenseur contracte une première insertion ; ses fibres s'implantent sur la ligne âpre qui en borde la marge articulaire supérieure.

Au-dessous de cette ligne, le tendon est séparé de la face antérieure de l'os par une petite bourse à compartiments souvent multiples qui lui est spécialement destinée.

Il la recouvre en y adhérant intimement, ainsi qu'à la capsule synoviale de la dernière articulation phalangienne.

Au delà de cette articulation, l'expansion tendineuse s'élargit et embrasse de ses fibres irradiées l'apophyse pyramidale, sur la face antérieure de laquelle elle les étale et les implante (ɪ').

De chaque côté, les marges de cette expansion tendineuse s'unissent intimement aux ligaments latéraux antérieurs avec le tissu desquels elle se continue.

Enfin cette union de continuité est encore affermie par la bandelette aponévrotique qui, de la face interne de la plaque scutiforme, se prolonge par-dessus la surface du tendon, en intriquant ses fibres avec les siennes.

L'expansion du tendon extenseur peut donc être considérée au niveau de l'articulation du pied comme une espèce de ligament capsulaire attaché en haut à la face antérieure de la deuxième phalange, en bas à l'éminence pyramidale de la première, et de chaque côté aux ligaments propres de l'articulation, auxquels elle fait continuité.

TEXTURE. — Le tendon extenseur est formé d'un tissu très-serré et très-dense, dans lequel on découvre cependant, même à l'œil nu, quelques petites ramifications vasculaires. Son épaisseur diminue à mesure que ses fibres, en s'étalant, occupent une plus large surface, en sorte qu'au niveau de la dernière articulation phalangienne, l'expansion de ce tendon constitue une membrane fibreuse assez mince et dont les fibres sont beaucoup moins serrées que dans toute l'étendue supérieure de son trajet ; fait anatomique qui présente, en chirurgie, une très-grande importance.

#### b. DISPOSITION DU TENDON FLÉCHISSEUR PROFOND.

#### (Pl. VII, VIII, IX, X, XI, XII, XIII et XIV.)

Le tendon fléchisseur, considéré dans ses rapports avec l'articulation du pied, doit être examiné au moment où il s'échappe d'entre les deux branches terminales du perforé (Pl. IX, R), à la face postérieure de la deuxième phalange (T).

A ce point d'émergence, ce tendon commence à perdre sa forme funiculaire ; il s'épanouit, et, sans diminuer beaucoup d'épaisseur, il étale ses fibres en un large éventail dont le bord terminal est suffisamment développé pour s'appliquer sur toute l'étendue de la ligne courbe, mesurée par la crête semi-lunaire, entre les extrémités divergentes de la troisième phalange (Pl. XIV, s).

Ses moyens d'union avec les parties qu'il recouvre dans ce trajet sont, en haut, la gaîne fibreuse qui réunit l'une à l'autre les deux branches du perforé, à leur point d'insertion aux extrémités de la deuxième phalange (Pl. VII, Q).

Cette gaîne fibreuse maintient le tendon perforant sur la poulie fixe de glissement que constitue pour lui le sommet du plan incliné de la face postérieure de cet os.

Au-dessous de cette poulie, que tapisse la synoviale grande sésamoïdienne, il s'attache à la face postérieure de la deuxième phalange par une membrane fibreuse jaune (Pl. X, M) qui se dirige transversalement de la face antérieure du tendon à la face postérieure de l'os coronaire, et forme une sorte de cloison sur laquelle s'appuie supérieurement le cul-de-sac de la grande gaîne sésamoïdienne (Pl. X, s), et inférieurement celui de la capsule articulaire du pied (Pl. X, P).

Les fibres de cette cloison jaune sont continues à celles du tendon perforant, à leur point d'émergence à ce dernier. Malgré la différence de leurs tissus constitutifs, la dissection ne démontre pas entre elles de ligne de démarcation.

Immédiatement au-dessous de cette cloison fibreuse, le tendon fléchisseur profond (Pl. IX, т) s'étend sur la poulie de glissement de la face inférieure du petit sésamoïde, au delà de laquelle il se termine à l'os du pied, par une large expansion membraniforme (Pl. XIII, т) qui s'attache sur toute l'étendue de la crête semi-lunaire, et de chaque côté à la face interne de l'apophyse rétrossale, où elle confond et mêle son tissu avec celui de la coque extérieure du corps pyramidal qui la double dans cette région. L'insertion de l'expansion du perforant à l'os du pied ne s'effectue pas seulement sur les aspérités de la crête semi-lunaire; son bord terminal est taillé en biseau très-allongé aux dépens de sa face profonde, ses fibres les plus longues se prolongent au delà de la crête, sur le plan antérieur de la face inférieure de la phalange, tandis que les plus courtes s'attachent en deçà, sur les aspérités du plan postérieur, en avant des fibres les plus superficielles du ligament impair.

*Gaîne fibreuse de renforcement du tendon fléchisseur profond.* — Le tendon perforant est fixé sur la petite poulie sésamoïdienne par une *gaîne fibreuse de renforcement* dont la disposition fort remarquable a, jusqu'à présent, échappé à l'attention de ceux des anatomistes français ou étrangers que nous avons pu consulter.

Cette enveloppe (Pl. VII, VIII et IX, v), qui fait continuité, par sa partie supérieure, au fascia cellulo-fibreux de la région métacarpienne, double, au niveau et au-dessous de l'articulation métacarpophalangienne, la capsule fibreuse de la grande gaîne sésamoïdienne.

Au moment où le perforant (т') s'échappe d'entre les deux branches du perforé (ʀ ʀ), elle acquiert une épaisseur considérable et se renfle sur ses parties latérales de manière à constituer deux faisceaux aplatis (x x dans les Pl. VII, VIII et IX et т x' dans la Pl. XII), sortes de brides ligamenteuses qui vont s'attacher, de chaque côté de la première phalange, à une surface rugueuse, souvent saillante en mamelon, située au niveau de la moitié inférieure de cet os et sur les marges de sa face postérieure (Pl. XII, x').

De ces points supérieurs d'insertion, ces brides funiculaires se dirigent obliquement en arrière, en croisant les branches terminales du perforé (ʀ) par-dessus lesquelles elles s'appliquent, atteignent au-dessous de la poulie fixe de la deuxième phalange, les marges du tendon perforant (Pl. XII, T), au moment où commence son épanouissement, se juxta-posent à lui, s'étalent à sa surface en membrane assez épaisse, et lui constituent, en se réunissant par des fibres transversales, une gaîne complète (Pl. VII, v), qui ne lui est d'abord que superposée, mais qui, à mesure que l'on se rapproche de son insertion terminale, lui adhère de plus en plus intimement, au point qu'il n'est plus possible de les séparer sans empiéter sur l'un ou sur l'autre avec le scalpel, au niveau de la poulie sésamoïdienne inférieure.

Le long des bords du tendon, ces brides de renforcement conservent leur forme funiculaire et restent indépendantes de lui jusqu'au niveau de la face interne des apophyses rétrossales, aux tuberosités desquelles elles s'attachent avec les fibres du tendon lui-même et celles de la plaque du cartilage latéral (Pl. XII, v).

Complétée par ces brides ligamenteuses de renforcement qui remplissent dans le jeu de l'articulation du pied un rôle important que nous aurons plus tard à signaler, l'expansion terminale du tendon perforant, à laquelle on a donné, en raison de sa forme, le nom d'*aponévrose plantaire*, peut être considérée, dans ses rapports avec l'articulation du pied, comme un fort ligament membraneux, attaché en haut à l'os du paturon par ces deux faisceaux fibreux que nous venons d'indiquer, et en bas par son bord épanoui à la face plantaire de la troisième phalange.

Ainsi envisagés, les faisceaux de reforcement font l'office d'une troisième paire de ligaments latéraux, étendus des faces latérales de la première phalange aux apophyses rétrossales de la troisième (Pl. XII, x' u).

Texture. — Le tissu du tendon perforant est formé de fibres parallèles très-serrées dans sa partie funiculaire. Au point où ce tendon s'épanouit en aponévrose, ses fibres deviennent divergentes de haut en bas et de dedans en dehors du côté de sa face externe ; elles se montrent disposées à la surface des coupes faites en dédolant, à la manière des barbes d'une plume sur leur axe (Pl. XIV, T).

Du côté de la face profonde, cette disposition est inverse, les fibres sont convergentes de dehors en dedans et de haut en bas.

Au niveau du point où s'insèrent à la face interne du tendon les ligaments jaunes qui émanent de la face postérieure de l'os coronaire, le tissu du perforant présente un renforcement de fibres entre-croisées transversales qui augmentent son épaisseur.

Cette épaisseur diminue d'une manière sensible, à mesure que le tendon perd sa forme funiculaire, pour affecter la disposition membraneuse qui lui a valu le nom d'*aponévrose plantaire;* mais il ne faut pas prendre cette ancienne expression à la lettre : le tendon, même dans la région de sa plus forte expansion, ne revêt jamais les caractères d'une membrane aponévrotique, et son tissu se présente toujours avec la trame condensée caractéristique du tissu tendineux. Au niveau de son insertion, l'épaisseur du tendon est encore égale à celle d'une pièce de deux francs, et son attache à l'os, en deçà et au delà de la crête semi-lunaire, s'effectue, par des fibres d'inégale longueur, sur une étendue superficielle large de plus d'un centimètre et demi.

Le tissu des tendons perforant et perforé est doué d'une vascularité fort remarquable que l'on peut rendre évidente par une simple injection à la cire, sous l'influence de laquelle se dessinent souvent à leur surface et jusque dans leur épaisseur les plus belles arborisations (Pl. XV et XVI).

§. II.

### ARTICULATION DE LA PREMIÈRE PHALANGE AVEC LA DEUXIÈME.

( Pl. VI, XII et XIV.)

Nous avons dit, en décrivant la deuxième phalange, la forme de sa surface articulaire supérieure. L'extrémité inférieure de la première phalange, qui correspond à cette surface, offre une configuration symétriquement inverse pour s'adapter, par ses éminences latérales et sa dépression centrale, aux cavités latérales et à l'éminence centrale de la face articulaire supérieure de l'os de la couronne.

Le moule de cette face donne le relief de celle qui lui correspond.

Les deux premières phalanges sont maintenues dans leurs rapports articulaires par un appareil fibreux très-complexe, que concourent à former les ligaments propres à l'articulation et les tendons des muscles extenseurs et fléchisseurs.

LIGAMENTS PROPRES.

Ils sont au nombre de trois, deux latéraux et un postérieur impair.

### LIGAMENTS LATÉRAUX.

Les ligaments latéraux (Pl. XII, 1) forment deux faisceaux aplatis et très-larges, qui s'étendent obliquement en arrière, de l'extrémité inférieure de l'os du paturon au petit sésamoïde, où leurs fibres les plus longues et les plus superficielles (D) se terminent en se confondant avec celles des ligaments latéraux postérieurs de l'articulation du pied.

Leur implantation à l'os du paturon s'établit par une large irradiation qui embrasse l'éminence saillante d'insertion située au-dessus des condyles de la surface articulaire inférieure.

Ils franchissent l'articulation en conservant la largeur de leur surface d'origine, et enveloppent de leurs fibres épanouies une partie des faces latérales de la deuxième phalange et le côté externe des fortes éminences d'insertion qui forment les deux extrémités latérales du sommet du plan incliné de cet os; après s'être attachés à ces éminences, ils se rétrécissent et descendent jusqu'au petit sésamoïde, par-dessus le faisceau profond du ligament latéral postérieur, dont ils constituent le faisceau superficiel.

Le bord antérieur de ces ligaments est recouvert en partie par le tendon extenseur auquel il est intimement uni.

En arrière, ils confondent leurs fibres avec les fibres terminales des branches du perforé et avec celles du ligament postérieur. Leur face interne est en rapport intime au niveau de l'articulation avec la membrane synoviale qui la tapisse.

### LIGAMENT POSTÉRIEUR.
#### (Pl. VI, Fig. 2, et Pl. XIV.)

Situé au sommet du plan incliné postérieur de la deuxième phalange, le ligament postérieur constitue une sorte d'appareil sésamoïdien, complémentaire par sa face interne de la surface articulaire supérieure de l'os auquel il s'attache, et par sa face postérieure de la poulie fixe de glissement que représente le sommet de cet os.

Ce ligament, très-épais et très-dense, est solidement fixé par sa marge inférieure au bord postérieur de la surface articulaire qu'il contourne et déborde, sur les parties latérales, pour s'unir avec les ligaments pairs de l'articulation dont les fibres sont continues avec les siennes.

A son bord supérieur, il présente *trois prolongements funiculaires*, deux pairs et un impair, qui l'unissent aux parties supérieures.

Le *prolongement impair* (Pl. XIV, a) s'élève perpendiculairement
et dans le plan médian de l'os, de la trame du ligament postérieur
dont il peut être considéré comme la continuité, sous la forme d'une
longue bride, forte et épaisse, qui s'élargit de bas en haut et embrasse
à son extrémité supérieure, de ses fibres épanouies, le bord inférieur des grands sésamoïdes, avec la coque fibreuse desquels il se
confond.

C'est le *ligament sésamoïdien superficiel* des anatomistes.

Les *prolongements pairs* (Pl. XIV, b) du ligament postérieur
constituent deux petits faisceaux cylindriques, courts et épais, qui
se détachent de sa plaque fibreuse de chaque côté de l'origine du
*prolongement impair,* et se dirigent, en divergeant l'un de l'autre et
en s'inclinant en avant, sur la face postérieure de l'os du paturon,
où ils s'insèrent, au-dessous et en dedans des points d'attache des
brides latérales de la *gaine de renforcement* de l'aponévrose plantaire (c).

En dehors de ces deux faisceaux ligamenteux, dont la position
et la direction sont constantes, il s'échappe des parties latérales de
la plaque fibreuse du ligament postérieur, de petites brides divergentes, tantôt isolées les unes des autres, d'autres fois constituant
une membrane continue, qui s'insèrent à la phalange depuis le point
d'implantation des faisceaux pairs jusqu'à l'origine supérieure des
ligaments latéraux de l'articulation.

Ces brides sont toujours enveloppées d'un tissu cellulaire très-
lâche et très-riche en vaisseaux sanguins.

En arrière de ces faisceaux d'insertion à la première phalange, le
ligament postérieur présente deux saillies latérales qui ne sont autre
chose que le renforcement de son tissu par les branches terminales
du perforé qui s'implantent sur lui en confondant leurs fibres avec
les siennes (Pl. XIV, o).

A ce point de jonction, on remarque en dehors, de chaque côté,
une petite bandelette fibreuse transversale, qui se détache de la branche du perforé et va s'insérer à une ligne âpre au-dessus de l'origine
des ligaments latéraux de l'articulation.

La face antérieure du ligament postérieur présente deux excavations latérales, séparées par un renflement médian, qui continuent
en arrière les cavités glénoïdales de la table articulaire de l'os.

La face postérieure (Pl. VI, Fig. 2) est concave dans son centre,
bordée par deux reliefs latéraux, et se prolonge en membrane fibreuse

mince sur le sommet du plan incliné postérieur de l'os de la couronne pour constituer avec lui la poulie fixe de glissement du tendon perforant.

Outre ces moyens si solides d'affermissement de la première articulation phalangienne, le tendon extenseur forme à sa face antérieure une sorte de ligament capsulaire qui ajoute puissamment encore à sa solidité.

§ III.

## CAPSULES SYNOVIALES ARTICULAIRES ET TENDINEUSES.

### I. — PARTIE DE LA GAINE SÉSAMOÏDIENNE SITUÉE EN ARRIÈRE DES PHALANGES.

Le glissement des tendons perforé et perforant l'un sur l'autre et sur les os avec lesquels ils sont en rapport est facilité en arrière des phalanges par la membrane synoviale qui tapisse la grande gaîne sésamoïdienne (Pl. VI, s).

Cette membrane revêt la face postérieure des sésamoïdes, la face interne de l'anneau du perforé et de ses deux branches terminales.

Au-dessous de la coulisse sésamoïdienne, elle se réfléchit dans l'intérieur de sa propre cavité pour former une enveloppe isolée au tendon perforant. A ce point de réflexion, elle constitue une espèce de médiastin, mince, transparent et quelquefois percé à jour comme le médiastin postérieur de la poitrine, qui se dirige obliquement en bas et en arrière, à la face profonde du perforant.

Ce médiastin de la gaine grande sésamoïdienne forme entre les deux tendons une sorte de ligament celluleux qui sert de support à des vaisseaux.

Au-dessous de cette cloison de réflexion, la capsule synoviale se prolonge par-dessus la poulie fixe située en arrière de la phalange moyenne, et elle forme un long cul-de-sac immédiatement en bas de cette poulie, à la face postérieure de cet os, pour de là se réfléchir sur la face antérieure du perforant.

Ce cul-de-sac inférieur de la grande gaîne sésamoïdienne est appliqué et soutenu sur la cloison fibreuse jaune qui se dirige transversalement, au-dessus du petit sésamoïde, de la face antérieure du tendon à la face postérieure de l'os coronnaire (Pl. X, m).

Cette partie phalangienne de la synoviale grande sésamoïdienne est enveloppée dans toute son étendue : 1º par une forte gaîne fibreuse *propre* (Pl. VII, Q), qui unit l'une à l'autre les **deux** branches du perforé, forme avec elles une demi-gouttière complète, et va s'attacher, en avant de ces branches, sur les parties postérieures et latérales de la première phalange, par une succession de brides transversales ;

2° Par la *gaîne de renforcement* du perforant qui, après avoir attaché ses brides latérales de chaque côté de la première phalange, se prolonge par-dessus la *gaîne propre sésamoïdienne* et se confond avec elle (Pl. VII, v).

3° Enfin, par la tunique propre du coussinet plantaire qui va se réunir sous forme d'une membrane fibro-celluleuse au fascia d'enveloppe de la région supra-phalangienne.

Cependant, malgré cette superposition de gaînes enveloppantes, il existe deux points principaux où la membrane synoviale rencontre moins de résistance à son développement et peut se dilater : c'est *au-dessous des grands sésamoïdes,* dans un interstice que laissent entre eux les ligaments transversaux qui unissent les branches du perforé à la première phalange, et *plus bas,* au niveau de l'insertion des brides latérales de l'aponévrose de renforcement du tendon perforant (Pl. VII).

## II. — Petite gaine sésamoidienne.

Une capsule synoviale (Pl. X, o) est interposée entre la face inférieure du petit sésamoïde et la face supérieure de l'expansion aponévrotique du perforant pour faciliter le glissement de l'un sur l'autre.

Cette membrane tapisse la couche fibreuse qui revêt le petit sésamoïde, se prolonge sur *le bourrelet fibreux* **complémentaire** de son bord supérieur, jusqu'au ligament jaune (M), qui unit le perforant à la face postérieure de la phalange moyenne, se replie sur cette cloison en formant un vaste cul-de-sac supérieur, adossé au cul-de-sac inférieur de la grande gaîne sésamoïdienne, puis se réfléchit sur la face supérieure de l'aponévrose plantaire jusqu'à son point d'insertion à la crête semi-lunaire. Un peu en avant de cette limite, elle se replie sur elle-même pour former un revêtement à la face inférieure du ligament impair de l'articulation du pied.

On voit par cette disposition que la membrane synoviale de la petite gaîne sésamoïdienne forme une capsule aplatie, à laquelle l'aponévrose plantaire constitue dans presque toute son étendue un revêtement fibreux très-épais.

Il est un point cependant où ce revêtement fait défaut, c'est en avant des brides latérales de *l'aponévrose de renforcement ;* là le cul-de-sac supérieur de la petite gaîne sésamoïdienne est immédiatement en rapport avec les renflements bulbeux du coussinet plantaire.

Texture. — La membrane synoviale de la petite gaîne sésamoïdienne est richement arborisée de vaisseaux rouges dans le fond de ses deux culs-de-sac, supérieur et inférieur. Cette riche arborisation contraste avec la blancheur mate de son tissu à la surface du sésamoïde et de l'aponévrose plantaire.

### III. — Bourse synoviale du tendon extenseur.

Sur la face antérieure de la phalange moyenne, au-dessous du point où le tendon extenseur contracte une première insertion aux aspérités de sa table et au-dessus de l'articulation du pied, existe une bourse synoviale étroite, indépendante de la gaîne articulaire, destinée à faciliter le jeu du tendon sur cet os dans les mouvements de flexion, car le glissement est à peu près arrêté par l'union intime qu'il a contractée avec la phalange.

### IV. — Capsules articulaires.

#### ARTICULATION DE LA PREMIÈRE ET DE LA DEUXIÈME PHALANGE.

La membrane synoviale de la première et de la deuxième phalange présente une étendue de surface plus considérable que celle qui est mesurée par l'étendue des deux surfaces articulaires elles-mêmes.

En avant, elle présente un vaste diverticulum central qui tapisse, dans le tiers inférieur de son étendue, la face antérieure de la première phalange, et constitue au tendon extenseur une bourse de glissement ; et en bas, elle déborde un peu la surface articulaire de la phalange coronaire, et forme, sur son contour antérieur, une espèce de gouttière circulaire en dehors de la marge articulaire.

En arrière, elle se prolonge sur la face articulaire du ligament postérieur, monte un peu au delà de la marge supérieure de ce ligament, et se réfléchit en vaste cul-de-sac sur la face postérieure de la première phalange au dela de la table articulaire (Pl. X, l).

Cette membrane synoviale, richement organisée, est puissamment affermie dans toute sa périphérie par l'appareil fibreux complexe qui enveloppe l'articulation qu'elle tapisse.

Il n'y a que deux points où cet appareil fasse défaut et où la capsule puisse éprouver des distensions ; c'est en arrière, entre les faisceaux fibreux qui unissent le bord supérieur du ligament postérieur à la face de la première phalange, de chaque côté, en dehors des *prolongements pairs ;* là, il n'y a que du tissu cellulaire abondant qui serve de revêtement à la membrane de l'articulation.

### V. — Capsule de l'articulation du pied.

La membrane synoviale de l'articulation du pied forme une gaîne très considérable dont l'étendue superficielle est beaucoup plus vaste que celles des surfaces articulaires qu'elle revêt.

Cette membrane (Pl. X, c) tapisse la surface supérieure de la troisième phalange, forme en arrière un diverticulum qui glisse entre l'os du pied et le sésamoïde, et repose par son cul-de-sac sur la face supérieure du ligament impair (Pl. X, n); puis de là elle se réfléchit sur le sésamoïde, se prolonge sur le bourrelet fibreux qui le borde en arrière, le dépasse, monte sur la face antérieure du tendon perforant, jusqu'au ligament membraneux jaune (m), sur lequel s'appuie, en haut, le cul-de-sac de la grande gaîne sésamoïdienne, et, en bas, celui de la petite. Là, elle se réfléchit sur la face postérieure de la deuxième phalange, descend sur sa table articulaire, la revêt et vient se continuer avec elle-même sur la marge antérieure de cet os, à la face interne de l'expansion de l'extenseur, à laquelle elle fournit un diverticulum de glissement.

Il résulte de cette disposition que la capsule synoviale de l'articulation du pied forme, en arrière du sésamoïde et de la phalange moyenne, un vaste cul-de-sac, adossé, en haut, au cul-de-sac inférieur de la grande gaîne sésamoïdienne, et en arrière au cul-de-sac supérieur de la petite. Ces trois membranes réfléchies ont un point commun de rencontre et de contact, le ligament jaune transverse du perforant (m) qui sépare la première des deux autres, adossées immédiatement l'une à l'autre.

La capsule synoviale de l'articulation du pied est puissamment soutenue dans le périmètre antérieur de cette articulation par le bandage fibreux que présente l'expansion tendineuse de l'extenseur, continue aux faisceaux des ligaments latéraux antérieurs.

Mais, en arrière de ces ligaments, au-dessous de la plaque scutiforme des cartilages, elle n'a d'autre revêtement immédiat que du tissu cellulaire lâche qui laisse un champ libre à son développement, circonstance anatomique importante à signaler pour la chirurgie.

En arrière des ligaments latéraux postérieurs, les bulbes renflés du coussinet plantaire s'appliquent immédiatement sur elle et la soutiennent.

Enfin, à la face postérieure des phalanges, elle a pour revêtement médiat l'expansion aponévrotique du perforant, qui en est séparée par le cul-de-sac de la petite gaine sésamoïdienne.

CHAPITRE III.

# APPAREIL VASCULAIRE.

—

§ I<sup>er</sup>.

### DES VAISSEAUX ARTÉRIELS.

(Pl. XV, XVI, XVII, XVIII.)

Deux vaisseaux considérables fournissent à la région du doigt du cheval le sang destiné à sa nutrition et à ses sécrétions; ce sont les artères qui, en raison de leur destination et de leur position, ont reçu le nom de DIGITALES ou encore de COLLATÉRALES des PHALANGES (A A' A'').

Les artères digitales sont les branches de terminaison principales et constantes de l'*artère latérale superficielle* du canon, encore appelée *artère plantaire superficielle.*

Elles naissent toutes deux à la face postérieure interne du canon (Pl. XV, A), du tronc de cette dernière artère, en arrière du tendon suspenseur du boulet, au-dessous des tendons fléchisseurs, au-dessus du cul-de-sac supérieur de la grande gaîne sésamoïdienne qu'elles embrassent de leur angle d'émergence.

Celle de ces deux artères qui est située du côté interne, continue en ligne presque droite la direction de l'artère mère; l'externe décrit une courbe pour contourner la grande gaîne sésamoïdienne et aller se placer sur le côté de l'articulation métacarpo-phalangienne, dans une position symétrique à celle de la première.

A partir de ce point, la position, la direction, les rapports et les divisions de ces deux artères sont identiques; la description de l'une implique donc nécessairement celle de l'autre.

L'*artère digitale* descend, dans une direction presque perpendiculaire, des parties latérales de l'articulation métacarpo-phalangienne , jusqu'à la face interne de l'apophyse basilaire où elle subit sa bifurcation terminale.

Dans tout ce trajet, elle suit le parcours des tendons fléchisseurs, sur le bord desquels elle est appuyée et maintenue par un tissu cellulaire lâche. Elle est flanquée en arrière par le nerf plantaire, qui recouvre une partie de sa surface, l'enlace de filets nombreux, et lui est assez intimement accolée pour être associée à toutes ses flexuosités et ne constituer avec elle qu'un seul cordon.

En avant, elle est longée, mais à une petite distance, par sa veine satellite qui repose dans tout son trajet sur les faces latérales des deux premières phalanges.

A sa partie supérieure, près de son origine sur les parties latérales de l'articulation métacarpo-phalangienne, l'artère digitale est croisée d'arrière en avant par la branche antérieure du nerf plantaire (P), et elle est recouverte dans toute son étendue par le fascia qui fait continuité à la tunique propre du coussinet plantaire, dont la bride ligamenteuse latérale coupe obliquement sa direction de haut en bas et d'arrière en avant, au niveau de la partie moyenne de la première phalange.

### DIVISIONS DE L'ARTÈRE DIGITALE.

Du tronc des artères collatérales des phalanges émane une multitude de canaux secondaires, destinés à porter les éléments de la nutrition à toutes les parties qui se trouvent dans la division de leur parcours.

Ces divisions artérielles sont remarquables surtout par la multitude des anastomoses qu'elles contractent entre elles et avec celles de l'artère opposée, en sorte que toute la région phalangienne est cerclée, pour ainsi dire, d'anneaux et enlacée de réseaux vasculaires qui offrent à la masse du sang des voies de communication toujours largement ouvertes.

Les parties de ce réseau artériel qui présentent les dispositions les plus remarquables et les plus constantes, sont situées autour de l'articulation métacarpo-phalangienne, sur la face antérieure de la première phalange et tout autour de l'os de la couronne.

Au niveau de l'articulation métacarpo-phalangienne, les artères digitales émettent, en avant et en arrière, des rameaux transverses (Pl. XV, B et G), qui se subdivisent en ramuscules nombreux et établissent par leurs anastomoses multiples des communications circulaires entre les troncs des deux artères. Les divisions extrêmes de ce lacis pénètrent dans les os, dans les ligaments, les tendons, les membranes synoviales et la peau. Au-dessous de l'articulation du boulet, nous distinguerons, pour la clarté de la description, les divisions de l'artère digitale en *antérieures* et *postérieures*.

### a. DIVISIONS ANTÉRIEURES.

A la partie moyenne de la première phalange, l'artère digitale laisse échapper à angle presque droit une branche courte et d'un fort calibre, que Percivall appelle *artère perpendiculaire (perpendicular artery)* Pl. XV, c), expression que nous adoptons.

Cette artère *perpendiculaire*, de 1 centimètre à 2 de longueur, se divise immédiatement en deux rameaux principaux, dont l'un supérieur ou *ascendant* (D) se dirige obliquement en haut, par-dessus la bride d'assujettissement du tendon extenseur, et va réunir ses ramuscules de terminaison au réseau antérieur de l'articulation métacarpo-phalangienne.

Quelques divisions considérables de ce rameau ascendant se répandent sur la face antérieure de la première phalange, au-dessus et au-dessous du tendon extenseur, et s'y anastomosent en cercle avec les divisions correspondantes de l'artère opposée.

Le rameau inférieur ou *descendant* (E) de l'artère perpendiculaire, se dirige obliquement en bas, le long des faces latérales des deux premières phalanges, et quelquefois en ligne absolument parallèle à celle du tronc de l'artère digitale elle-même.

Il se divise sur la face antérieure de la première et de la deuxième phalange en plusieurs ramuscules assez considérables, qui se subdivisent eux-mêmes en ramuscules plus ténus, lesquels forment, en se réunissant aux divisions correspondantes de l'artère opposée, de riches arborisations destinées aux tendons, au périoste et aux os.

Arrivée au niveau du bord supérieur de la plaque du cartilage latéral, l'artère digitale envoie un *rameau transverse* (F) qui se dirige en ligne droite sur la face antérieure de l'os coronaire, au devant du *rameau transverse* opposé, et anastomose avec les siennes ses divisions terminales au-dessus de l'expansion de l'extenseur, de manière à enlacer d'un réseau demi-circulaire la face antérieure de la deuxième phalange.

Percivall, et après lui Rigot, ont donné le nom de *cercle coro-*

*naire superficiel* (par opposition au cercle artériel profond formé dans l'intérieur de la troisième phalange), au réseau anastomotique circulaire formé au devant de l'os coronaire par les branches terminales du rameau *transverse* de l'artère digitale.

Le cercle coronaire superficiel est l'origine d'une multitude de ramuscules (Pl. XV, *ff*) qui descendent perpendiculairement dans la matrice de l'ongle, et y constituent un lacis anastomotique fort remarquable, à la formation duquel concourent les divisions *ascendantes* extrêmes des branches terminales de l'artère digitale (Pl. XV, *f' f'*).

A sa partie supérieure, le cercle coronaire superficiel envoie des divisions assez nombreuses aux arcades anastomotiques supérieures, formées par la réunion des divisions des rameaux descendants de l'artère perpendiculaire.

Telles sont, avant ses terminaisons, les divisions *antérieures* les plus remarquables de l'artère digitale.

b. DIVISIONS POSTÉRIEURES.

Les *divisions postérieures* sont :

1° Supérieurement, en arrière de l'articulation métacarpo-phalangienne, les *branches transverses*, correspondantes aux branches transverses antérieures qui forment tout autour de cette articulation un plexus artériel si remarquable (Pl. XV et XVI, G) ;

2° Dans toute la longueur de la première phalange, trois ou quatre rameaux *échelonnés* (Pl. XVI, H H) qui forment, avec les rameaux correspondants, des arcades anastomotiques complètes, dont les divisions sont destinées aux tendons fléchisseurs et à l'appareil ligamenteux complexe situé en arrière des phalanges.

L'un de ces rameaux tendineux (Pl. XVII, H), principalement destiné au perforant, émane de l'artère digitale, au niveau du point d'émergence de l'artère perpendiculaire, et se projette dans le perforant où il forme une très-belle arborisation, par l'intermédiaire de cette espèce de médiastin, que la synoviale sésamoïdienne constitue en se réfléchissant de la face postérieure des phalanges à la face antérieure du perforant ;

3° La troisième division postérieure de l'artère digitale, est l'*artère du coussinet plantaire* (Pl. XV, XVI et XVII, K).

Cette artère, d'une assez gros calibre, naît à angle aigu, au niveau du bord supérieur de l'os coronaire ; elle descend accompagnée d'un cordon nerveux destiné aux mêmes régions qu'elle, par-dessus les

bulbes renflés du coussinet plantaire, et se divise immédiatement
en deux branches principales, dont l'une, l'externe, la plus courte,
contourne le bulbe cartilagineux et se disperse dans le tissu velouté
qui revêt la région des talons, tandis que l'interne (Pl. XVI, L) gagne la lacune médiane du coussinet plantaire, s'applique à la face
interne de cette excavation et se prolonge, en disséminant ses ramuscules divergents dans le tissu velouté, jusqu'à la pointe du corps pyramidal où elle forme une anastomose en arcade avec la branche
correspondante de l'artère opposée.

Entre ces deux branches principales, l'artère du coussinet plantaire envoie de nombreuses divisions dans la masse des bulbes ;

4° Enfin, un dernier rameau postérieur important émane du tronc
de la digitale, juste au niveau du rameau *transverse* antérieur.

Ce rameau postérieur (Pl. XVII, M) *transverse* lui-même, passe
au-dessous du tendon perforant, en longeant le bord inférieur du ligament postérieur de la première articulation phalangienne, et
complète, en s'abouchant avec l'artère opposée, le cercle vasculaire
dont la circonférence antérieure est formée par l'anastomose des
deux rameaux transverses antérieurs, c'est-à-dire par le *cercle cu-
ronaire superficiel.*

### c. BRANCHES TERMINALES DE L'ARTÈRE DIGITALE.

L'artère digitale, arrivée à la face interne et à la base de l'apophyse basilaire, au niveau de l'extrémité du petit sésamoïde, se divise
en deux branches que l'on peut distinguer en *antérieure* ou *externe*
et *postérieure* ou *interne*. .

#### 1° Branche antérieure ou externe de l'artère digitale.
(Pl. XV et XVIII, N.)

La *branche externe*, encore appelée *préplantaire* et par les Anglais *artère* des *feuillets* (*laminal artery*) se détache à angle presque
droit, en arrière du tronc de la digitale, en dedans de l'apophyse basilaire. De là, elle se dirige obliquement en arrière et en bas, accompagnée de la branche postérieure du nerf plantaire qui quitte à
ce point le tronc de l'artère-mère ; arrivée, après un trajet de 1 centimètre environ, au niveau de l'encoche profonde dont se trouve entaillée l'apophyse basilaire, elle s'y introduit en faisant sur elle-même
un pli à angle aigu dans lequel elle embrasse la base de cette
éminence.

Au moment où elle prend cette nouvelle direction, elle laisse échapper une petite branche rétrograde qui se divise dans le tissu des talons et des branches du corps pyramidal, s'y anastomose par quelques-unes de ses divisions avec les divisions divergentes de l'artère du coussinet plantaire, puis se prolonge le long de la crête semi-lunaire, au-dessous de l'aponévrose plantaire, et va au devant de la branche correspondante du côté opposé avec laquelle elle forme une anastomose à grande arcade, dont les rameaux arborisés concourent à former le lacis artériel du tissu velouté.

Une fois traversée l'encoche de l'apophyse basilaire, la branche externe de la digitale vient se diviser, sur les parties latérales de la phalange, au-dessous de la plaque du cartilage, en trois rameaux principaux ; l'un *rétrograde* (Pl. XVIII, ʀ) va disperser ses ramuscules à la surface et dans la profondeur du bulbe cartilagineux ; le deuxième se dirige, de conserve avec un filet nerveux, en avant et en bas, dans une scissure oblique qui sillonne l'éminence patilobe et va s'anastomoser, après s'être ramifiée dans le tissu podophylleux, avec la grande artère *circonflexe* qui longe le bord tranchant de l'os du pied (Pl. XVIII, ᴘ x).

Le troisième rameau constitue (Pl. XVIII, ǫ) l'artère *préplantaire* proprement dite. Accompagnée de la branche postérieure du nerf plantaire, cette artère s'insinue dans la scissure préplantaire et en parcourt le sillon horizontal, en s'irradiant par une succession de décompositions multiples, d'une part, dans la trame du tissu feuilleté où elle forme un lacis très-anastomotique, de concert avec les ramuscules du cercle coronaire superficiel et avec ceux qui s'échappent de la profondeur de l'os du pied, à travers les innombrables foramens dont il est percé, et d'autre part, dans le tissu du bourrelet.

Arrivée à l'extrémité du sillon préplantaire, la branche terminale externe de la digitale, réduite à un très-petit calibre ou représentée par quelques divisions extrêmes, plonge dans l'intérieur de l'os par une ou plusieurs des ouvertures fixes qui se trouvent à l'extrémité de ce sillon, et va se réunir au cercle anastomotique intérieur dans le *sinus semi-lunaire.*

**2° Branches internes ou postérieures de l'artère digitale, ou artères plantaires.**

(Pl. XVII et XVIII.)

D'un diamètre plus considérable que la branche externe, la branche postérieure de la digitale est, à proprement parler, la continuation du tronc de l'artère-mère (s s).

Immédiatement au-dessous du point d'émergence de la branche

externe, elle se dirige obliquement, en dedans et en avant, gagne la
scissure plantaire, se loge dans sa gouttière dont elle suit le contour, et plonge, à l'extrémité de cette gouttière, dans la profondeur
de l'os, par la voie du large foramen qui la termine (Pl. XVII, s).

Avant de disparaître par cette ouverture, elle laisse échapper un
rameau transversal qui rampe à la surface du ligament interosseux,
et forme, par sa réunion avec un rameau correspondant de l'artère
opposée, une anastomose rectiligne (Pl. XVII).

Une fois introduite dans la profondeur de l'os, elle suit la direction des canaux postérieurs du *sinus semi-lunaire*, pénètre dans ce
sinus et s'infléchit de dehors en dedans dans l'intérieur de sa cavité
semi-circulaire, pour aller à la rencontre de la branche correspondante de l'artère opposée, avec laquelle elle s'abouche à plein canal et
forme un demi-cercle anastomotique complet, que nous appellerons
*anastomose semi-lunaire* (Pl. XVII et XVIII, Fig. 1).

De la convexité de l'anse formée par l'anastomose semi-lunaire,
émanent deux ordres de vaisseaux secondaires.

Les uns *ascendants,* d'un plus petit calibre, suivent la direction
des canaux osseux du même nom, s'irradient dans la trame spongieuse de la troisième phalange, et viennent, comme autant de racines chevelues (Pl. XV, u u), s'échapper par les nombreuses ouvertures de sa face antérieure où elles forment un réseau très-intriqué,
en s'anastomosant, dans la trame du tissu feuilleté, avec les divisions extrêmes de la branche antérieure de la digitale et du cercle
coronaire superficiel.

C'est à ces divisions *ascendantes* que Spooner donne le nom d'artères antérieures des feuillets (*anterior laminal arteries*).

Les autres vaisseaux qui émanent de l'*anastomose semi-lunaire* et
que Spooner désigne sous le nom d'artères inférieures *communi-
quantes (inferior communicating arteries)*, ont une disposition rayonnée comme les canaux osseux *descendants* dont ils suivent la direction (Pl. XVII et XVIII).

Ils naissent perpendiculairement de la circonférence antérieure de
l'anastomose semi-lunaire, et s'en détachent, comme autant de
rayons divergents, les uns en ligne droite, les autres en se bifurquant,
et gagnent, par la voie des canaux descendants, les grandes ouvertures fixes, au nombre de douze à quatorze, orifices de ces canaux,
au-dessus du bord tranchant de l'os (**Pl. XVIII, x x**).

A leur sortie de la phalange, ces rameaux descendants envoient, dans la trame du tissu feuilleté, une multitude de ramuscules ascendants qui vont concourir à former le réseau artériel de ce tissu ; puis, ils s'infléchissent vers la face inférieure de la troisième phalange, en suivant la demi-gouttière par laquelle les canaux intérieurs se continuent jusqu'à son bord tranchant ; là, ils s'anastomosent transversalement par une succession de petites arcades (Pl. XVIII, x x x) qu'ils se projettent de l'un à l'autre et forment ainsi un grand canal circonflexe qui suit le contour de la courbe parabolique du bord tranchant de l'os du pied, du côté de sa face inférieure: c'est l'*artère circonflexe* (Pl. XV, P P, et Pl. XVI et XVIII, P).

De la circonférence interne de cette artère *circonflexe* à la formation de laquelle concourt, encore en arrière, le deuxième rameau de terminaison de la branche externe de la digitale, émanent les artères solaires (Pl. XVI, Y Y), au nombre de quatorze à quinze, qui convergent en s'irradiant vers le centre du cercle, dont l'artère circonflexe forme le contour extérieur.

Ces artères convergentes se distribuent dans la trame du tissu velouté, et concourent à en former le riche réseau artériel, de concert avec les divisions extrêmes de l'artère du coussinet plantaire dont nous avons vu plus haut la disposition (Pl. XVI, L).

### Résumé de la distribution des artères digitales.

Immédiatement après son émergence du tronc de l'artère latérale superficielle du canon, l'artère digitale enlace de ses rameaux multiples les faces antérieure et postérieure de l'articulation métacarpophalangienne.

Au niveau de la partie moyenne de l'os du paturon, elle laisse échapper à angle droit de son tronc une forte branche, l'*artère perpendiculaire* qui, après un très-court trajet, se divise en rameaux *ascendant* et *descendant* et forme, par les subdivisions de ces rameaux, un réseau très-riche sur la face antérieure des deux premières phalanges. Au niveau du bord supérieur de la plaque du cartilage latéral, l'artère digitale projette perpendiculairement un rameau *transverse* qui forme, en s'anastomosant avec le rameau correspondant opposé, le *cercle coronaire superficiel*, d'où émanent les artères du bourrelet.

En arrière, les artères digitales se joignent l'une à l'autre par une succession d'arcades anastomotiques *échelonnées*, dont les divisions se ramifient dans les tendons, les gaînes synoviales, les ligaments, le périoste et les os.

A la hauteur de la poulie fixe de l'os coronaire, elles laissent échapper l'*artère du coussinet plantaire*.

Enfin, elles se bifurquent en dedans de l'apophyse basilaire et fournissent leurs deux divisions terminales : l'antérieure ou .artère *pré-plantaire* qui gagne la scissure du même nom après avoir donné deux divisions importantes destinées au tissu velouté, puis se divise dans le tissu feuilleté et se réfléchit dans l'intérieur de la phalange pour aller se réunir à l'*anastomose semi-lunaire*.

La branche postérieure ou *plantaire* qui longe la scissure dont elle porte le nom, pénètre dans le sinus semi-lunaire, s'y anastomose avec sa congénère et laisse échapper, par la périphérie de cette anastomose, des divisions *ascendantes* qui vont se perdre dans le réseau artériel podophylleux ; et des divisions *descendantes* qui, par leurs anastomoses réciproques, forment l'artère *circonflexe* de laquelle s'échappent les artères *solaires*, dernières divisions de l'artère *digitale*.

§ II.

**DES VAISSEAUX VEINEUX.**

(Pl. XIX et XX.)

L'appareil veineux de la région digitale peut être divisé en *appareil veineux externe* et *appareil veineux interne* ou *intra-osseux*.

I. — DE L'APPAREIL VEINEUX EXTERNE.

L'appareil veineux externe de la région digitale est très-remarquable par le nombre, le développement, la distribution superficielle et la disposition réticulée des canaux qui le composent.

On ne saurait mieux en donner une idée qu'en le comparant dans sa forme générale à un filet à mailles irrégulières, tendu et moulé sur les deux dernières phalanges et les contenant dans son réseau.

Cette intrication réticulaire de l'appareil veineux du pied se dessine merveilleusement sur les pièces injectées après macération et desséchées ensuite.

Pour la facilité de sa description, nous y reconnaitrons trois parties distinctes par leur situation, bien que ne formant qu'un tout continu, à savoir :

5

1° Le *réseau* **solaire** ;
2° Le *réseau podophylleux* ;
3° Le *réseau coronaire*.

### 1° DU RÉSEAU SOLAIRE.

(Pl. XIX.)

Les veines du réseau solaire sont remarquables par l'égalité de leur calibre dans toute l'étendue de la surface plantaire, et par l'absence presque absolue de communications anastomotiques avec les parties profondes.

Soutenues dans un canevas fibreux spécial (réticulum plantaire) qui remplace le périoste à la surface inférieure de la phalange et fait continuité au chorion du tissu velouté, ces veines paraissent en effet n'avoir de communication qu'avec elles-mêmes, au point qu'il est possible de détacher le *réticulum plantaire* de la face inférieure de la troisième phalange sans les intéresser.

La disposition générale des canaux veineux, dans l'épaisseur du réticulum qui les supporte, rappelle assez bien celle des nervures secondaires dans le *limbe* de certaines feuilles asymétriques. Ils suivent, dans leur parcours, une ligne irrégulièrement brisée et interceptent entre eux, en s'abouchant à des intervalles très-rapprochés, des espaces inégaux, sortes de mailles à formes polygonales irrégulières.

Ces canaux veineux ont un double canal de décharge, l'un central (Pl. XIX, A), le moins considérable et le moins constant ; l'autre périphérique ou circonflexe, qui correspond à l'artère du même nom dont il forme la veine satellite (Pl. XIX, B B).

Le canal central est formé par les anastomoses simultanées d'une foule de ramifications veineuses, convergentes vers le centre du doigt ; il est de forme parabolique, et embrasse dans la concavité de sa courbe (A') la pointe du corps pyramidal, d'où il projette ses deux branches parallèlement sur les côtés de ce corps dans le fond des lacunes latérales jusqu'aux bulbes cartilagineux, points où il se déverse dans le plexus coronaire externe. Cette disposition n'est cependant pas constante ; on rencontre assez souvent des pièces où le canal central, que nous venons d'indiquer, est remplacé par des canaux multiples plus considérables que les veines qui forment l'ensemble du réseau, et qui leur servent de déversoirs vers le plexus coronaire superficiel (Pl. XIX, C C).

**Canal veineux périphérique ou veine circonflexe.**

(Pl. XIX, B B.)

Cette veine d'un gros calibre, formée par les ramifications divergentes du réseau solaire et par les veines descendantes du plexus podophylleux, longe en suivant une ligne légèrement ondulée, le limbe extérieur du tissu velouté, en dedans de l'artère circonflexe dont elle est le satellite ; elle est quelquefois décomposée, dans certains points de son trajet, en plusieurs canaux plus petits qui font continuité à ses tronçons.

Elle reçoit, dans son parcours circulaire, la décharge de toutes les veines solaires divergentes et des veines podophylleuses descendantes, et se termine, aux extrémités du croissant de la troisième phalange, en plusieurs gros rameaux qui rampent, sous la membrane podophylleuse, jusqu'à la plaque du cartilage où ils concourent à former le plexus coronaire superficiel.

**2° DU PLEXUS OU RÉSEAU VEINEUX PODOPHYLLEUX.**

(Pl. XX.)

Les veines du réseau podophylleux présentent une disposition analogue à celles du réseau solaire ; elles sont, comme ces dernières, soutenues dans les mailles d'un canevas fibreux (*réticulum processigerum* de Bracy Clarck, réticulum sous-podophylleux) étalé sur la face antérieure de l'os en manière de périoste, et continu au chorion du tissu feuilleté. Communiquant largement entre elles par des anastomoses multiples, elle paraissent, comme dans le réseau solaire, presque complétement isolées des parties profondes dont on pourrait croire communément qu'elles émanent.

Sinueuses, brisées et rameuses dans leurs cours, les veines podophylleuses serpentent dans le sens de la longueur des lames feuilletées qui les revêtent, très-rapprochées les unes des autres et interceptant entre elles des mailles allongées étroites. Leur confluence est telle, dans quelques points, qu'elles paraissent comme accolées par leurs parois externes.

Le calibre de ces vaisseaux est assez uniformément égal dans toute l'étendue du réseau podophylleux, si ce n'est vers les parties postérieures où existent les canaux principaux de décharge du plexus podophylleux dans le réseau coronaire.

Les veines podophylleuses sont en communication anastomotique, en bas, avec la veine circonflexe du réseau solaire qu'elles concourent à former ; et en haut, avec le plexus coronaire qui n'en est que la continuité.

### 3° DU PLEXUS VEINEUX CORONAIRE.

Le plexus veineux coronaire (Pl. XX, B D) est'disposé, comme une guirlande rameuse, autour de la deuxième phalange, à l'origine de la troisième, et sur la circonférence de l'appareil fibro-cartilagineux qui complète cette dernière.

Il est supporté, comme les autres réseaux veineux du doigt, par un canevas fibreux immédiatement sous-jacent et continu au chorion du bourrelet, et il est juxta-posé, en y adhérant, à l'épanouissement du tendon extenseur, aux plaques cartilagineuses et aux bulbes renflés du coussinet plantaire.

Ce plexus procède des réseaux podophylleux solaires et intra-osseux.

Nous y reconnaitrons, pour la facilité de sa description, trois parties : l'une *centrale et antérieure*, située entre les deux plaques des cartilages, et deux *latérales* correspondantes à ces cartilages eux-mêmes.

#### Partie centrale du plexus coronaire.

La *partie centrale* du plexus coronaire (B) immédiatement sous-jacente au bourrelet, constitue un réseau très-serré formé par d'innombrables veines radiculaires, qui s'élèvent, en serpentant, du plexus podophylleux auquel elles font continuité, jusqu'à une grosse veine anastomotique, jetée en écharpe d'un plexus cartilagineux à l'autre, et dans laquelle elles s'ouvrent par dix à douze bouches principales (Pl. XX, N).

Ces veines de la partie centrale du plexus coronaire augmentent graduellement de calibre en diminuant de nombre, depuis le plexus podophylleux, où elles prennent leur origine, jusqu'à leur canal supérieur de décharge (N) qui ne paraît être lui-même que la résultante de leurs anastomoses successives.

#### Des parties latérales du plexus coronaire, ou plexus cartilagineux.

#### ( Pl. XX. )

La plaque des cartilages sert de support, par ses deux faces et par les foramens canaliculés dont elle est traversée, à un massif de veines convergentes très-serrées et très-anastomotiques, que l'on peut distinguer d'après son siége sous le nom de *plexus cartilagineux*.

Ce plexus cartilagineux est formé par deux couches de vaisseaux, l'une *superficielle* et l'autre *profonde*.

*Couche superficielle du plexus cartilagineux ou plexus cartilagineux superficiel.* — La couche superficielle (Pl. XX, D C) étendue sur la surface externe des plaques et des bulbes cartilagineux, prend son origine, par des racines innombrables, aux veines de la partie du réseau podophylleux correspondante à la superficie qu'elle occupe. Ces racines, massées en réseau très-dense, convergent vers les parties supérieures, en diminuant de nombre et en augmentant de volume, et finissent par se fondre, à l'aide d'anastomoses successives, en dix ou douze rameaux principaux, lesquels se réunissent eux-mêmes à deux branches considérables (G G') situées sur la limite supérieure du plexus. Ces branches, enfin, par leur fusion dernière (en G) au niveau de l'extrémité inférieure de la première phalange, constituent la veine digitale satellite de l'artère du même nom (Pl. XX, F).

Considérée de bas en haut et sur un pied préalablement préparé par injection, la veine digitale divisée en deux branches, subdivisée elle-même en rameaux et en ramuscules divergents et épanouis à la surface convexe du cartilage et du bourrelet, rappelle bien la disposition des arbres taillés en espalier, dont les branches étalées sont fixées aux murailles sur lesquelles elles se ramifient.

Les deux branches *périphériques* du plexus cartilagineux superficiel établissent, l'une et l'autre, des voies de communication avec le plexus cartilagineux opposé, en contractant des anastomoses à plein canal avec les branches de ce plexus qui leur sont symétriques.

Les voies anastomotiques antérieures sont doubles et superposées l'une à l'autre.

La plus inférieure et la plus superficielle est constituée par cette grosse veine (Pl. XX, N) jetée en écharpe d'un plexus à l'autre, dans le plan médian, à la surface externe du tendon extenseur, et qui sert de canal de décharge à une multitude considérable de ramuscules veineux émergeant de la partie antérieure du plexus podophylleux.

Cette première veine *communiquante* réunit l'une à l'autre les branches antérieures du plexus cartilagineux.

La seconde veine *communiquante,* située à 2 centimètres au-dessus de la première et au-dessous du tendon extenseur (Pl. XX, C), est jetée transversalement d'une branche antérieure du plexus à l'autre. Elle s'abouche avec l'une et l'autre de chaque côté, au point même où vient aboutir la première veine *communiquante* (N).

Sinueux dans son trajet, quelquefois double, quelquefois formé de plusieurs veines confluentes, comme dans la Pl. XX, ce canal anastomotique sert de déversoir à quelques veines profondes.

L'anastomose entre les branches *périphériques* postérieures (Pl. XIX, D) du plexus cartilagineux, est constituée par une longue veine de gros calibre irrégulièrement courbe, sinueuse ou brisée dans son parcours, mais toujours d'une longueur beaucoup plus considérable que la distance mesurée entre les deux plaques cartilagineuses entre lesquelles elle est étendue.

Cette veine *communiquante postérieure* sert de confluent à des canaux émergents des bulbes cartilagineux, et à la partie postérieure du plexus solaire qui s'y dégorge par cinq ou six veines afférentes assez développées (Pl. XIX, c′).

*Couche profonde du plexus cartilagineux ou plexus cartilagineux profond.* — La couche profonde du plexus cartilagineux est formée :

.  1° Par d'assez forts rameaux ascendants de la partie postérieure des plexus podophylleux et solaires ;

2° Par l'appareil veineux intérieur de la troisième phalange ;

Et 3° par les veines profondes qui proviennent de l'os de la couronne, des ligaments et des tendons qui l'entourent.

Les rameaux ascendants du tissu podophylleux s'introduisent par les nombreux foramens dont est traversée la base de la plaque cartilagineuse et la coque fibreuse inférieure du coussinet plantaire, suivent les canaux qui continuent ces foramens dans l'épaisseur du cartilage, et viennent à sa face interne, de concert avec les rameaux qui procèdent du système veineux intra-osseux et ceux qui viennent des tendons et des ligaments, former un faisceau de cinq à six grosses veines convergentes, qui se réunissent en deux fortes branches ascendantes, lesquelles s'anastomosent elles-mêmes, avant leur réunion définitive, aux deux branches périphériques, résultantes du plexus cartilagineux superficiel, et concourent avec elles à constituer la veine digitale.

## II. — Appareil veineux interne ou intra-osseux.

(Pl. V, Fig. 2).

Girard fils et Rigot ont nié que l'artère plantaire eût, dans l'intérieur de la phalange, un système veineux satellite. C'est une erreur échappée à ces deux savants anatomistes.

La disposition de l'appareil veineux dans l'intérieur de la phalange, est absolument identique à celle de l'appareil artériel.

Les veinules radiculaires satellites des artérioles terminales convergent, en formant des anastomoses successives, vers le sinus semi-lunaire, dans lequel elles se rendent par les canaux osseux antérieurs, ascendants et descendants, que parcourent les artères émergentes de l'anastomose semi-lunaire. Là, elles se déversent dans un canal veineux demi-circulaire, satellite de cette anastomose (Pl. V, s), lequel se continue en arrière par deux veines efférentes (s m) qui suivent les canaux postérieurs du sinus semi-lunaire, sortent par les foramens plantaires, s'engagent dans la scissure du même nom, montent en dedans de l'apophyse basilaire, s'appliquent à la face interne de la plaque cartilagineuse dans une des anfractuosités dont elle est sculptée, et concourent à la formation de la couche profonde du plexus cartilagineux.

En outre de ces veines convergentes vers le plexus cartilagineux, il en est d'autres divergentes, en très-petit nombre, qui suivent le trajet des artères et vont se rendre dans le plexus podophylleux, à travers les porosités antérieures de la phalange.

La dissection des pièces injectées par les veines, met hors de doute cette disposition de l'appareil veineux dans l'intérieur de l'os du pied.

Mais est-ce à ce groupe de vaisseaux satellites des artères que se borne ce système veineux intérieur, ou bien n'est-il pas étendu sur une plus vaste surface, et toutes les aréoles du tissu spongieux de l'os ne peuvent elles pas en être considérées comme une dépendance ?

Cette manière de voir semble être appuyée par le résultat de certaines injections, où l'on voit la matière introduite par les voies veineuses remplir toutes les spongioles intérieures du tissu osseux ; mais, ce n'est probablement là qu'un accident de l'opération elle-même, et il est présumable que le passage direct de l'injection des voies veineuses dans les aréoles du tissu spongieux, tient à la rupture des parois vasculaires, car si le tissu de la phalange formait une sorte de diverticulum du système veineux, comme l'admet l'opinion que nous exposons, les opérations faites sur le vif où le tissu de l'os est profondément intéressé, devraient être suivies d'hémorrhagie par les orifices béants des aréoles, fait qui ne se produit pas.

Il ne nous paraît donc pas qu'il y ait, à cet égard, dans la structure de la troisième phalange, dérogation au plan général sur lequel les os sont construits, et nous pensons que son système veineux intérieur est borné à l'ensemble des vaisseaux, du reste, très-nombreux, qui accompagnent les divisions artérielles.

### De la veine digitale.

(Pl. XX, F).

Cette veine s'élève perpendiculairement des plexus cartilagineux et longe en ligne droite les faces latérales de la première phalange, parallèlement à la direction de l'artère, à 1 centimètre de laquelle elle se trouve placée. Elle est flanquée supérieurement, en arrière, de la branche cutanée du nerf plantaire, qui occupe, par rapport à elle, la même position que ce nerf lui-même, par rapport à l'artère digitale, et elle est croisée dans sa direction par trois ou quatre faisceaux nerveux divergents, émanés de cette branche et destinés soit à la peau, soit aux parties antérieures.

Dans son trajet le long de la première phalange, la veine digitale reçoit plusieurs rameaux afférents dont un principal s'anastomose avec elle au niveau de la partie moyenne de l'os, et peut être considéré comme la veine satellite de l'artère perpendiculaire (Pl. XX, K).

Arrivée au niveau de l'articulation métacarpo-phalangienne, la veine digitale se rapproche de l'artère et s'y accole ; celle du côté externe s'introduit au-dessus de la grande gaîne sésamoïdienne, entre les tendons fléchisseurs et le suspenseur du boulet, et converge vers sa congénère du côté opposé, avec laquelle elle s'anastomose pour former *la veine latérale du canon.*

### §. III.

### DES VAISSEAUX LYMPHATIQUES.

Il existe un réseau lymphatique très-serré à la surface de toutes les membranes du corps des animaux, à ce point que lorsque, par une injection au mercure, on réussit à le remplir et à le mettre en évidence, ces membranes paraissent, à l'œil nu, recouvertes d'une pellicule argentée, tant les vaisseaux ténus dans lesquels le métal s'est répandu sont étroitement rapprochés les uns des autres.

Le tissu cellulaire sous-jacent à ces membranes, et celui qui est libre entre les différents organes, paraît aussi, comme l'admettait Mascagni, servir de support à la surface de ses mailles à un réseau lymphatique analogue.

Cet appareil de vaisseaux lymphatiques qui entre comme élément essentiel dans la structure de toutes les membranes du corps et du tissu cellulaire général, se retrouve-t-il également dans les tissus tégumentaire et cellulaire du pied? Oui, évidemment.

A défaut de démonstration directe, l'analogie de structure, de fonctions et d'altérations morbides autoriserait à l'admettre.

Mais cette démonstration ne nous manque pas. Il est facile de se convaincre, au contraire, par une dissection même à l'œil nu, qu'il existe un réseau lymphatique très-riche et très-développé au-dessous de la peau, dans le tissu cellulaire qui entoure la deuxième et la première phalange.

Les vaisseaux principaux de ce réseau se présentent quelquefois avec un diamètre égal à celui d'une petite plume d'oie; très-anasto-motiques dans leur parcours, ils suivent le trajet de l'artère et de la veine digitales, et vont se rendre dans des vaisseaux lymphatiques plus volumineux, situés le long des tendons fléchisseurs, dans la région métacarpienne ou métatarsienne.

D'où procèdent ces vaisseaux lymphatiques? Evidemment, ils servent de confluents à ceux plus ténus qui entrent dans la composition des membranes sous-ongulées et du tissu cellulaire sous-jacent. Mais il ne nous a pas été possible de rendre le réseau de ces derniers apparent par une injection au mercure. L'épaisseur du tissu des membranes sous-ongulées, leur disposition tomenteuse ou feuilletée, la rigidité de leur surface nous ont opposé des difficultés insurmontables.

Malgré cela, cependant, nous demeurons convaincu que la peau prolongée sous l'ongle et le réticulum qui la double, ne présentent pas, à l'égard de la disposition de l'appareil lymphatique, de différences essentielles avec le tégument général et le tissu cellulaire qui lui est sous-jacent.

La présence de veines lymphatiques volumineuses dans le tissu cellulaire qui environne les deux premières phalanges, est une forte présomption en faveur de cette induction ; et, d'autre part, les maladies particulières qui envahissent quelquefois tout l'appareil lymphatique d'un membre, à la suite d'une lésion traumatique des tissus tégumentaires sous-ongulés, fournissent à l'appui de cette opinion une nouvelle démonstration.

CHAPITRE IV.

# APPAREIL NERVEUX.

—

### DES NERFS DE LA RÉGION DIGITALE OU NERFS PLANTAIRES.

(Pl. XXI, XXII, XXIII.)

Divisions terminales dans le membre antérieur du cubito-cutané et du cubito-plantaire, les deux nerfs destinés aux régions métacarpienne et phalangienne, descendent perpendiculairement le long du rayon métacarpien, immédiatement appliqués sur le bord du tendon perforant, en avant de celui du perforé.

Les deux nerfs *métacarpiens* s'envoient l'un à l'autre, dans la région du canon, une branche anastomotique qui procède du nerf interne, à l'extrémité supérieure du rayon osseux, et coupe en longue diagonale, dirigée de dedans en dehors et de haut en bas, l'espace intercepté entre ces deux cordons nerveux, pour aller se joindre au nerf opposé, au niveau du tiers inférieur du canon.

Le nerf métacarpien interne suit la direction de l'artère plantaire, qui est située un peu en avant de lui sur un plan plus profond ; il lui est accolé par du tissu cellulaire lâche.

La veine satellite de l'artère est située plus en avant sur les bords du tendon suspenseur du boulet, et dans une position plus superficielle.

Arrivé au niveau des grands sésamoïdes, le nerf métacarpien interne continue son trajet le long du tendon perforant jusqu'à l'apophyse basilaire, étroitement associé à l'artère digitale, sur la circonférence de laquelle il se moule et s'attache à l'aide d'un tissu cellulaire assez serré.

Le nerf métacarpien externe s'établit dans les mêmes rapports avec l'artère digitale correspondante, et suit une direction parfaitement semblable.

Ces deux nerfs qui ne sont, à proprement parler, que la continuité du tronc des nerfs métacarpiens, prennent dans la région phalangienne le nom de *nerfs plantaires*.

Le NERF PLANTAIRE (P P P) suit dans tout son trajet phalangien, depuis les grands sésamoïdes jusqu'à l'apophyse basilaire, la direction de l'artère digitale sur la face postérieure de laquelle il est ac-

colé et comme moulé ; au niveau de la diaphyse de la première phalange , il est croisé obliquement de haut en bas et d'arrière en avant,
par la bride ligamenteuse qui s'étend du fanon à la face interne des
cartilages latéraux , et forme comme l'ourlet de la tunique externe
du coussinet plantaire (Pl. XXII, L). Quelquefois il est longé, dans
tout son trajet phalangien, par une grosse veine qui procède du
plexus veineux interne, en sorte qu'il est flanqué de deux vaisseaux
sanguins volumineux, l'artère en avant, la veine en arrière ; mais
cette disposition est exceptionnelle (Pl. XXIII, v).

Le nerf plantaire fournit dans tout son trajet phalangien un grand
nombre de divisions importantes, qui peuvent être distinguées en
*divisions antérieures, postérieures* et *terminales.*

#### 1° DIVISIONS ANTÉRIEURES DU NERF PLANTAIRE.

*a.* La première est une *branche cutanée* (c c), elle émerge du nerf
plantaire, au niveau des grands sésamoïdes en A, croise très-obliquement d'arrière en avant, la direction de l'artère et de la veine digitales, se place en avant de cette veine, à quelques centimètres au-
dessous de son point d'émergence, et descend parallèlement à sa
direction jusqu'à la cutidure, où elle distribue ses ramifications terminales. Dans son trajet, elle fournit un grand nombre de sous-di-
visions destinées à la peau principalement, au tissu cellulaire et à
l'artère perpendiculaire.

Cette branche cutanée anastomose ses divisions avec celles de sa
congénère sur la face antérieure des phalanges, et constitue ainsi
une sorte de plexus nerveux correspondant au plexus vasculaire
formé par les anastomoses artérielles.

*b.* La deuxième division antérieure du nerf plantaire peut être appelée *branche cartilagineuse.* Elle se détache du tronc du nerf , à la
hauteur de l'extrémité supérieure de la première phalange, à quelques centimètres au-dessous du point d'émergence de la branche
cutanée (B B B) ; puis elle se dirige obliquement entre le tronc du
nerf plantaire et *la branche cutanée ,* en avant de l'artère digitale,
dont elle suit la direction jusqu'au bord supérieur de la plaque cartilagineuse, où elle se divise en plusieurs ramuscules terminaux qui
se dispersent dans le plexus veineux coronaire superficiel, la substance du bourrelet et le tissu podophylleux.

Cette branche *cartilagineuse* envoie des divisions anastomotiques
assez nombreuses à *la branche cutanée,* avec laquelle elle forme une

espèce de plexus par dessus l'artère et la veine digitales (Pl. XXI, E E). En arrière, elle fournit un rameau assez considérable destiné aux bulbes cartilagineux (Pl. XXII, F F). C'est le *rameau bulbeux*. Quelquefois ce rameau émane directement du nerf plantaire, au-dessous de la branche cartilagineuse, et forme alors une branche collatérale parallèle à cette dernière, qui rend plus riche la disposition plexueuse des nerfs plantaires, comme dans la planche XXII.

*c.* La troisième division antérieure du nerf plantaire est une *branche transverse*, destinée au réseau veineux coronaire interne ; elle émerge du tronc du nerf, au niveau du point où l'artère du coussinet plantaire se détache de l'artère digitale, et se dirige transversalement à la deuxième phalange, pour se diviser immédiatement en un faisceau divergent destiné au plexus veineux cartilagineux interne. Quelques ramuscules de ce faisceau entourent d'un réseau excessivement fin la tunique celluleuse de l'artère digitale, au moment où elle va subir sa division terminale (Pl. XXIII, K).

2° DIVISIONS POSTÉRIEURES DU NERF PLANTAIRE.

*a.* Ce sont, en arrière de l'articulation métacarpo-phalangienne et des tendons fléchisseurs, quelques branches *transverses* (G) correspondantes aux divisions de la digitale. Quelquefois une longue branche, d'un petit diamètre, s'échappe en arrière des sésamoïdes du tronc du nerf plantaire, et descend parallèlement à lui jusque dans la substance des bulbes cartilagineux où l'on perd son trajet (Pl. XXIII, H).

*b.* Au niveau du bord supérieur de la plaque du cartilage, à 2 centimètres au-dessus du point d'émergence de l'artère du coussinet plantaire, le nerf plantaire détache une branche considérable qui s'accole immédiatement à cette artère, et va se diviser avec elle dans les bulbes renflés du coussinet et dans la membrane veloutée, où l'on peut suivre assez loin ses divisions terminales affectant une disposition analogue à celle de l'artère. C'est *la branche du coussinet plantaire* (Pl. XXIII, I I).

*c.* Enfin, à l'opposé de la branche transverse, le nerf plantaire laisse échapper un rameau assez considérable, qui s'engage en dehors de l'apophyse rétrossale dans le réticulum podophylleux, et envoie des divisions postérieures dans le tissu du coussinet plantaire (Pl. XXIII, M).

### 3° DIVISIONS TERMINALES DU NERF PLANTAIRE.

Arrivé à la face interne de l'apophyse basilaire, le tronc du nerf plantaire se divise en un faisceau divergent de plusieurs rameaux, dont les principaux sont les suivants :

*a.* Un *rameau antérieur,* le plus considérable de tous, véritable continuité du tronc nerveux lui-même, qui s'engage avec la division antérieure de l'artère digitale dans la scissure pré-plantaire, et s'y divise avec elle en une multitude de ramuscules divergents en haut, en bas et en avant dans le tissu podophylleux et dans la substance de l'os. C'est *le nerf pré-plantaire* (Pl. XXIII, o o).

*b.* Un petit *rameau descendant* qui accompagne, dans la scissure des patilobes, une division de la digitale, et disperse ses divisions terminales dans les tissus podophylleux et velouté (Pl. XXIII, ǫ).

*c.* Quelques *ramuscules rentrants,* qui forment une sorte de plexus dans la tunique celluleuse de la branche interne ou plantaire de la digitale, au moment où elle pénètre dans la scissure inférieure (Pl. XXIII, ʀ).

*d.* Enfin, un *rameau postérieur* considérable qui s'engage en dedans de l'apophyse rétrossale dans le réticulum solaire, suit la direction de la crête semi-lunaire et disparaît, après avoir décrit un demi-cercle parallèle à la crête, dans les couches les plus profondes du coussinet plantaire.

Dans les membres postérieurs, les nerfs de la région digitale sont les divisions terminales du nerf *grand sciatique* ou *grand fémoro-poplité.* Le nerf petit sciatique envoie aussi une division qui vient se perdre dans le tissu podophylleux, après avoir rampé sur la face externe du métatarse.

Cette manière de décrire les nerfs de la région phalangienne diffère de celle qui est généralement adoptée. On distingue ordinairement dans les nerfs des phalanges deux branches principales, que l'on considère comme les divisions terminales des nerfs métacarpiens, à savoir une branche antérieure qui est notre *branche cutanée,* et une branche postérieure qui est le *nerf plantaire lui-même.*

Cette description a le tort de n'être pas assez complète. Il n'y a pas, en effet, qu'une seule branche *antérieure,* il en existe deux au moins, quelquefois trois, comme dans la planche XXIII, qui forment ensemble un plexus très-riche par dessus les troncs vasculaires des phalanges. Il nous a paru plus physiologique et plus commode en même temps pour la description, de considérer la division nerveuse, qu'on désigne sous le nom de *branche postérieure,* comme le tronc principal des nerfs des phalanges, ce qui est, en effet, puisqu'elle est la continuité des nerfs métacarpiens, et de grouper autour d'elle, en avant et en arrière, les différentes branches et les ramuscules qui en émanent.

La description faite d'après ce plan est plus simple et plus claire.

### Anatomie de rapports.

La peau de la région phalangienne n'est séparée antérieurement des os et des parties fibreuses qui leur sont annexées, que par du tissu cellulaire assez lâche.

En arrière, elle est doublée par le fascia cellulo-fibreux, *tunique propre* du coussinet plantaire, dont les brides ligamenteuses latérales s'attachent, *en haut,* par deux branches, l'une au bouton du péroné, l'autre à la face postérieure de l'articulation métacarpo-phalangienne, et *en bas,* à la face interne de l'apophyse rétrossale.

Ce fascia recouvre supérieurement et maintient attaché, à la face postérieure du tendon fléchisseur, en arrière de l'articulation métacarpo-phalangienne, la pelotte de tissu cellulo-fibreux jaune, à disposition membraneuse, identique au tissu du coussinet plantaire, qui sert de base à l'ergot.

Les *brides latérales* de cette tunique du coussinet plantaire croisent très-obliquement, d'arrière en avant et de haut en bas, la direction du nerf plantaire, de l'artère et de la veine digitales, et des divisions *cartilagineuse* et *cutanée* du nerf plantaire.

C'est juste au niveau de la partie moyenne de la première phalange qu'elles sont immédiatement superposées au nerf plantaire (Pl. XXII, L).

En enlevant ce fascia cellulo-fibreux, on met à découvert le groupe des artères, veines et nerfs collatéraux des phalanges.

L'artère et le nerf plantaire descendent accolés l'un à l'autre, *l'artère en avant, le nerf en arrière,* le long des côtés du tendon fléchisseur profond , jusqu'en dedans de l'apophyse rétrossale. (Voyez les planches de nerfs, P le nerf et D l'artère.)

Arrivés au niveau de l'insertion à la première phalange de la bride de renforcement de l'aponévrose plantaire, ils se glissent sous elle et descendent perpendiculairement jusqu'à l'articulation du pied sur la capsule synoviale de laquelle ils s'appliquent, en avant des bulbes du coussinet plantaire et sous la plaque des cartilages latéraux, échancrée à son bord supérieur pour leur donner passage. A ce point extrême, le nerf continue son trajet avec la branche terminale antérieure de la digitale (l'artère pré-plantaire), pour se répandre à la superficie de la troisième phalange dans les tissus qui la revêtent, tandis que la branche postérieure de l'artère s'enfonce seule dans la profondeur de l'os.

En avant du faisceau formé par l'artère digitale et le nerf plantaire, règne parallèlement, à 1 centimètre environ de distance, dans toute la longueur des phalanges, le tronc de la veine digitale (Pl. XXI et XXII, v). Dans la partie supérieure de la région phalangienne, le rameau cutané du nerf plantaire (c) demeure accolé à sa face postérieure ; puis il la croise à quelques centimètres au-dessous de son point d'émergence, et vient se placer en avant d'elle dans presque toute l'étendue de la région des phalanges. (Voyez les planches des nerfs.)

Entre les deux canaux de l'artère et de la veine digitales, existe le plexus nerveux formé par le rameau cartilagineux du nerf plantaire et les divisions anastomotiques qui établissent des communications entre le tronc de ce nerf et ses rameaux antérieurs, en sorte que l'artère et la veine digitales sont recouvertes par un réseau nerveux.

Enfin, l'appareil lymphatique sous-cutané forme, au-dessus de l'ongle, une sorte de treillis difficile à distinguer et à isoler, entre et sous les mailles duquel est disposé le faisceau complexe des artères, veines et nerfs collatéraux des phalanges.

---

CHAPITRE V.

# APPAREIL TÉGUMENTAIRE.

—

L'appareil tégumentaire de la région digitale présente à considérer deux parties distinctes : l'une supérieure et extérieure au sabot, l'autre contenue dans l'intérieur de sa boîte.

La partie située au-dessus et en dehors du sabot est la continuité, sans démarcation, du tégument du membre, et elle lui ressemble identiquement dans sa forme extérieure, dans sa structure et dans ses fonctions.

Mais celle qui est renfermée dans l'intérieur de la boîte cornée, diffère si notablement du tégument général par sa disposition physique, qu'à première vue on est porté à la considérer comme un tissu essentiellement distinct de la peau, comme une *chair propre du pied,* ainsi que l'admettaient les anciens anatomistes.

Il n'en est rien, cependant ; le tissu sous-ongulé n'est, à proprement parler, qu'une dépendance et qu'une continuité de l'enveloppe cutanée ; formé des mêmes éléments anatomiques, construit d'après les mêmes plans, destiné à des usages analogues, il n'en diffère réellement que par certaines dispositions de forme extérieure que commandait le plus grand développement des fonctions sensoriales et sécrétoires dans la région digitée.

C'est en raison de cette identité d'organisation, sous la diversité de la forme, que nous avons cru devoir considérer l'appareil des membranes sous-ongulées comme constituant, non pas un tissu à part, un parenchyme, une sorte de chair du pied, mais bien simplement un prolongement de la peau modifiée dans sa forme, pour s'adapter à des fonctions plus spéciales et, si l'on peut dire, plus complètes ; analogie, du reste, déjà parfaitement saisie et démontrée par l'illustre Bracy Clarck.

Pour faire l'étude méthodique de l'appareil tégumentaire des phalanges, nous le considérerons dans quatre régions distinctes, où il se présente avec des aspects différents, en rapport, du reste, avec la spécialité des fonctions qu'il a à remplir.

Nous étudierons donc la peau de la région digitale :

1° Au-dessus du sabot ;
2° A l'origine de l'ongle ;
3° Sur la surface antérieure de la troisième phalange ;
4° A sa face inférieure.

§ Iᵉʳ.

### DU TÉGUMENT AU-DESSUS DU SABOT.

La peau qui revêt la première et la deuxième phalange, identique essentiellement aux autres parties du tégument général, ne présente, comme particularité d'organisation importante à noter, à notre point de vue, que le grossissement, si l'on peut dire, de toutes les parties qui entrent dans sa composition.

Ainsi, le chorion en est très-épais et forme une membrane dure et résistante à la manière d'une aponévrose. A sa surface, s'étale un riche réseau de vaisseaux artériels volumineux qui affectent une disposition rayonnée très-belle dans leurs divisions terminales, comme on peut le voir sur un lambeau de peau préparé par injection et desséché ensuite (Pl. XXV, A). Les papilles nerveuses y ont acquis un très-grand développement ; enfin, l'appareil des bulbes pileux y est très-considérable, surtout dans la partie postérieure de la région, au point que, chez les chevaux communs, les poils de l'extrémité inférieure des membres acquièrent souvent la longueur et le diamètre des crins.

Cette grande épaisseur du chorion de la peau des phalanges explique la gravité des phlegmons sous-cutanés de cette région, les complications gangréneuses qui les accompagnent si souvent, et sert, en même temps, de base à des indications thérapeutiques spéciales sur lesquelles nous reviendrons.

§ II.

### DU TÉGUMENT A L'ORIGINE DE L'ONGLE.

Immédiatement à l'origine de l'ongle, le tégument présente deux renflements hémi-cylindriques d'inégal volume, disposés l'un au-dessus de l'autre, circulairement autour de la base de la deuxième phalange, et séparés l'un de l'autre par un sillon parallèle profond.

Ce sont les deux *bourrelets,* organes-matrices des deux parties cornées qui, en se superposant, forment le contour extérieur du sabot, à savoir : : le *périople* et la *paroi* ou *muraille.*

On peut appeler *bourrelet périoplique*, en raison de ses usages, le moins volumineux de ces renflements, qui occupe la position la plus supérieure.

Le second est le *bourrelet principal* ou la *cutidure,* d'après Bracy Clarck.

Nous allons les décrire isolément, en commençant par le plus considérable, par le *bourrelet principal.*

I. — DU BOURRELET PRINCIPAL.

Syn. *cutidure, matrice de l'ongle.*

(Pl. XXIV, XXV et XXVI).

Le *bourrelet principal* est formé par un renforcement très-considérable du chorion tégumentaire à l'origine de l'ongle.

6

Ce chorion constitue autour de la deuxième phalange (Pl. **XXIV**, a) uu renflement hémi-cylindroïde, auquel les hippiatres ont donné, en raison de sa forme, le nom de *bourrelet* sous lequel il est usuellement connu. Bracy Clarck l'a désigné sous celui de *cutidure* (*cutisdura*), expression qui a été adoptée par les anatomistes français, mais qui est moins répandue que la première.

On désigne encore ce renflement de la peau sous le nom de *matrice de l'ongle,* par analogie avec la partie de l'appareil tégumentaire du doigt qui, dans l'homme, remplit la même fonction ; expression vraie et bien appropriée, si l'on ne considère que la fonction de l'organe auquel on l'applique ; moins juste, si l'on n'a égard qu'à sa forme, car l'idée de matrice entraîne généralement celle d'une cavité dans laquelle se moule le produit à créer, tandis que le bourrelet constitue, au contraire, une saillie qui dépasse le niveau de la peau.

Le *bourrelet* (Pl. **XXIV**, a) forme au-dessus de la troisième phalange et à la limite inférieure de la deuxième, une sorte de corniche arrondie (a b), disposée obliquement d'avant en arrière et de haut en bas, depuis le sommet de l'éminence pyramidal, qui constitue son point le plus élevé, jusqu'aux bulbes cartilagineux au-dessous desquels il se réfléchit à angle aigu (Pl. **XXVI**, a), de dehors en dedans et de haut en bas, pour se prolonger en ligne droite et aller s'effacer dans le fond des lacunes qui bordent de chaque côté, à la face inférieure du doigt, le relief saillant du coussinet plantaire (Pl. **XXVI**, b).

Le bourrelet décrit donc trois courbures, l'une circulaire antérieure autour de la base de la deuxième phalange, et deux, en forme d'arcs très-fermés, dont la convexité est postérieure, au-dessous les bulbes des cartilages.

L'intervalle laissé entre les deux extrémités réfléchies du bourrelet, est rempli par la saillie des bulbes cartilagineux (Pl. **XXVI**, e) qui ne semblent être en arrière que la continuité de sa couronne circulaire, et par les deux branches du corps pyramidal (Pl. **XXVI**, d) qui se confondent, sans délimitation, avec les reliefs des deux bulbes.

Nous considérerons dans le bourrelet : sa *surface,* ses *bords,* ses *extrémités réfléchies,* sa *couleur,* sa *structure.*

### SURFACE DU BOURRELET.

La surface du bourrelet est convexe dans le sens de sa largeur. Le relief qu'elle forme est surtout dessiné du côté du tégument sousongulé par-dessus lequel elle proémine, à la manière d'une corniche d'entablement, à la limite supérieure de la façade qu'elle termine.

Elle ne présente pas la même étendue superficielle dans toute la ligne de son contour. Plus large dans sa partie moyenne qui correspond au plan médian du doigt, elle diminue très-sensiblement de dimension vers les parties postérieures jusqu'à son point de réflexion, au-dessous des bulbes cartilagineux où elle acquiert tout à coup une plus grande largeur (Pl. XXVI, a), pour se rétrécir de nouveau, en se prolongeant dans les lacunes latérales où sa saillie s'efface et s'établit insensiblement sur le même plan que celui du tégument plantaire (Pl. XXVI, b).

La surface du bourrelet est remarquable par l'aspect villeux qu'elle présente (Pl. XXIV, a).

Il s'en élève, comme de la trame du velours, une multitude innombrable de filaments drus et serrés à la manière des poils qui recouvrent la peau, et imbriqués par en bas, suivant le sens de l'inclinaison de la surface qui les porte.

Ces filaments, prolongements du tissu tégumentaire lui-même, ne sont que la continuité, sous une forme spéciale, des nerfs et des vaisseaux qui entrent dans sa composition, d'où les noms de *papilles, villosités, villo-papilles* (Delafond), *houppes villeuses,* sous lesquels on les désigne.

Les papilles ont une forme conique et se présentent avec un volume et des longueurs différentes, suivant les points où on les examine.

Moins développées dans la partie supérieure du bourrelet, où elles n'atteignent guère qu'à la longueur de 1 à 2 millimètres, elles s'accroissent graduellement en descendant vers sa partie inférieure et y mesurent jnsqu'à 5 à 6 millimètres. Au niveau des angles d'inflexion, elles se conservent avec ces dernières dimensions, dans presque toute l'étendue superficielle du bourrelet; enfin, sur ses extrémités réfléchies, leur longueur est réduite à 3 millimètres environ.

Le nombre de ces houppes villeuses paraît être le même pour une étendue superficielle égale dans toutes les parties du contour de la cutidure; le gazon qu'elles forment est aussi riche et aussi serré sur ses parties latérales qu'à la région centrale; tout aussi riche encore sur ses extrémités réfléchies qu'à la partie saillante du bulbe cartilagineux.

On prend facilement une idée de leur forme et de leur disposition, en les examinant, à travers une eau limpide, sur un pied dépouillé de son ongle par la macération.

Le mouvement du liquide entraîne dans les différents sens des courants qu'on y détermine les villosités flottantes qui ressemblent, sous l'eau qui les agite, à un gazon fin et touffu dont les feuilles légères s'infléchissent sous le vent.

### BORDS DU BOURRELET.

La surface du bourrelet est limitée par deux bords, l'un *supérieur*, l'autre *inférieur*.

*Bord supérieur*. — Le bord supérieur est formé par une sorte d'arête ou de ligne saillante (Pl. XXIV, c) qui règne dans tout son contour, jusqu'aux bulbes cartilagineux où elle s'efface.

Cette arête sépare le bourrelet d'un sillon circulaire profond (*sillon coronaire périoplique*) dont nous allons parler plus loin.

*Bord inférieur* (Pl. XXIV, F). — La limite entre la cutidure et les parties tégumentaires qui revêtent la face antérieure de la troisième phalange, est marquée par une zone blanchâtre, sorte de ruban très-étroit qui règne, en ligne horizontale, entre les villosités cutidurales et les feuillets du tissu sous-ongulé.

Cette zone, que nous appelons *zone coronaire inférieure*, est très-étroite, surtout vers les parties postérieures où elle diminue de surface, comme le bourrelet dont elle suit les inflexions.

Elle paraît glabre à première vue, mais en y regardant de près et avec un instrument grossissant, on voit qu'elle est semée de prolongements villeux très-petits, mais analogues en tout à ceux du bourrelet lui-même.

### EXTRÉMITÉS RÉFLÉCHIES DU BOURRELET.

Le bourrelet, après s'être incurvé de dehors en dedans et de dessus en dessous, en arrière des extrémités rétrossales de la troisième phalange et au-dessous des bulbes cartilagineux, vient se prolonger en ligne droite parallèlement aux branches du corps pyramidal, dans le fond des lacunes latérales dont il occupe la moitié postérieure environ. Sa mesure en longueur dans cette région est justement donnée par l'étendue longitudinale de surface qu'occupe le tissu podophylleux de la face plantaire du doigt (Pl. XXVI, c).

Le relief et la largeur du bourrelet s'effacent insensiblement dans cette région, d'arrière en avant, au point qu'au centre de la surface plantaire, il n'est plus distinct du tissu velouté avec lequel il se confond en B.

### COULEUR DU BOURRELET.

La couleur *réelle* du bourrelet est la couleur rouge-vif, qui n'est, du reste, que l'expression de sa très-grande vascularité ; mais cette coloration est souvent dissimulée par la présence d'un pigmentum noirâtre, qui lui donne une teinte brune très-foncée.

Ce pigmentum s'étend toujours à la surface du bourrelet, lorsqu'il existe sur la partie du tégument immédiatement supérieure au sabot ; et, inversement, le bourrelet en est toujours dépourvu, soit dans toute son étendue, soit sur un point circonscrit, lorsqu'il manque sur la peau supérieure à l'ongle, en totalité ou par place ; en sorte que la coloration de cette dernière, uniforme ou variée par absence du pigmentum, donne toujours au bourrelet des teintes correspondantes.

### STRUCTURE DU BOURRELET.

La base fondamentale du bourrelet est formée par un canevas fibreux très-dense, sorte d'hypertrophie du chorion tégumentaire, qui lui donne une très-grande fermeté, au point que Coleman considérait cette partie du tégument comme un appareil ligamenteux particulier.

Ce canevas supporte dans les mailles de son tissu et à sa surface, un réseau artériel formé par les branches descendantes du cercle coronaire superficiel (Pl. XXV, A), les branches ascendantes de l'artère pré-plantaire, et les divisions ultimes de l'artère plantaire (Pl. XXV, B B B).

Ce réseau est tellement serré dans les injections bien réussies, qu'il forme, à la surface du bourrelet, une véritable membrane exclusivement vasculaire. L'inspection microscopique démontre que ses artérioles extrêmes se prolongent jusque dans les houppes villeuses cutidurales, et y forment des anses complètes accompagnées de veinules qui affectent la même disposition.

Probablement aussi que chacune de ces houppes renferme des filets nerveux ; la physiologie et la pathologie rendent cette induction certaine, mais nous n'avons pas assez l'habitude de l'usage du microscope pour en donner la démonstration directe.

Existe-t-il dans le bourrelet un appareil kératogène spécial, ou, en d'autres termes, un assemblage de glandules disposées dans les mailles de sa gangue fibreuse auxquelles serait dévolue la fonction de sécréter la corne ? L'observation directe ne permet pas de donner une solution affirmative à cette question, dont nous renvoyons, du reste, l'examen au chapitre de la physiologie.

### II. — Du bourrelet périoplique.

Le bourrelet périoplique constitue un petit renflement hémi-cylindrique peu saillant (Pl. **XXIV**, ε), situé au-dessus du bourrelet principal, dont il suit la direction circulaire jusqu'au niveau des bulbes cartilagineux. Là, il se confond avec la membrane tégumentaire qui forme le revêtement de ces bulbes, tandis que le bourrelet principal, s'infléchissant en dessous, va se prolonger et s'effacer dans des lacunes latérales du corps pyramidal.

Le bourrelet périoplique présente, comme la cutidure, sa plus grande étendue superficielle dans la partie antérieure de l'ongle, et il se rétrécit graduellement d'avant en arrière jusqu'aux bulbes cartilagineux, point où il s'élargit tout à coup en se confondant avec eux.

Sa surface est hérissée, comme celle de la cutidure, de prolongements villeux, mais beaucoup plus courts, plus fins et plus serrés.

La limite supérieure de ce bourrelet est marquée par la rangée des derniers poils que la peau sécrète avant de s'introduire et de disparaître sous l'ongle.

. Sa limite inférieure est formée par un sillon profond creusé entre lui et le bourrelet principal (Pl. **XXIV**, D)

Ce sillon, parallèle aux deux bourrelets, règne comme eux, dans toute la circonférence du doigt, jusqu'aux bulbes cartilagineux, à la surface desquels il s'efface peu à peu; cependant on peut en suivre le tracé, sur le contour de ces bulbes, jusque dans le fond de la lacune médiane du corps pyramidal, où il se rejoint à lui-même.

Il est bordé inférieurement par l'arête vive qui établit une démarcation très-nette entre lui et le bourrelet principal, tandis que, supérieurement, sa surface se confond sans délimitation avec celle du bourrelet périoplique.

Ce sillon qu'on peut appeler aussi *périoplique,* d'après son siége, ses rapports et ses usages, ne présente pas la même étendue superficielle dans tout son contour.

Large dans la région centrale du doigt de près d'un tiers de centimètre, il se rétrécit graduellement à mesure qu'il se rapproche des parties postérieures; puis, il s'élargit de nouveau, au point de dépasser ses dimensions centrales au niveau des bulbes cartilagineux et de l'extrémité des branches du corps pyramidal.

Le fond du sillon périoplique est hérissé, comme la surface du bourrelet du même nom, de prolongements villeux, petits, fins et serrés.

L'ensemble du bourrelet périoplique et du sillon qui le borde inférieurement forme l'appareil générateur de la partie de l'ongle que l'on désigne sous le nom de *périople*.

§ III.

## DU TÉGUMENT SUR LA FACE ANTÉRIEURE DE LA TROISIÈME PHALANGE.

Syn. chair cannelée, feuillets de chair, tissu feuilleté, tissu podophylleux.

(Pl. XXIV, XXV, XXVI, XXVII.)

La partie du tégument qui revêt la face antérieure de la troisième phalange est désignée sous les noms de *chair cannelée, feuillets de chair* (les anciens hippiatres), *tissu feuilleté* (Bourgelat), *tissu lamelleux* ou *lamineux* (les Anglais), *tissu podophylleux* par Bracy Clarck (de πους, ποδος, pied, et de φυλλον, feuille).

Ces dénominations variées, par lesquelles, à différentes époques et dans différents pays, on a désigné la partie du tégument que nous allons étudier, donnent assez une idée de la forme générale qu'elle affecte.

Elle est, en effet, constituée par un assemblage de *feuillets* ou de *lames* parallèles, et disposés de champ, de haut en bas, sur la face circulaire de la troisième phalange. Il faut la concevoir (Pl. XXIV, g) comme une vaste membrane d'une teinte uniforme rouge vif, plissée sur elle-même, à la manière de la feuille de l'éventail fermé, de façon que ses plis juxta-posés sont égaux en surface et parallèles entre eux. On dirait que la nature a eu recours à ce procédé pour parvenir à disposer l'appareil étendu de cette membrane sensible et sécrétoire, dans l'espace relativement étroit qu'il occupe et où il devait être resserré pour remplir son importante fonction.

Tous les *feuillets* de la membrane podophylleuse présentent une disposition identique autour de la troisième phalange qui leur sert de support. Ils s'étendent en ligne droite, depuis la zone coronaire inférieure (Pl. XXIV, f) qui les sépare du bourrelet, jusqu'au bord inférieur de la phalange (H) où ils s'arrêtent sur la périphérie du tégument plantaire qui leur fait continuité.

Chaque feuillet est complétement isolé de ceux qui lui sont immédiatement adjacents, comme une page d'un livre entre les deux qui l'avoisinent. Il présente un bord libre, mince, tranchant, parfaitement lisse à l'œil nu.

Son extrémité supérieure est adhérente et continue à la zone *coronaire inférieure*, sur laquelle elle se dessine par un léger relief.

Son extrémité inférieure, libre et flottante sur la marge du tégument plantaire, présente une disposition remarquable. Elle est terminée par de petites houppes effilées de 5 à 6 millimètres de longueur (Pl. XXIV, ii), identiques aux prolongements villeux de la surface du bourrelet, qui forment, par leur assemblage, sur le bord inférieur de la membrane podophylleuse, un riche gazon de villosités, qu'on peut considérer comme la bordure de celui qui revêt toute la surface plantaire.

L'espace compris entre chaque feuillet constitue un sillon angulaire, étroit et peu profond, limité, de chaque côté, par les faces lisses et parfaitement unies des lames qui le bordent, et, au fond, par la continuité de la membrane qui le forme.

Chacun de ces sillons peut être considéré, ainsi que nous le verrons plus tard, comme la matrice de la lame kéraphylleuse qui lui correspond, lorsque le sabot est adhérent aux parties.

La disposition feuilletée du tissu sous-ongulé se fait remarquer, au-dessous du bourrelet, dans toute l'étendue de l'espace que mesure son contour ; c'est-à-dire qu'elle règne sur toute la face antérieure de la troisième phalange et jusque sous sa face plantaire.

La membrane podophylleuse se réfléchit, en effet, au-dessous des bulbes cartilagineux, à la manière du bourrelet dont elle suit la direction (Pl. XXVI, c et h).

Ses feuillets et les sillons qui les séparent sont disposés en série décroissante sur le talus des lacunes latérales (Pl. XXVI, h).

Leur direction est oblique d'arrière en avant et de dedans en dehors. Ils occupent sur l'aire inférieure du doigt, où leur aspect contraste avec la disposition villeuse de la membrane plantaire, une surface triangulaire dont le côté interne est parallèle aux branches du corps pyramidal, la base correspondante aux bulbes du cartilage, et le sommet à l'angle antérieur de la lacune médiane.

Les feuillets de la membrane podophylleuse n'ont pas la même étendue en longueur et en largeur sur toute la surface qu'elle tapisse.

Leur longueur est nécessairement proportionnée à la hauteur de cette surface, c'est-à-dire qu'ils présentent leurs plus grandes dimensions dans ce sens, à la partie médiane du doigt, point où le bourrelet est le plus élévé, et qu'à mesure que le bourrelet s'incline vers les parties postérieures, ils décroissent progressivement. En effet, les dernières lames feuilletées, celles qui se trouvent correspondantes aux extrémités réfléchies du bourrelet, n'ont guère qu'une longueur de quelques millimètres, tandis que celles de la partie médiane de l'ongle atteignent à la hauteur de 8 à 12 centimètres, suivant la taille des animaux.

Quant aux dimensions en largeur, elles ne sont pas absolument les mêmes sur tous les points de la surface podophylleuse. Généralement les sillons de la partie médiane du doigt et ceux qui correspondent aux éminences patilobes, présentent plus de profondeur que ceux des parties latérales et de la surface plantaire·surtout; c'est à ce dernier point que les lames podophylleuses sont le plus étroites.

Outre cette différence, il en est une autre plus marquée. En feuilletant, comme on ferait d'un livre, les lamelles du tissu podophylleux, on voit de temps en temps, au fond d'un sillon, une lamelle plus étroite, comme avortée. On remarque cette disposition principalement vers les parties postérieures du doigt.

Considérées sur un seul feuillet, la largeur des surfaces latérales, et la profondeur correspondante des sillons qu'elles limitent, ne sont plus uniformes de haut en bas.

En haut, au niveau de la zone coronaire inférieure, les sillons sont peu profonds et les feuillets ne forment, par leurs bords libres, qu'un relief linéaire.

Puis ils deviennent graduellement plus larges et les sillons qui les séparent plus profonds, dans une étendue de quelques millimètres au-dessous de cette zone. Mais une fois qu'ils ont acquis une certaine dimension, variant de 3 à 4 millimètres, ils ne la dépassent plus et la conservent *uniforme et toujours égale* jusqu'au bord inférieur du doigt.

### Nombre et étendue superficielle des feuillets.

Le nombre des feuillets varie de 550 à 600, y compris ceux de la surface plantaire. L'étendue de surface qu'ils représentent dans leur ensemble, à les supposer déployés et étalés sur un plan, est six à sept fois plus considérable que celle de la superficie extérieure du cylindre du doigt. Ce chiffre est inférieur à celui de Bracy Clarck, qui admet que les lames podophylleuses déplissées occupent une surface douze fois plus étendue qu'avant leur déplissement même; mais nous croyons qu'il y a de l'exagération dans les résultats du calcul du savant vétérinaire anglais.

Quoiqu'il en soit de cette différence d'opinion, cette appréciation approximative peut donner une idée de la perfection dans le doigt du cheval, de la sensibilité tactile dont cette vaste membrane podophylleuse est un des instruments principaux.

### Structure du tissu podophylleux.

Le tissu podophylleux forme une membrane mince, mais très-résistante et tenace, douée d'une certaine élasticité, dans le sens de la longueur de ses lames. Bracy Clarck s'est trompé en le considérant comme de nature cartilagineuse; ce tissu a pour base une toile fibreuse, mince, à canevas fin et serré, qui est, par rapport à lui, ce que le chorion fibreux de la peau est à la totalité de cette membrane.

C'est à la surface et dans les mailles de ce chorion que se ramifient les divisions terminales des artères plantaires et pré-plantaires, pour y constituer un magnifique réseau (Pl. XXV), véritable membrane vasculaire, dont la présence, sur les pièces naturelles, est accusée à l'œil nu par la coloration d'un rouge-vif, caractéristique du tissu podophylleux, et qui, dans les préparations injectées et bien réussies, laisse voir sa trame artérielle dessinée en riches arborisations, dont les divisions extrêmes semblent éclater en étoiles, à la manière des fusées d'artifice.

De la trame de cette membrane se prolonge dans la base de chaque feuillet une artériole très-ténue, qui règne parallèlement à la longueur de la lame et envoie dans sa profondeur une multitude de divisions infiniment grêles, disposées sur leur tige d'émergence à la manière des barbes d'une plume sur l'axe qui les supporte, et se repliant en arcade sur le bord libre du feuillet.

Outre les divisions artérielles, le chorion podophylleux supporte un réseau nerveux, élément nécessaire de ses feuillets, et des houppes papillaires qui les terminent à leur extrémité inférieure, mais dont l'inspection directe, même avec des instruments grossissants, ne permet pas de saisir la disposition.

Ce réseau nerveux est formé par les divisions terminales de la branche cutanée et celles du nerf plantaire, qui s'engage avec l'artère pré-plantaire dans la scissure du même nom.

Peut-être existe-t-il aussi dans la trame du tissu podophylleux un appareil spécial pour la sécrétion de la corne (appareil kératogène),

comme il en existerait un dans la peau, d'après Breschet et Roussel de
Vauzème, pour la sécrétion de l'épiderme? Nous en sommes réduits,
à cet égard, à de pures conjectures, l'observation directe nous faisant défaut pour nous fournir les éléments matériels de la solution de
cette question.

La membrane podophylleuse repose, par sa face profonde, sur
un réticulum fibreux dans les mailles duquel est disposé le plexus
veineux podophylleux, dont nous avons donné plus haut la description.

Ce réticulum, épais surtout au centre et sur les parties latérales du
doigt, établit, entre l'os et le tissu feuilleté, des rapports très-étroits
de vitalité et de fonctions, au point qu'il est difficile de dire s'il appartient à l'os comme son périoste, ou au tissu podophylleux comme
une continuité de son chorion. Peut-être qu'à l'égard de l'un et de
l'autre il remplit ce double office.

Bracy Clarck a donné, à cette membrane de renforcement du tissu
podophylleux, le nom de *réticulum processigerum* (*processus* prolongement et *gero* je porte; littéralement : membrane qui porte les
feuillets). C'est une expression qui peut être adoptée avec avantage
pour la facilité des descriptions.

§ IV.

### DU TEGUMENT A LA FACE INFÉRIEURE DU DOIGT.

Syn. sole de chair des anciens anatomistes, tissu velouté des modernes,<br>membrane sécrétoire de la sole de Bracy Clark.

(Pl. XVI et XVII.)

Cette partie du tégument sous-ongulé forme une membrane tomenteuse épaisse, d'une couleur rouge-vif, comme la membrane podophylleuse; mais cette teinte est souvent dissimulée en partie ou
rendue plus obscure par un pigmentum colorant noir associé à son
tissu.

Elle se moule exactement sur la face inférieure du doigt et forme
une enveloppe commune à l'os du pied et à la couche inférieure de
l'appareil fibro-cartilagineux élastique dont elle laisse se dessiner
fidèlement les contours, en s'adaptant étroitement aux inégalités de
sa surface.

Ce qui la caractérise à l'extérieur et lui a valu le nom très heureux
que les modernes lui ont donné, c'est l'abondance des prolonge-

ments villeux qui s'élèvent de sa trame, aussi serrés et aussi touffus
que les filaments du velours (Pl. XXVI).

Ces villosités ou villo-papilles se présentent, comme au bourrelet,
avec un développement différent, suivant les points de la membrane
veloutée où on les considère. Sur sa circonférence, elles sont longues de 5 à 6 millimètres, comme celles qui terminent les lames podophylleuses; puis elles vont en décroissant successivement, de la
circonférence au centre, au point que, sur les parties latérales du
corps pyramidal, elles ne mesurent plus qu'une longueur de 2 millimètres, laquelle se réduit encore de moitié pour les villosités de la
lacune médiane.

Leur nombre paraît être en raison inverse de leur volume; elles
sont plus rares sur la circonférence de la phalange, plus drues et plus
serrées, au contraire, dans sa région centrale, sur toute la surface
du corps pyramidal.

Quel que soit leur développement, les villosités de la surface plantaire sont en tout semblables, sous le rapport de la forme, de la structure et des fonctions, aux houppes villeuses qui hérissent la surface
du bourrelet ou qui terminent l'extrémité inférieure des lames podophylleuses.

Elles sont cylindriques à leur base, acuminées à leur extrémité libre, obliquement dirigées d'arrière en avant et hérissées à la surface
de la membrane dans les conditions normales. Mais lorsque le sabot
a été séparé du doigt par une macération suffisante, elles peuvent se
présenter infléchies, renversées, couchées, tordues dans tous les sens
par les efforts qui s'exercent sur elles; de là, les formes variées
qu'elles affectent. Examinées sous une nappe d'eau limpide, elles
s'inclinent suivant le sens du mouvement imprimé au liquide, et
comme elles se maintiennent flottantes dans sa masse, en vertu de
de leur densité moindre, il est facile, à l'aide de ce simple procédé,
de prendre une idée parfaite de leurs formes et de leurs dispositions.

### Structure du tissu velouté.

La membrane veloutée a pour base, comme le tissu podophylleux,
un chorion fibreux très-serré et résistant, qui sert de support à un
riche réseau artériel formé par les irradiations anastomotiques des
artères solaires et les divisions terminales des artères du coussinet
plantaire, dont nous avons donné plus haut la disposition (Pl. XXVII).

Chacune des houppes villeuses de la membrane veloutée présente,
à l'inspection microscopique, la disposition intérieure que nous avons

indiquée, à propos des villosités du bourrelet, à savoir : un faisceau de petites artères disposées en forme d'anses et accompagnées de veinules correspondantes, probablement aussi, de filets nerveux dont leur exquise sensibilité implique la présence. Mais ce n'est là qu'une déduction de l'étude de la fonction et non pas le résultat certain de l'observation directe.

*Réticulum plantaire*. — La membrane veloutée repose, comme le tissu feuilleté, sur un réticulum fibreux très-épais et à mailles assez larges (réticulum plantaire), qui établit entre elle et la face inférieure de la troisième phalange, une adhérence très-forte et supporte dans ses mailles le plexus veineux solaire.

### Résumé.

Ces trois parties de l'appareil tégumentaire intra-corné, dont nous venons de donner une description isolée, pour mieux en faire comprendre les différences apparentes, forment dans leur ensemble une gaîne indiscontinue qui *chausse*, à la manière d'un bas, l'extrémité phalangienne du pied, et qu'on peut appeler la gaîne ou l'APPAREIL KÉRATOGÈNE du pied, expression que nous emploierons souvent en physiologie.

Les différences qui existent entre les trois parties de cet appareil, ne sont que superficielles ; toutes trois sont étalées sur un réticulum fibreux, dans les mailles duquel s'étend et se ramifie un plexus veineux très-serré et très-riche.

Leur tissu fondamental est le tissu fibreux blanc, qui leur constitue un chorion, partout continu à lui-même sur la périphérie de la dernière phalange.

A la surface et dans les mailles de ce chorion, épanoui en membrane sous la phalange, plissé en feuillets parallèles sur sa face antérieure, renflé *en bourrelet* autour d'elle à sa partie supérieure, existe l'appareil nervoso- artériel qui, par la spécialité de sa disposition dans les prolongements lamineux ou villeux, donne au tissu tégumentaire sous-corné la spécialité de forme et de fonction qui le distingue des autres parties de l'enveloppe générale.

Mais, à part cette particularité de disposition et de fonction, la peau du doigt est anatomiquement la même que celle à laquelle elle est continue ; et même, physiologiquement, la différence qui sépare l'une de l'autre n'est pas fondamentale.

Nous aborderons avec plus de développement ce point important lorsque nous étudierons la physiologie.

# PARTIES EXTERNES DU PIED.

## APPAREIL CORNÉ.

### ONGLE. – SABOT. – BOITE CORNÉE.

### CHAPITRE PREMIER.

### Description de l'appareil corné.

( Pl. XXVIII, XXIX, XXX, XXXI, XXXII. )

Le revêtement le plus superficiel du tissu tégumentaire de l'extré-mité terminale du pied est formé par un appareil corné très-épais, qui correspond, par la source d'où il émane et par la fonction qu'il remplit, à la membrane épidermique, revêtement extérieur du tégu-ment général.

Cet appareil est désigné sous les noms d'*ongle*, de *sabot* ou encore de *boîte cornée*.

Considéré dans son ensemble, le sabot représente une sorte de boîte ou mieux d'*étui*, exactement modelé sur les contours des par-ties qu'il enveloppe, et qui commandent sa forme comme le moule celle de la substance malléable dont on le revêt.

Il répète, en effet, à l'extérieur, dans de plus grandes dimensions, la configuration extérieure du doigt revêtu de son enveloppe tégu-mentaire, et à l'intérieur il en porte l'empreinte, comme la cire celle du cachet qui l'a pressée.

Sa forme générale est donc donnée par la forme même de la troi-sième phalange.

La figure géométrique qu'elle rappelle le mieux, est celle d'un tronçon de cylindre coupé par sa base et par son sommet, suivant deux plans obliques sur son axe et non parallèles, l'inférieur con-vergeant, en arrière, vers le supérieur dans une inclinaison sur l'axe très-marquée (Pl. XXVIII).

Bracy Clarck conseille, pour donner une idée de la forme particu-lière de la boîte cornée, de prendre un cylindre de bois ayant en lon-gueur deux fois son diamètre, et de le couper avec une scie fine en deux parties égales, suivant une ligne formant avec l'axe un angle de 33 à 34 degrés. En plaçant sur une table, par la surface de leur coupe, les deux morceaux de bois résultats de cette section, on obtient, dit-il, ainsi la représentation frappante de deux sabots considérés dans leur forme générale.

C'est en effet, là, un bon mode de démonstration pour donner un aperçu de la configuration d'ensemble du sabot; mais il ne suffit pas pour faire comprendre la construction de cette enveloppe complémentaire du tégument et la fonction spéciale qu'elle remplit.

Pour avoir une idée complète de la disposition de la boîte cornée et de son mode de fonctionnement, il faut la décomposer en ses différentes parties constituantes, et étudier chacune d'elles avec détail. Une fois faite cette sorte d'analyse anatomique, il nous sera facile de reconstruire le sabot, pièce à pièce, et de le comprendre dans son ensemble.

Lorsque le sabot a été soumis à l'action longtemps prolongée de la macération, les parties qui le constituent par leur réunion se désoudent pour ainsi dire et s'isolent les unes des autres. Elles sont au nombre de trois :

1° La *muraille* ou *la paroi;*

2° La *sole;*

3° La *fourchette* avec le *périople* qui n'en est qu'une continuité circulaire [1].

§ I<sup>er</sup>.

## DE LA MURAILLE OU PAROI DU SABOT.

( The wall, the crust des Anglais. )

(Pl. XXVIII, XXIX, XXX, XXXII.)

La muraille ou paroi du sabot est, comme l'indiquent les noms sous lesquels on la désigne, cette partie de la boîte cornée qui en constitue l'enceinte circulaire et détermine, par son contour, la forme cylindrique qui lui est propre.

Son étendue apparente peut donc être mesurée par la superficie de la partie du sabot, qui est visible lorsque le membre repose sur le sol.

A première vue même, et à considérer la paroi sur un sabot isolé

---

[1] Le périople est ordinairement décrit comme une quatrième partie du sabot. C'est une erreur, puisque la fourchette et le périople ne font qu'un et ne se séparent jamais, même par une macération prolongée.

des parties qu'il renferme, on serait tenté de croire que son étendue apparente est aussi son étendue réelle, et que la limite de cette partie de l'ongle est marquée à l'endroit précis où se dessine en arrière le relief des branches de la fourchette.

Mais ce n'est là qu'une illusion que Bracy Clarck a, le premier, fait disparaître par son ingénieuse démonstration de ce que nous appellerons *le déplissement* du sabot.

Lorsqu'on examine, en effet, la paroi sur un sabot dont les différentes parties constituantes sont désunies par la macération, on la voit se réfléchir en arrière à angle aigu, en dedans de la circonférence qu'elle décrit, et diriger, vers le centre de la capacité qu'elle embrasse, ses deux extrémités convergentes.

Bracy Clarck a eu l'ingénieuse idée, pour bien faire concevoir cette inflexion des extrémités de la paroi dans l'intérieur de l'enceinte qu'elle constitue, de figurer en carton les différentes parties composantes du sabot, dans leurs formes et dans leurs rapports normaux.

Sur cette pièce clastique, très-commode pour la démonstration, la muraille est représentée par une longue bande de corne, plus large dans son milieu et décroissant successivement de hauteur jusqu'à ses extrémités, par la convergence de son bord inférieur, qui décrit une courbe à grand rayon vers le supérieur taillé en ligne droite.

Cette bande, roulée en cylindre, représente la partie circulaire de la muraille, et ses extrémités, repliées vers l'intérieur de la cavité qu'elle circonscrit, rappellent bien la disposition des prolongements centripètes de la paroi cornée.

Si la muraille naturelle pouvait être déplissée comme la bande de carton de l'appareil clastique de Clarck, elle présenterait, en effet, une configuration sinon identique, au moins parfaitement analogue à celle de cette dernière qui en est, si l'on peut ainsi dire, un *fac-simile* assez exact, à part quelques erreurs que nous signalerons plus loin.

Pour la facilité de la description de la paroi, considérée dans son ensemble et dans ses rapports normaux avec les autres parties du sabot, il faut lui reconnaître :

1° Deux faces, l'une externe et l'autre interne ;

2° Deux bords, l'un supérieur, l'autre inférieur ;

3° Deux angles d'inflexion ;

4° Et deux prolongements centripètes.

## I. — Des faces de la paroi.

### a. DE LA FACE EXTERNE.

(Pl. XXVIII.)

La face externe de la muraille est luisante et comme vernissée sur les pieds qui n'ont pas éprouvé d'altérations maladives.

On voit s'y dessiner en reliefs fins et serrés les fibres constitutives de la corne, dirigées en lignes droites et parallèles, d'un bord à l'autre de la surface à laquelle elles donnent un aspect finement rayé.

Transversalement à la direction de ces fibres, la superficie de la muraille porte souvent l'empreinte peu marquée d'une succession de légers sillons superposés, qui règnent d'un angle d'inflexion à l'autre, en suivant une ligne sinueuse dont les courbures s'alternent dans un ordre assez constant.

Ascendante à partir des angles d'inflexion, cette ligne décrit de chaque côté une courbe, dont la convexité est supérieure et se projette ensuite en manière d'écharpe tombante, d'un côté à l'autre, sur la face antérieure du sabot, en sorte qu'elle présente trois courbes inversement disposées, l'une centrale dont la convexité est inférieure, et deux latérales qui tournent au contraire leur concavité par en bas.

Ces sillons onduleux séparent l'un de l'autre, à des étages inégaux, des reliefs arrondis, à peine saillants dans les conditions normales, mais qui, sous l'influence des maladies des organes sécréteurs, acquièrent quelquefois un développement considérable et prennent alors le nom de *cercles*.

L'aspect *cerclé* de la muraille peut cependant coïncider avec quelques modifications importantes du régime auquel les animaux sont soumis, sans être un signe d'altérations maladives de l'appareil sécrétoire.

### b. DE LA FACE INTERNE DE LA PAROI.

(Pl. XXIX.)

La face interne de la paroi n'est, à proprement parler, que l'empreinte de la surface externe du tissu podophylleux dont elle répète l'arrangement avec une fidélité parfaite, mais dans un ordre inversement symétrique, comme dans les rapports du moule avec la figure qu'il reproduit; c'est-à-dire qu'aux cannelures du tissu podophylleux, correspondent des feuillets du cylindre corné, et réciproquement, que les cannelures de ce dernier coïncident avec les reliefs des lames podophylleuses [1].

Bracy Clarck a donné à l'assemblage des feuillets de la face interne de la paroi, les noms heureusement composés de *kéraphylla* ou de *kéraphyllous structure* [2]. Le dernier de ces noms seul, a été traduit en français et a passé dans le langage de notre chirurgie; c'est à lui que correspondent les expressions de *tissu kéraphylleux,* dont nous nous servons usuellement [3].

L'appareil kéraphylleux n'étant qu'une reproduction fidèle du tissu podophylleux, on doit retrouver en dedans du sabot la disposition lamellée, sur une étendue de surface exactement correspondante à la superficie de la membrane feuilletée. C'est, en effet, ce que l'on observe. A partir de la marge inférieure de la cavité hémi-cylindroïde creusée dans le bord supérieur de la paroi ( *cavité cutigérale* ) (Pl. XXIX, o), jusqu'à son bord plantaire (p), règnent, disposés en lignes longitudinales et en plans parallèles, les feuillets cornés, proportionnés en nombre, en longueur et en profondeur aux lames podophylleuses correspondantes, et décroissant comme elles de hauteur, à mesure que s'abaisse la hauteur de la surface qu'elles revêtent.

Et, de la même manière que le tissu podophylleux se réfléchit à la face plantaire du doigt en arrière des bulbes cartilagineux, on voit se dessiner sur le plancher du sabot, le long des extrémités centripètes de la paroi, une série décroissante de feuillets cornés, reproduction exacte des feuillets podophylleux plantaires (Pl. XXXI, x y).

Les lames kéraphylleuses sont donc limitées à leur extrémité supérieure par la marge de la *cavité cutigérale,* point où elles sont moins larges, et les cannelures qui les séparent moins profondes que partout ailleurs (Pl. XXIX, o). Nous avons, du reste, signalé plus haut cette disposition dans la région correspondante des lames podophylleuses.

En bas, les lames de corne pénètrent perpendiculairement dans

---

[1] De cette inversion de disposition résultent, comme nous le verrons en son lieu, entre la membrane tégumentaire phalangienne et l'enveloppe unguéale, des rapports de contact et d'union de la plus intime espèce.

[2] De κέρας, corne, et φύλλον, feuille.

[3] Le substantif *kéraphylle* aurait pu être également adopté dans notre langue; il eût été d'un emploi commode pour faciliter et abréger les descriptions.

le lame de la sole, et se prolongent à travers son épaisseur jusqu'au bord plantaire de la paroi (Pl. XXXII, A).

Leur bord libre est rectiligne et aminci en tranchant effilé ; leur bord profond plus épais est adhérent et fait continuité à la croûte pariétaire, dont les processus kéraphylleux ne semblent qu'un prolongement intérieur.

Leurs faces sont parfaitement lisses ; elles forment deux à deux les cannelures de réception des lames podophylleuses.

Le fond de ces cannelures est plein, si ce n'est vers l'extrémité inférieure des feuillets où existent plusieurs pertuis qui pénètrent dans l'épaisseur de la muraille, obliquement de haut en bas, et sont destinés à servir d'étuis aux houppes terminales des lames podophylleuses (Pl. XXIX, P).

Les feuillets de la muraille sont formés d'une corne mince, transparente, douée d'une excessive souplesse, qu'elles doivent à l'humidité qui les imprègne. Elles conservent cette propriété tant que le sabot est attenant aux parties vives ou conservé dans un liquide après sa désunion. Mais la dessiccation la leur fait perdre. Elles deviennent, sous son influence, rigides et cassantes, et ne récupèrent leur mollesse primitive qu'après une immersion suffisamment prolongée dans un liquide.

### II. — Des bords de la paroi.

#### a. Du bord supérieur de la paroi.

Pl. XXIX, O.

Le bord supérieur de la paroi porte, dans toute l'étendue de son contour, l'empreinte du relief du bourrelet, comme l'intérieur du sabot celle du tissu podophylleux.

Cette empreinte circulaire, creusée de dedans en dehors, aux dépens de l'épaisseur de la corne, constitue une cavité hémi-cylindroïde, qui règne sur tout le pourtour de la paroi et sur le bord supérieur de ses prolongements centripètes, où elle disparaît en même temps que les feuillets de leur face intérieure.

On désigne cette cavité, depuis Bracy Clark, sous le nom de *cavité cutigérale (cutis géro)* ou *cutidurale (cutis dura)*, dénomination qui rappelle ses usages ; elle sert, en effet, à recevoir et à loger le renflement cutané, appelé par Bracy Clark, *cutidure*, et par les Français, *bourrelet*.

Les anciens donnaient, en raison de sa forme, le nom de *biseau* au bord supérieur du sabot, creusé pour s'adapter à la saillie du *bourre-let*. Ces expressions de *cavité cutigérale* ou *cutidurale* et de *biseau*, doivent être conservées, mais non pas comme synonymes.

Nous appellerons, avec Bracy Clarck, *cavité cutigérale*, la gouttière creusée à l'origine du sabot pour recevoir la saillie de la cutidure; et nous réserverons le nom de *biseau* au bord supérieur du sabot (Pl. XXIX, ʀ), taillé, en effet, à la manière d'un biseau, aux dépens de l'épaisseur intérieure de la paroi, par l'excavation de la *cavité cutigérale*.

La cavité cutigérale est exactement proportionnée, dans l'étendue de son excavation, à l'étendue du relief que forme le bourrelet; aussi présente-elle ses plus grandes dimensions en largeur et en profondeur dans la partie centrale de l'ongle, là où le bourrelet est le plus saillant; et décroît-elle peu à peu, dans ces deux sens, à mesure qu'elle se rapproche des parties postérieures.

Elle offre ses plus petites dimensions, à 1 centimètre environ en avant de l'angle d'inflexion, au niveau duquel elle s'élargit tout à coup, pour se proportionner à l'étendue plus vaste de superficie que présente en ce point le renflement cutidural (Pl. XXX, o).

Passé le pli des arcs-boutants, la cavité cutigérale devient de plus en plus étroite et superficielle, même avant qu'ait disparu le dernier feuillet des barres.

La cavité cutigérale est limitée supérieurement par une vive arête qui en suit le contour circulaire, et se continue en dedans des angles d'inflexion avec le bord supérieur des barres (Pl. XXIX, ʀ ʀ').

Au-dessus de cette ligne saillante qui correspond au sillon coronaire périoplique dont elle est le relief, le bord supérieur de la paroi est prolongé par la lamelle amincie du *périople*, dont nous donnons plus loin la description (Pl. XXIX, s s').

La limite inférieure de la cavité cutigérale est indiquée par une zone unie de 2 millimètres environ de largeur, qui règne circulairement au-dessus des extrémités d'origine des feuillets kéraphylleux, et qui correspond à cette zone coronaire inférieure, disposée comme un ruban de séparation entre le bourrelet et les feuillets du tissu podophylleux.

Entre ces deux bordures, la surface cutigérale est criblée d'une multitude innombrable de petites perforations (Pl. XXIX) qui lui donnent, par leur nombre et leur confluence, un aspect finement chagriné; ce sont les orifices supérieurs d'*étuis* ou de fourreaux creusés obliquement de haut en bas, à une assez grande profondeur, dans l'épaisseur de la paroi, et destinés à loger les houppes villeuses dont la surface du bourrelet est hérissée.

Le nombre des pertuis de la cavité cutigérale est donc exactement correspondant à celui des villosités du bourrelet; les dimensions de ces étuis sont aussi exactement proportionnées à celles des houppes villeuses qu'ils sont destinés à recevoir, et conséquemment ils sont plus largement ouverts et plus profonds à la partie inférieure de la cavité cutigérale qui correspond à la région où les villosités sont le plus développées sur le bourrelet.

Pour avoir une idée de la profondeur de ces étuis cornés, il suffit d'enlever, par lamelles transparentes, des couches successives au bord supérieur de la paroi, transversalement à la direction de ses fibres ; chaque lamelle détachée est criblée d'ouvertures à jour, nombreuses comme les glandules dans l'écorce de l'orange, et il faut aller à une profondeur de plus d'un centimètre pour que les copeaux enlevés par l'instrument forment une surface pleine.

Les orifices des étuis des papilles apparaissent aussi serrés à superficie égale dans toute l'étendue de la cavité cutigérale ; et, là même où cette cavité s'est complétement effacée, comme au bord supérieur des barres, par exemple, la présence des villosités de l'appareil cutidural est encore accusée par le nombre des ouvertures dont la corne est traversée.

*b*. DU BORD INFÉRIEUR DE LA PAROI OU BORD PLANTAIRE.

Le bord inférieur de la paroi est diédrique, formé par la réunion de deux surfaces, l'une concave (Pl. XXIX, т), continue au cylindre corné; l'autre plane, terminale des fibres de la paroi, et continue à l'aire de la sole (Pl. XXIX, υ).

La surface concave (Pl. XXXI A) est cannelée, comme l'intérieur du cylindre corné, par la continuité des feuillets kéraphylleux, jusqu'au niveau de la surface solaire. C'est à l'aide de ces cannelures qu'elle contracte, avec le bord périphérique de la sole, une union par engrénure de la plus solide espèce, qui ne peut être rompue totalement que par l'influence longtemps prolongée de la macération.

Le tracé de cette *commissure* (Pl. XXXII, A A) est indiqué sur la coupe des sabots nouvellement *parés* par une zone blanche ou jaunâtre, où l'on voit se dessiner les linéaments des fibres terminales des feuillets kéraphylleux.

Sur les pieds qui, faute d'user, ont acquis de très-grandes dimensions en longueur, il s'établit, par l'influence de la dessiccation, une sorte de tranchée entre la sole et la paroi sur toute la ligne de la commissure ; et il est alors très-facile de reconnaître la disposition feuilletée de la surface concentrique du bord plantaire (Pl. XXXII, A).

Dans les pieds souffrants, la zone de la commissure change de couleur par l'infiltration de la sérosité ou du sang. Mais nous reviendrons sur la valeur diagnostique des signes qu'elle fournit, à l'occasion de la pathologie.

La face inférieure ou solaire du bord plantaire est le point de terminaison des fibres de la paroi. Elle fait continuité à l'aire de la surface plantaire de la sole dont elle forme la bordure extérieure. Elle s'en distingue par son aspect plus brillant, qui dénonce la plus grande densité de la substance qui la constitue, et généralement aussi par une couleur différente (Pl. XXXII).

### III. — DES ANGLES D'INFLEXION DE LA PAROI OU ARCS-BOUTANTS DES FRANÇAIS.

Les extrémités de la paroi, en se réfléchissant en arrière, dans l'intérieur de sa cavité, forment chacune une sorte de pli ou d'angle plan aigu, auquel Bracy Clarck a donné le nom de *nœud d'inflexion (the node of inflexion* ou *inflexural node)*, que nous traduisons par les expressions plus vraies *d'angle d'inflexion* (Pl. XXIX, XXX, XXXI et XXXII, B).

Les *angles d'inflexion* ou *arcs-boutants* des anatomistes français, sont la base de la région du sabot, usuellement désignée, en extérieur, sous le nom de *talons*, expression impropre, il est vrai, mais généralement admise et comprise, et que nous conserverons par cela même, malgré les excellentes raisons que Bracy Clarck a accumulées, dans le but de prouver que le nom de *talon*, appliqué à cette région du cheval, est un contre-sens en anatomie comparée.

Le sommet ou l'extérieur des angles plans d'inflexion (Pl. XXXII, c B), forme une arête, le plus ordinairement saillante, quelquefois arrondie, dont la direction est oblique de haut en bas et d'arrière en avant. Cette arête sert de support à l'expansion cornée membraneuse, que l'on désigne sous le nom de *glômes de la fourchette* (Pl. XXXII, G).

L'intérieur de ces angles offre à considérer deux parties ; l'une supérieure, la plus étendue (Pl. XXX et XXXI), qui est ouverte dans la cavité de la boîte cornée qu'elle complète et ferme en arrière, et présente, sur ses deux faces, la disposition lamellée caractéristique du cylindre corné.

La partie inférieure de l'angle plan d'inflexion est remplie par l'extrémité des branches (c) du croissant de la sole (Pl. XXXII, D), qui contracte avec ses faces une adhérence de la plus forte espèce. Cette partie est donc toujours pleine et marquée, seulement en bas, par le tracé linéaire du bord inférieur du cylindre de la paroi et de son prolongement centripète.

Mais lorsque la macération a produit la désoudure des différentes divisions du sabot, la distinction que nous établissons est rendue parfaitement saisissable.

### III. — DES BARRES OU PROLONGEMENTS CENTRIPÈTES DE LA PAROI.

*Intortiomes, or intortiomal, or inflexural parts* de Bracy Clarck.

(PL. XXX, XXXI, XXXII.)

Les parties de la paroi que nous appelons ses prolongements centripètes, sont plus usuellement connues sous le nom de *barres*. Bracy Clarck les a appelées *parties infléchies* de la paroi, *inflexural parts* ou encore *intortiomes*, expression latine par laquelle il a voulu figurer leur marche rentrante.

Les barres commencent au sommet (B) de l'angle plan d'inflexion de la paroi, dont elles forment le côté intérieur (Pl. XXXII, D E); elles se continuent, de là, le long du bord interne du croissant de la sole, convergeant, par leurs extrémités, vers le centre du doigt, et s'inclinant l'une vers l'autre par leur bord supérieur. Il résulte de cette double convergence, qu'elles sont obliquement dirigées du centre du doigt vers sa périphérie, tout à la fois dans le sens de leur longueur et dans celui de leur largeur (Pl. XXX, Y).

L'étendue des barres, en longueur, n'est pas aussi considérable que celle qui leur est donnée dans l'appareil élastique de Bracy Clarck. Convergentes l'une vers l'autre, par leurs extrémités, jamais elles n'arrivent au contact, au niveau du sommet de la fourchette, comme le démontre cet appareil. Les barres se prolongent dans l'étendue de la moitié ou des deux tiers du bord interne de la sole, mais jamais au-delà ( Pl. XXXII. E *marque l'extrême bout de la barre* ).

Les barres présentent à considérer deux faces, l'une latérale interne ou supérieure, l'autre latérale externe ou inférieure.

La face latérale interne (Pl. XXX, z, et XXXI, Y), obliquement dirigée de dedans en dehors et de haut en bas, porte sur sa partie correspondante, à l'intérieur de la boîte cornée, une succession de feuillets, décroissants d'arrière en avant, qui disparaissent à 4 où 5 centimètres en avant de l'angle d'inflexion. Au-delà, il n'y a plus de distinction possible entre la barre et la sole à laquelle elle est soudée.

La partie inférieure de cette surface de la barre correspond au bord interne des branches de la sole, avec laquelle elle est intimement unie, au point de ne former avec elle qu'un tout continu.

La face latérale externe des **barres** (Pl. **XXXII**, y) oblique de dedans en dehors, comme la supérieure à laquelle elle est parallèle, fait partie de la surface plantaire du sabot. Elle se réunit, par son bord supérieur, avec le bord supérieur des branches de la fourchette, et, de cette réunion résulte un angle dièdre obtus, connu sous le nom de *lacune latérale* de la fourchette (f).

Bracy Clarck a appelé *commissure* la réunion des barres avec la fourchette, et cavités de la commissure (*cavities of the commissure*), nos lacunes latérales.

Le bord inférieur des **barres** (Pl. **XXXII**, e) est toujours au niveau de la face inférieure de la sole sur les pieds usés par le frottement ou par l'action mécanique des instruments ; mais sur les sabots qui, faute d'user, ont acquis une trop grande longueur, le bord inférieur des barres *forme* quelquefois, au dessus de l'aire de la sole, une saillie qui n'arrive jamais au niveau du bord inférieur de la paroi.

Pour compléter la description de la paroi, il faut considérer maintenant :

1° Les divisions qu'on y a reconnues ;

2° La direction **qu'elle** affecte dans les différents points de son contour ;

3° Son épaisseur ;

4° Sa consistance ;

5° Sa couleur ;

6° Sa structure.

<h3 align="center">1° Des divisions de la paroi.</h3>

( Pl. XXVIII et XXII. )

On a divisé la paroi du sabot en plusieurs régions, entre lesquelles il n'existe pas de limites naturelles, mais qu'il était nécessaire de distinguer pour les besoins de l'art du maréchal, ainsi que pour la localisation précise et la description des différentes altérations de l'ongle.

Malgré le défaut de rigueur qui peut exister dans la délimitation de ces régions, l'usage apprend facilement à les reconnaître et prévient, à cet égard, toute confusion dans l'esprit.

La partie antérieure centrale de la paroi, celle sur laquelle tomberait perpendiculairement une ligne abaissée du sommet de la fourchette, est désignée, dans le langage des maréchaux, sous le nom de *pince* [1], que la chirurgie a adopté (P). Quelle est l'origine de ce nom? Peut-être provient-il de l'analogie de situation centrale qui existe entre la région qui le porte dans l'ongle, et les dents centrales de la courbe parabolique des mâchoires qui, en raison de leurs usages, sont aussi désignées sous le même nom.

Bracy Clarck fait dériver notre mot *pince* du mot latin *impingo*, frapper, heurter, parce que c'est cette région du sabot qui, dans la marche, heurte la première le sol. C'est sans doute là une étymologie bien recherchée !

La pince règne du bord supérieur au bord inférieur de la paroi, sur une largeur de 4 à 5 centimètres environ (Pl. XXVIII, A P).

Les *régions* situées de chaque côté de la pince, sont, en raison même de leur situation symétrique, désignées sous le nom de *mamelles* (Pl. XXXII, M M), elles ont une largeur de 3 à 4 centimètres environ.

En arrière des mamelles, de chaque côté, s'étend la plus considérable des régions de la paroi ; on la nomme *quartier*, parce qu'elle occupe bien à elle seule le quart de la circonférence du sabot (Pl. XXVIII et XXXII de M en E).

En arrière des quartiers, se trouve la région des talons, qui a pour base l'angle d'inflexion ou *arc-boutant* (B).

Enfin, en dedans de l'arc-boutant, on rencontre les barres ou extrémités centripètes, qui s'étendent un peu au delà de sa moitié postérieure, dans l'échancrure centrale de la sole, et forment, par leur face inférieure, le talus externe des lacunes latérales de la fourchette (Pl. XXXII de B en E).

*Pince, mamelles, quartiers, talons* ou *arcs-boutants* et *barres,* telles sont les différentes divisions de la paroi, et par extension de la totalité de l'ongle.

---

[1] En anglais et improprement: *the toe* (le doigt).

## 2° *De la direction de la paroi.*

( Pl. XXVIII et XXXII.)

Si l'on considère la paroi dans sa totalité et comme constituant un cylindre corné, on peut dire qu'elle est tronquée de telle façon par sa base, que ses fibres, dans leur direction générale et dans leur inclinaison, sont parallèles à l'axe des rayons phalangiens ; et, par une conséquence nécessaire de l'admission de l'hypothèse de la cylindricité parfaite du sabot, on est conduit à considérer les régions opposées aux extrémités des diamètres du cylindre, comme parallèles entre elles, car, en raison de la forme admise, elles doivent être parallèles à son axe.

Peut-être en est-il ainsi dans quelques pieds exceptionnels? Mais dans l'immense majorité des animaux solipèdes, l'ongle, considéré dans son ensemble, participe un peu de la forme du cône, c'est-à-dire que l'aire de sa coupe supérieure a un diamètre un peu moins considérable que l'aire de la base.

D'autre part, dans les sabots qui ont conservé leur forme naturelle sans altération, le cône n'est pas géométriquement régulier ; la courbe Q P (Pl. XXXII) qui correspond au contour du côté interne, appartient à une circonférence plus étendue que celle du côté externe (C P), en sorte que ce dernier a un contour plus saillant que le premier ; défaut de symétrie qui n'appartient pas à des solides de révolution réguliers.

Considérées dans leur situation respective, les différentes régions du sabot ont les directions suivantes : la pince A P (Pl. XXVIII) est obliquement dirigée de haut en bas et d'arrière en avant, suivant le plan d'inclinaison des phalanges.

Les mamelles ont la même obliquité que la pince à laquelle elles font continuité.

Les quartiers sont inclinés suivant un plan à peine sensible du centre du doigt vers sa périphérie, dans presque toute leur étendue.

Sur quelques sabots, cette direction est inverse dans la partie tout à fait postérieure des quartiers, c'est-à-dire que la paroi y est inclinée de haut en bas et de dehors en dedans, mais cette direction ne nous paraît pas naturelle.

C'est surtout par la direction des quartiers, dans leur région antérieure, que la boîte cornée participe un peu de la forme du cône.

L'arête sommet (C B) des angles d'inflexion est obliquement dirigée de haut en bas et d'arrière en avant, parallèlement au plan de la pince.

Enfin, les barres ont, comme nous l'avons vu, une direction oblique telle, qu'elles se rapprochent par leurs extrémités terminales et par leur bord supérieur, et s'écartent, au contraire, par leur bord plantaire et leurs extrémités d'origine aux arcs-boutants.

### 3° *Épaisseur de la muraille.*

Pl. XXIX, XXXI et XXVI.

Il existe un rapport parfait et constant d'égalité entre l'étendue en largeur de la surface de la cutidure, d'une part, et d'autre part, l'épaisseur de la muraille correspondante ; de telle façon que, dans tous les points du contour de l'ongle, la mesure de l'une donne rigoureusement les dimensions de l'autre, et réciproquement.

Aussi observe-t-on que l'enveloppe cornée présente ses plus grandes dimensions en épaisseur à la région centrale de l'ongle, aux mamelles, à la partie antérieure des quartiers et au niveau des angles d'inflexion, points où la surface du bourrelet offre le plus de largeur ; et, qu'au fur et à mesure que cette largueur diminue, comme, par exemple, dans les parties postérieures de la couronne cutidurale, avant sa réflexion en dedans du cercle qu'elle décrit et surtout au niveau de ses prolongements centripètes, la muraille correspondante, c'est-à dire celle de la partie postérieure des quartiers et celle des barres, est beaucoup plus mince que la corne des régions de la pince et des arcs-boutants. (Voyez Pl. XXXII, le contour inférieur de la paroi).

L'épaisseur de la muraille est égale dans toute son étendue, quelle que soit la région où on la considère, depuis la marge inférieure de la cavité cutigérale jusqu'au bord solaire (Pl. XXIX), comme on peut s'en assurer par une succession de coupes perpendiculaires menées dans le sens de la direction de ses fibres.

Les parties symétriques du même sabot n'ont pas la même épaisseur. Généralement la muraille du côté interne est plus mince que celle du quartier externe ; la barre externe a aussi plus de force que la barre interne.

Si l'on voulait établir une échelle d'épaisseur des différentes parties de la paroi, voici l'ordre dans lequel il faudrait les placer :

1° La pince et les mamelles ;

2° La région antérieure du quartier externe ;

3° La région antérieure du quartier interne ;
4° Les angles d'inflexion ;
5° La région postérieure du quartier externe ;
6° La région postérieure du quartier interne ;
7° La barre externe ;
8° La barre interne.

### 4° *De la consistance de la muraille.*

La consistance de la corne de la muraille varie dans les différents points de sa profondeur, de sa longueur et de son contour.

En règle générale, la corne est d'autant plus souple et molle, qu'elle est plus voisine des parties vives ; d'autant plus dure et résistante qu'elle en est plus éloignée.

Ainsi, elle présente une plus grande dureté à sa surface corticale que dans la partie moyenne de sa profondeur ; dans cette partie, que vers les couches adjacentes aux lames kéraphylleuses ; et ces couches sont elles-mêmes plus consistantes que les feuillets kéraphylleux, doués d'une telle souplesse au toucher, qu'ils donnent à la main la sensation d'un corps onctueux.

De même, l'observation démontre que le bord supérieur de la paroi, mince et pénétré de villosités vasculaires, possède une très-grande souplesse, tandis que l'inférieur, éloigné des parties vives et n'ayant avec elles aucun rapport de contact, est, au contraire, doué d'une dureté et d'une résistance considérables, progressivement croissantes des parties profondes aux superficielles, en sorte que le bord plantaire de la muraille est d'autant plus dur que l'ongle a plus de longueur.

Enfin, d'après la loi formulée plus haut, la consistance de la corne étant en raison directe de son éloignement des parties vives, il suit de là que les sabots, en général, sont d'autant plus durs et résistants, qu'ils ont plus d'épaisseur, et que, sur un même ongle, ce sont les parties des régions de la muraille où la corne a le plus de profondeur, qui présentent une couche corticale plus consistante et plus dure.

Ainsi, en pince, en mamelles et surtout aux arcs-boutants, l'épaisseur de la corne dure est bien plus considérable que dans les autres régions du sabot.

Dans les ongles qui ont acquis de la longueur par défaut d'usure, le bord inférieur des barres, et surtout le sommet des arcs-boutants, opposent une très-grande résistance en raison de leur extrême dureté aux instruments du maréchal.

Bourgelat avait donné aux différentes couches, inégalement consistantes de la paroi, les noms de corne *morte, demi-vive* et *vive,* se basant, pour établir cette distinction, sur une idée théorique, dont nous aurons plus tard à discuter la valeur quand nous traiterons de la physiologie du pied.

### 5° *De la couleur de la muraille.*

La couleur des couches extérieures de la muraille dépend de la coloration du bourrelet, laquelle, comme nous l'avons dit, est parfaitement concordante avec celle de la peau, immédiatement sus-jacente au sabot. Suivant la teinte du bourrelet, la couleur du sabot varie du noir au blanc, en passant par la teinte grise.

Quand le bourrelet est noir, les couches corticales de la muraille sont de la même couleur.

Elles sont grises quand le bourrelet est gris, et blanches, enfin, quand cet organe est dépourvu de pigmentum colorant.

Et, telle est l'exactitude de cette concordance de coloration entre la peau des phalanges et les couches extérieures de la muraille, que s'il existe au-dessus du sabot un principe de *Balzane,* qui se prolonge jusque sur la cutidure, la couleur du sabot est blanche à l'extérieur, dans une étendue superficielle exactement correspondante à la largeur de la balzane.

Quelle que soit la couleur extérieure du sabot, celle de ses lames intérieures ne varie pas, elle est toujours blanche.

Sur les sabots dont les couches extérieures sont noires, il existe entre le bord adhérent des feuillets et la couche la plus profonde de corne, teinte par le pigment colorant de la peau, une zone intermédiaire, striée de noir et de blanc, dans laquelle la teinte grise est d'autant plus prononcée, qu'on l'examine plus près des couches extérieures, et qui devient de plus en plus blanche à mesure qu'elle se rapproche des couches profondes. Cette zone intermédiaire ne forme quelquefois qu'une lame à peine sensible.

Dans d'autres circonstances, elle occupe toute l'épaisseur de l'ongle.

Ces variétés dépendent de l'état pigmentaire du bourrelet d'où l'ongle émane.

#### 6° *De la structure apparente de la paroi.*

La substance de la paroi présente, dans toutes les parties de son étendue, une *apparence fibreuse* parfaitement visible à l'œil nu, aussi bien à sa surface externe que dans toute sa profondeur (Pl. XXVIII).

Cette contexture, d'*apparence fibreuse,* est aussi accusée sur ses coupes transversales, par l'aspect pointillé que leur donne la section des fibres interrompues dans leur continuité.

Enfin, la macération, et, sur le vivant, certaines maladies rendent encore plus évidente cette disposition en dissolvant la matière qui maintient ces *fibres* réunies, et en les isolant les unes des autres.

Les *fibres* constitutives de la paroi, isolées par la macération et étudiées à l'œil nu, se présentent avec un volume plus considérable que celui d'un gros crin ; elles ont une forme cylindrique, sont très-cassantes, et se réduisent facilement en poussière par la pression des doigts.

Ces fibres affectent, à la surface extérieure de la paroi, une disposition parallèle, s'étendant en ligne droite de son bord supérieur à son bord inférieur, continues à elles-mêmes, sans interruption et sans confusion, dans toute son étendue (Pl. XXVIII).

Considérées à la surface d'une coupe longitudinale et perpendiculaire à l'épaisseur de la muraille, elles conservent la même direction et la même disposition (Pl. XXIX).

Quelquefois on les croirait intriquées, mais ce n'est là qu'une illusion des yeux, due aux alternatives de couleur blanche et noire dont elles sont teintes, dans leur trajet, vers les couches les plus profondes.

Cette contexture fibrillaire longitudinale n'appartient à la muraille, que jusqu'à la limite précise ou les lames kéraphylleuses se réunissent à elle.

Ces lames ont aussi une structure d'apparence fibreuse, mais la direction de leurs fibres est différente de celle des fibres de la paroi.

Elles sont obliquement disposées en lignes parallèles, de leur bord libre à leur bord profond et de bas en haut; en sorte que lorsqu'on les examine sur les deux lames écartées d'un même sillon, elles rappellent parfaitement, par leur direction convergente vers le fond du sillon, la disposition des barbes opposées d'une plume sur la tige qui les supporte.

La substance de la paroi est pleine dans toute sa profondeur, si ce n'est vers son bord supérieur où elle est raréfiée dans toute une étendue de 7 à 8 millimètres en longueur, par les vides des tubes qui servent à loger les villosités.

On peut prendre une idée parfaite de cette raréfaction par deux coupes, l'une longitudinale et l'autre transversale.

Lorsqu'on enlève à la surface d'une coupe longitudinale, vers le bord supérieur de la muraille, une mince lamelle de corne, les fibres correspondantes à la cavité cutigérale sont isolées les unes des autres, dans l'étendue de quelques millimètres, comme les filaments d'un pinceau ; on a ainsi la mesure de la profondeur des fourreaux des villosités.

On prend une idée de leur diamètre par des coupes parallèles à la surface même de la cavité cutigérale ; les lamelles enlevées, couche par couche, sur cette surface, sont criblées à jour de petites ouvertures circulaires, de plus en plus étroites, à mesure qu'on pénètre à une plus grande profondeur, et qui finissent par disparaître pour être remplacées, sur les couches les plus profondes, par le pointillé blanchâtre, indicateur de la continuation des tubes, dont les pertuis supérieurs ne sont que les orifices.

A la limite inférieure des sillons kéraphylleux, la muraille est aussi perforée d'ouvertures destinées à laisser pénétrer dans sa profondeur les houppes terminales des lames podophylleuses.

§. II.

### DE LA SOLE.

(*The sole.*)

(Pl. XXIX, XXXI et XXXII.)

La sole forme avec la fourchette et les prolongements centripètes de la paroi auxquels elle fait continuité, le plancher inférieur de la boîte cornée.

La forme de son contour (A A) est donnée par le tracé de la ligne circulaire rentrante du bord plantaire de la paroi, car elle est inscrite dans la circonférence de ce bord auquel elle est tangente et continue par toute sa périphérie.

Considérée dans son ensemble et isolée des autres parties du sabot, la sole représente une plaque cornée épaisse, irrégulièrement convexe par sa face supérieure et concave par sa face inférieure, découpée circulairement dans les cinq sixièmes de son contour et entaillée dans sa partie postérieure, d'une échancrure angulaire profonde, dont les deux bords rectilignes ne se réunissent qu'au delà même de son point central.

La configuration générale de cette plaque, ainsi découpée, est celle d'un croissant irrégulier dont la ligne intérieure serait angulaire au lieu d'être courbe (Pl. XXXII).

Il faut reconnaître à la sole :

1° Deux *faces*, l'une supérieure interne, l'autre inférieure externe ;

2° Deux *bords*, l'un extérieur circulaire, l'autre intérieur angulaire ;

3° Et deux *branches*.

## I. — DES FACES DE LA SOLE.

### a. DE LA FACE SUPÉRIEURE OU INTERNE.

### (Pl. XXXI.)

La face supérieure de la sole qui concourt, avec les barres et la fourchette, à former le plancher de la boîte cornée, représente une surface inégale, saillante par sa partie centrale dans l'intérieur du sabot, déprimée, au contraire, à sa circonférence et surtout vers les parties postérieures.

Le point le plus culminant de cette surface correspond au niveau de l'angle de réunion des deux bords de la bifurcation de la sole.

De ce point comme centre, la face solaire interne s'abaisse en talus vers toutes les parties de la périphérie du sabot, en suivant des plans à inclinaisons inégales ; mais avant d'atteindre sa marge terminale et de se réunir à la paroi, elle change tout à coup de direction et se relevant en sens inverse, à la manière des bords de la bouche d'une cloche, elle constitue sur toute sa marge une sorte de cavité digitale circulaire (Pl. XXXI, A), plus étroite en avant, plus élargie en arrière, et principalement aux extrémités des branches de la sole qui sont comme excavées en bateau dans l'intérieur des angles d'inflexion.

L'obliquité de la surface supérieure de la sole varie dans les différentes régions de l'ongle.

Très-marquée en pince, par exemple, elle s'adoucit sur les parties latérales, s'efface davantage dans la région postérieure des quartiers, et devient à peine sensible en arrière du sommet de l'échancrure, le long du bord interne de la sole.

Au sommet de ce plan incliné postérieur, en avant de la terminaison des barres, la face solaire présente une sorte de dépression ou d'empreinte transversale, large et peu profonde, qui se continue jusque dans la cavité du corps de la fourchette, et qu'on dirait produite par un écrasement de la surface. C'est, comme nous le verrons plus tard, le point précis où s'exerce la pression de la dernière assise de la colonne de soutien du corps.

Toute la superficie de la face supérieure de la sole présente une disposition exactement semblable à celle de la cavité cutigérale ; elle est criblée d'une multitude innombrable de perforations très serrées, qu'on dirait faites avec la pointe acérée d'une aiguille, et dont la direction est oblique d'arrière en avant (Pl. XXXI). Ce sont, comme au biseau, les orifices des étuis cornés, destinés à loger les houppes villeuses qui s'élèvent de la surface du tissu velouté.

On les rencontre plus largement ouverts dans le fond de la cavité digitale circulaire, qui correspond aux villosités terminales des lames podophylleuses.

On peut, pour la sole, comme pour la cavité cutigérale, avoir une idée de la profondeur des étuis cornés, en enlevant, couches par couches, des lamelles de corne à la surface de la sole. Il faut arriver à une profondeur de 4 à 5 millimètres, sur sa circonférence, avant d'obtenir des copeaux qui ne soient plus percés à jour.

La face supérieure de la sole forme, avec la face interne de la muraille, un angle dièdre très-aigu en pince, où le talus de la sole est le plus prononcé, beaucoup plus ouvert sur les parties latérales du sabot, presque droit dans la région postérieure des quartiers, obtus au niveau des angles d'inflexion.

### *b*. DE LA FACE INFÉRIEURE DE LA SOLE.

#### (Pl. XXIX et XXXII.)

La face inférieure de la sole (Pl. XXXII, s) est concave et comme infundibuliforme, exactement correspondante en profondeur à la convexité de la face supérieure qui n'en est que le relief.

Le point le plus excavé de cette surface correspond au niveau de l'extrémité de la fourchette (Pl. XXXII, i) ; de là, elle se prolonge en talus très-abaissé vers le bord plantaire de la paroi avec lequel elle se continue, après s'être aplanie circulairement à 1 centimètre environ avant de l'atteindre.

Cette surface de la sole a pour limite, sur son contour extérieur, le bord plantaire de la paroi ; en arrière, les barres lui font continuité par toute leur face inférieure, et semblent la prolonger jusque dans le fond des lacunes latérales.

La face inférieure de la sole est unie et égale sur tous les sabots qui ont été nivelés par les intruments ou usés par le frottement.

Mais lorsque l'ongle a acquis, par défaut d'usure, un excès de longueur, la corne de la face plantaire est rugueuse, inégale, irrégulièrement anfractueuse et sillonnée de scissures sinueuses et profondes, qui pénètrent dans sa substance et en détachent de larges écailles.

Les barres, dans cet état de l'ongle, douées de plus de résistance et de tenacité que la corne de la sole, s'élèvent au-dessus de son niveau et s'y dessinent en relief.

## II. — Des bords de la sole.

### a. du bord extérieur.

Le bord extérieur ou circulaire de la sole (Pl. XXXII, a a) représente une surface cylindrique, dont la largeur (Pl. XXIX, t), exactement correspondante à l'épaisseur de la sole, augmente avec la longueur du sabot et varie comme elle. Elle s'engrène avec les feuillets de la face concave du bord plantaire de la paroi qui l'entoure de toutes parts, et contracte avec cette face une union d'une si forte espèce, qu'il faut soumettre, cinq à six mois, à la macération, un pied de longueur naturelle, pour en déterminer la désunion.

### b. bord intérieur de la sole (h).

Le bord intérieur de la sole forme la limite de l'échancrure angulaire, dont cette plaque cornée est profondément entaillée dans sa partie postérieure. Il est formé de deux côtés égaux, dirigés en ligne droite du fond de l'arc-boutant jusqu'au delà du centre de la sole, où ils se réunissent à angle aigu en i (Pl. XXXII).

Moins épais que le bord circulaire, ces bords intérieurs de l'échancrure solaire sont soudés intimement à la face latérale interne des barres, près de leur bord inférieur et aux parties latérales de la fourchette, en avant de la terminaison de ces dernières.

## III. — Des branches de la sole.

On désigne ainsi les extrémités du croissant irrégulier que la sole représente.

Ce sont, à proprement parler, les parties les plus rétrécies de la plaque solaire (Pl. XXXII, D), celles qui sont inscrites dans les angles d'inflexion et soudées à leur face interne.

Considérons maintenant, pour compléter cette étude de la sole, ses *divisions*, son *épaisseur*, sa *consistance*, sa *couleur* et sa *structure*.

### Divisions de la sole.

La sole est divisée en régions exactement correspondantes à celles de la paroi, et dénommées comme elles.

Il y a donc une sole *de la pince, des mamelles, des quartiers, des talons* et *des barres*.

### Épaisseur de la sole.

La sole, considérée sur un pied qui se trouve dans des conditions normales de longueur, par une usure régulière et proportionnée à l'activité de la pousse de l'ongle, ne présente pas une égale épaisseur dans toutes ses régions.

Elle est plus mince à sa partie centrale, au niveau du sommet de son échancrure, et augmente insensiblement jusqu'à son bord circulaire.

A la considérer dans son ensemble, son épaisseur varie suivant la longueur du sabot ; elle augmente et décroît avec elle. Sur les pieds qui, par défaut d'usure, ont acquis une longueur exagérée, la sole peut avoir jusqu'à une épaisseur de 4 à 5 centimètres et même au delà.

Sur ceux, au contraire, qui ont été usés par des frottements répétés ou diminués artificiellement par des instruments tranchants, la sole peut être réduite à mince pellicule comme une feuille de papier.

En général, dans les sabots qui ont leur longueur normale, l'épaisseur de la sole, mesurée au niveau des points où elle est le plus forte, égale celle de la muraille à la région de la pince ; et c'est au delà de cette épaisseur que s'opère le phénomème de la desquammation de l'ongle arrivé, faute d'usure, à des dimensions exagérées en longueur.

### Consistance de la sole.

Les considérations que nous avons exposées pour la muraille du sabot, à l'égard de la consistance, sont en tous points applicables à la sole ; c'est-à-dire que la dureté de sa substance est en raison directe de son éloignement des parties molles ; et, inversement, qu'elle présente d'autant plus de souplesse et de flexibilité, qu'on la considère plus près des tissus vifs.

Il suit de là que la sole sera d'autant plus dure et résistante qu'elle aura plus d'épaisseur ; et qu'aux lieux où elle est normalement plus épaisse, la couche corticale résistante a plus de profondeur.

Comparée à la muraille du sabot, la sole présente beaucoup moins de dureté, et se laisse attaquer par les instruments tranchants avec beaucoup plus de facilité.

### Couleur de la sole.

La couleur de la sole reflète exactement celle de la paroi, c'est-à-dire qu'elle est noire ou blanche, suivant la coloration de cette dernière.

Les colorations partielles en noir ou en blanc de la paroi entraînent aussi, dans la couleur de la sole, des modifications correspondantes.

Quand la sole a une couleur noire, elle ne présente pas à toutes ses profondeurs une teinte uniforme. Généralement, les couches superficielles sont plus claires et se rapprochent de la couleur de l'ardoise, tandis que dans les couches profondes, la teinte de la corne se fonce de plus en plus. C'est, comme on le voit, une disposition inverse de celle de la paroi, dont les couches profondes ont toujours une couleur blanche.

### Structure apparente de la sole.

La substance de la sole, examinée à l'œil nu, paraît être formée, comme celle de la muraille, d'un assemblage de fibres, dont la disposition et la direction sont rendues évidentes par une coupe perpendiculaire pratiquée dans le plan médian de l'ongle (Pl. XXIX).

Ces fibres constitutives de la sole se dessinent à la surface de cette coupe, disposées en lignes droites, obliques d'une surface à l'autre, dans une direction parallèle à celle des fibres de la paroi dont elles suivent l'inclinaison.

Cette structure fibreuse est encore manifestement démontrée par certaines maladies des tissus sécréteurs de l'ongle et par la macération, qui isolent les unes des autres les fibres composantes, et permettent de les observer dans leurs formes et dans leur continuité.

Enfin, les coupes transversales, pratiquées dans l'épaisseur de la corne solaire, présentent un aspect pointillé qui implique ici, comme pour la paroi, la disposition fibreuse. On peut, en effet, s'assurer sur une coupe horizontale conduite perpendiculairement à une coupe longitudinale, que chacun des points blanchâtres de la surface de la première correspond à la terminaison des fibres évidentes sur la seconde.

La sole est donc formée de fibres longitudinales parallèles à celles de la paroi, et non pas de lames superposées, comme on l'a admis jusqu'à ces derniers temps, trompé par les phénomènes d'exfoliation par écailles qui se produisent sur les soles considérablement épaissies faute d'user.

La sole ne forme pas un agrégat également compact dans toutes les parties de sa profondeur. Dans les couches qui sont le plus immédiatement en rapport avec les tissus vivants, sa substance est dense, serrée, et ses fibres constitutives, intimement associées entre elles, forment un tout parfaitement continu.

Dans les couches les plus superficielles, au contraire, l'agrégation est moins intime; les lamelles détachées de la surface se réduisent facilement en poussière. Dans les couches intermédiaires, ces caractères de la corne de la sole sont d'autant mieux dessinés, qu'elles se rapprochent davantage de l'une ou de l'autre des surfaces.

§ III.

### DE LA FOURCHETTE ET DU PÉRIOPLE.

Bien que la fourchette et le périople ne constituent, à proprement parler, qu'une même partie de l'ongle, parfaitement continue à elle-même et émanant d'une source commune, on peut, pour la facilité de la description, les considérer isolément et leur consacrer deux paragraphes spéciaux. Examinons d'abord la fourchette.

### I. — DE LA FOURCHETTE.

( The frog. )

( Pl. XXX, XXXI, XXXII. )

La *fourchette* (Pl. XXXII, κ) est située dans l'échancrure de la sole, entre les deux prolongements centripètes (ε ε) de la paroi qu'elle réunit l'un à l'autre.

Elle complète ainsi le plancher de la boîte cornée, et ferme en arrière le cylindre interrompu de la muraille.

Considérée dans un sabot qui repose sur un plan par sa surface antérieure, la fourchette ressemble, entre les deux angles d'inflexion auxquels elle sert d'appui, à une clef de voûte en bossage entre les deux voussoirs qui la supportent (Pl. XXXII).

Sa configuration générale est donc celle d'un solide pyramidal à base postérieure, auquel on peut reconnaître quatre *faces* : (deux latérales, une supérieure et une inférieure); *une base* et *un sommet*.

### 1° Des faces de la fourchette.

#### a. DE LA FACE SUPÉRIEURE DE LA FOURCHETTE.

#### (Pl. XXXI, D.)

La face supérieure ou interne de la fourchette peut être considérée comme l'empreinte exacte du corps pyramidal, car elle répète en creux et en saillie les reliefs et les dépressions de cette partie du coussinet plantaire.

Elle représente une cavité triangulaire, étroite et plus superficielle antérieurement, profondément creusée dans sa partie moyenne en D, et divisée, en arrière, par une éminence verticale (Pl. XXX et XXXI, E), en deux branches ou gouttières (F F) qui se contournent en dehors et semblent faire continuité à la cavité *cutigérale* secondaire (Pl. XXX, o), au niveau des angles d'inflexion.

Cette éminence du fond de la cavité intérieure de la fourchette, en occupe, par sa base, presque toute la partie postérieure; elle s'aplatit d'un côté à l'autre à mesure qu'elle s'élève et se termine à sa partie supérieure, qui dépasse le niveau des barres, par un bord convexe (E), mince et très-saillant. En arrière, elle est brusquement tronquée par une section perpendiculaire.

Bracy Clarck a donné, à ce relief de la face interne de la fourchette, le nom de *frog-stay*, littéralement *étai* ou *soutien de la fourchette*, qu'on a traduit en français par celui d'*arrête-fourchette;* expression impropre qui ne reproduit pas l'idée théorique de Bracy Clarck, et n'a pas, à vrai dire, de sens dans notre langue. Le nom d'*arête de la fourchette* nous paraîtrait plus convenable, en ce sens qu'il n'implique que l'idée de la forme saillante de cette éminence dans la partie médiane de la cavité, du fond de laquelle elle s'élève. C'est celui que nous adoptons.

La face interne de la fourchette est criblée, comme la surface supérieure de la sole et le fond de la cavité cutigérale, d'une multitude d'ouvertures destinées à donner passage aux houppes villeuses qui pénètrent dans l'intérieur des tubes cornés (Pl. XXX et XXXI).

Ces ouvertures ne présentent pas toutes les mêmes dimensions; elles sont plus larges et plus profondes dans le fond du sillon que représente la cavité de la fourchette ; plus petites, au contraire, sur les parois latérales de cette cavité et à la superficie de *l'arête de la fourchette*.

Leur direction varie suivant leur siége ; obliques d'arrière en avant dans le fond de la cavité , elles s'inclinent sur les côtés vers la périphérie de l'ongle et sont dirigées en arrière sur les parties latérales de l'éminence médiane.

La cavité intérieure de la fourchette est bordée de chaque côté par le bord supérieur des barres et en avant par ceux de l'échancrure de la sole ; en arrière, elle a pour limite, au niveau des angles d'inflexion, la cavité *cutigérale périoplique* (Pl. XXX, s s) avec laquelle elle se continue.

### *b*. DE LA FACE EXTERNE DE LA FOURCHETTE.

#### (Pl. XXXII.)

La face externe de la fourchette (Pl. XXXII, ĸ) représente une disposition inverse de celle de sa face interne ; de telle façon, qu'elle reproduit en saillie la cavité intérieure de cette dernière, et, réciproquement, par une cavité centrale, le relief de son arête.

La fourchette forme donc, à sa face externe, une projection conoïde (ʟ), pleine dans sa partie antérieure et divisée en deux hémicylindres (o), à sa partie postérieure, par un sillon longitudinal profond (ǫ).

On désigne la partie pleine de la fourchette, sous le nom de *corps* ou, avec Bracy Clarck, de *coussin de la fourchette* (*the cushion of the frog*).

Ses divisions postérieures sont appelées *ses branches,* et le sillon qui les sépare reçoit les noms de *lacune médiane, fente* ou *vide de la fourchette.*

Le corps de la fourchette est hémi-cylindrique, et même un peu renflé en fuseau dans les sabots vierges encore de ferrure. Il correspond à la partie la plus profonde de la cavité intérieure de la fourchette, et à cette sorte de dépression transverse, que nous avons signalée en parlant de la surface supérieure de la sole.

Les branches de la fourchette constituent deux colonnes hémi-cylindriques, reliefs extérieurs des gouttières qui longent l'arête centrale ; elles se contournent comme elles un peu obliquement en dehors, et forment, avec l'extrémité postérieure des barres, un angle aigu qui limite en arrière les *lacunes latérales.*

La *lacune médiane* de la fourchette, évasée en entonnoir à son orifice, se rétrécit bientôt, au point que ses deux surfaces se mettent en contact et ne forment plus qu'une *fente* par leur juxta-position.

L'angle antérieur de cette lacune correspond au corps de la fourchette, et son angle postérieur au sillon *périoplique.*

Le fond de la lacune forme un angle plan concave correspondant au sommet de l'arête de la fourchette, qui n'en est que le relief intérieur.

#### C. DES FACES LATÉRALES DE LA FOURCHETTE.

Les faces latérales de la fourchette sont planes, obliquement dirigées de haut en bas et de dehors en dedans.

Elles sont intimement adhérentes, par leur tiers supérieur, à la face latérale externe des barres et antérieurement au bord interne de la sole.

Cette union est telle, qu'il n'existe pas entre ces parties de ligne de démarcation, et que leur séparation ne peut être obtenue que par une macération prolongée.

La partie non adhérente ou libre des faces latérales de la fourchette forme le côté interne des cavités angulaires, désignées sous le nom de *lacunes latérales* ou *de commissures de la fourchette* (Pl. XXXII, F), dont le côté externe est constitué par la face inférieure des barres, ainsi que nous l'avons vu plus haut.

### 2° *De la base de la fourchette.*
#### ( Pl. XXXII.)

La fourchette a pour base les extrémités renflées de ses branches, qui constituent deux sortes de bulbes (G), intimement unis par leur côté extérieur au côté interne de l'angle d'inflexion (C), et isolés l'un de l'autre par la fente de la lacune médiane. Ces bulbes de la fourchette forment, en s'épanouissant, deux plaques *arciformes* (Pl. XXXIII), appelées, par Bracy Clark, *glômes* (*glomi furcales*), lesquelles, après avoir embrassé dans leur concavité le sommet des angles d'inflexion, se prolongent autour du sabot sous la forme d'une bande rubanée et constituent le *périople* (Pl. XXVIII, D); nous reviendrons plus loin sur cette disposition.

### 3° *Du sommet ou pointe de la fourchette.*
#### (Pl. XXXII, I.)

Le sommet ou la pointe de la fourchette correspond au centre de la sole, de la surface de laquelle il est séparé par un sillon parabolique, qui réunit l'une à l'autre les deux commissures latérales (Pl. XXXII, I).

D'après la description que nous venons de donner de la fourchette, il faut la concevoir comme une plaque triangulaire, plus large, si elle était étalée, que l'espace mesuré entre les deux arcs-boutants, et pliée sur elle-même suivant son grand axe, une première fois, de manière à former une gouttière longitudinale par sa face supérieure ; puis repliée en sens inverse du côté de sa base, et constituant, par ce second pli, une cavité nouvelle dont l'ouverture est inférieure.

Par le mécanisme de ce double pli, la plaque cornée que représente la fourchette, se trouve ainsi rétrécie et contenue dans l'espace relativement étroit où elle doit être renfermée.

### 4° *Épaisseur de la fourchette.*

L'épaisseur de la fourchette est un peu moindre que celle de la sole, même aux points où elle est le plus considérable, comme dans la partie inférieure du corps et des branches et au niveau de son arête. Sur ses parties latérales, la fourchette s'amincit sensiblement, et elle se termine en biseau à son bord supérieur pour se souder avec le bord supérieur des barres.

### 5° *Consistance et densité de la fourchette.*

Comparée aux autres parties du sabot, la fourchette est formée d'une corne plus dense et à texture plus serrée ; et, en même temps, plus molle et plus facile à entamer par les instruments tranchants.

Quant à la dureté relative de ses différentes couches, les mêmes considérations sont applicables pour la corne de cette partie que pour les autres régions du sabot.

La couche corticale de la fourchette est d'autant plus résistante, qu'elle recouvre une plus grande épaisseur de substance, et la corne a d'autant plus de mollesse et d'élasticité, qu'on l'examine plus près des parties vives.

### 6° *Couleur de la fourchette.*

La couleur de la fourchette est toujours plus foncée que celle des autres divisions du sabot. Dans les ongles noirs, elle est d'un noir d'ébène, et sa teinte tire plus ou moins sur le gris ou sur le blanc jaunâtre, dans les sabots dont la corne est blanche.

### 7° *Structure apparente de la fourchette.*

(PI. XXXIV.)

La fourchette a une structure d'apparence fibreuse, comme les autres divisions du sabot que nous avons déjà examinées. A première vue, cette disposition n'apparaît pas, en raison de la grande densité de sa substance et de l'agrégation serrée des fibres qui la composent. Mais elle devient manifeste par la macération d'abord, qui isole les unes des autres les fibres constitutives et les rend évidentes à une simple inspection [1]. Même effet se produit dans certaines maladies des organes sécréteurs ; enfin, il suffit d'une coupe longitudinale pratiquée sur un sabot sain, pour donner, à l'œil nu, la démonstration de cette structure fibrillaire de la fourchette.

Les fibres apparaissent, sur cette coupe, dirigées comme celles de la sole, obliquement d'arrière en avant, mais elles ne sont pas comme elles, rectilignes ; elles affectent, au contraire, une disposition flexueuse et ondulée, plus marquée dans la région du corps que partout ailleurs.

Il est très-facile de reconnaître, sur cette coupe, que ces fibres font continuité aux prolongements villiformes de la membrane veloutée.

La compacité de l'agrégation des fibres de la fourchette est rendue manifeste par des coupes horizontales. La substance qui la constitue apparaît sur ces coupes avec un aspect vernissé brillant ; on la dirait amorphe à première vue, tant elle est uniforme. Ce n'est qu'à une inspection attentive qu'on reconnaît le pointillé qui dénonce la structure fibreuse.

Sur les sabots qui ont acquis, faute d'user, une très-grande croissance, la surface de la fourchette est formée d'une succession d'écailles assez fines, de dimensions inégales, imbriquées d'arrière en avant, dont la disposition rappelle d'une manière grossière celle du revêtement extérieur des poissons.

## II. — Du périople ou bande coronaire.

*(The frog coronary band* de Bracy Clark.*

(Pl. XXVIII, XXIX, XXX, XXXII, XXXIII.)

Nous avons dit plus haut que les deux branches de la fourchette formaient, en s'épanouissant, deux plaques arquées (les *glômes* de Bracy Clark) (Pl. XXXII, G) qui embrassaient, dans leur concavité, les angles d'inflexion, et se prolongeaient ensuite, en se rétrécissant,

---

[1] La Fig. 2 de la Pl. XXXIV représente un lambeau de fourchette dont les fibres se sont dissociées d'elles-mêmes, sous le pied du cheval, par l'influence de l'humidité. Ce cheval *faisait sole et fourchette neuves*, et c'est en enlevant la fourchette ancienne qu'on découvrit la fourchette nouvelle, avec ses fibres désagrégées, comme les représente la figure.

sous la forme d'une bande rubanée autour du bord supérieur du sabot (Pl. XXVIII, c d). Cette bande est le *périople* ou *bande coronaire de la fourchette* (*the frog coronary band*)

C'est Bracy Clarck qui, le premier, l'a bien distinguée et décrite, en lui donnant les deux noms sous lesquels elle est aujourd'hui connue.

Quand on soumet un sabot à une macération suffisamment prolongée pour dissocier les différentes parties dont l'assemblage constitue la boîte cornée, le périople reste toujours continu aux extrémités des branches de la fourchette, dont il ne paraît être qu'une dépendance (Pl. XXXIII), en sorte qu'à ne le considérer qu'objectivement, il semble exact de dire qu'il n'est qu'un prolongement laminé de la substance de la fourchette. Mais, physiologiquement, il n'est pas plus exact de considérer le périople comme un épanouissement de la fourchette, que celle-ci comme un renforcement du périople ; ils constituent, par leur ensemble, un tout indivis, dont toutes les parties sont formées en même temps dans la place qu'elles occupent par un appareil sécréteur disposé circulairement au-dessus du sabot.

Cet appareil est constitué, pour le périople, par le *sillon coronaire périoplique*, et le petit renflement cutané (*bourrelet périoplique*) qui règne au-dessus de lui : lesquels remplissent, par rapport à la bande coronaire, le même office que le bourrelet principal, par rapport à la paroi, comme nous le verrons, du reste, lorsque nous traiterons de la physiologie de l'ongle.

A partir du renflement cutané qui lui sert de matrice, la bande périoplique se prolonge en diminuant graduellement d'épaisseur sur la face extérieure de la paroi, sur les angles d'inflexions et les extrémités des branches de la fourchette, avec la substance desquelles la sienne se soude intimement : aucune démarcation n'existant en ce point entre la matrice du périople et celle de la fourchette.

Elle forme donc autour du sabot, de concert avec la fourchette, un cercle complet.

Il faut distinguer au périople, considéré dans la continuité du cercle qu'il décrit, deux faces et deux bords.

1° FACES DU PÉRIOPLE.

a. FACE EXTERNE.

(Pl. XXVIII.)

La face externe est légèrement ondulée par une succession de cercles transversaux, et laisse voir des stries très-fines, disposées parallèlement dans le sens de la direction des fibres de la paroi. C'est surtout à la région des glômes que la succession de ces cercles et la disposition striée sont visibles.

Lorsque la corne des sabots est très-desséchée, les sillons, qui séparent les cercles transversaux du périople, se creusent et forment autant de petites tranchées obliques de haut en bas, qui soulèvent la corne de cette partie de l'ongle en écailles imbriquées.

### b. FACE INTERNE.

La *face interne* du périople est modelée sur le contour des parties auxquelles elle est superposée et si intimement adhérente, qu'on s'explique facilement comment cette partie de l'ongle avait échappé à l'attention des anciens anatomistes.

Cylindrique dans tout son contour pariétal, elle présente, au niveau des angles d'inflexion, une concavité moulée sur le relief de ces parties, et se confond ensuite, en dedans de ces angles, avec les extrémités des branches de la fourchette.

L'adhérence du périople, par sa face interne avec les parties qu'il recouvre, n'est pas la même dans toute son étendue superficielle. Supérieurement, dans toute la largeur du biseau et au delà, cette adhérence est très-intime, à tel point qu'elle ne peut être détruite, après la mort, que par l'action très-prolongée de la macération. Mais à mesure que le périople s'étend davantage vers le bord inférieur de la paroi, son union avec elle devient de moins en moins tenace, et il s'en détache même spontanément par exfoliations lamellées.

Dans la région des arcs-boutants, l'adhérence du périople aux arcs d'inflexion, présente le même caractère que sur la face périphérique de la muraille ; mais à l'extrémité des branches de la fourchette, cette adhérence devient une véritable fusion par continuité de substance, car, à ce point, toute démarcation disparaît entre les organes sécréteurs de la fourchette et du périople ; les produits de leur sécrétion se soudent au moment de leur formation.

### 2° DES BORDS DU PÉRIOPLE.

#### a. BORD SUPÉRIEUR.

Le *bord* supérieur du périople (Pl. XXIX, s s) dépasse celui de la paroi. Il présente, au-dessus de la cavité cutigérale, une arête tranchante qui règne sur tout le pourtour de la paroi, et qui constitue le relief du sillon *périoplique* dans lequel il est implanté.

Au-dessus de cette arête, le périople laisse voir à sa face interne une sorte de petite *gouttière cutigérale secondaire,* modelée sur le petit renflement cutané qui longe supérieurement le sillon coronaire, et qui indique la démarcation entre la peau proprement dite et le système tégumentaire sous-ongulé.

Cette cavité cutigérale secondaire se rétrécit, comme la principale, de la pince à la région postérieure des quartiers, puis s'élargit de nouveau aux angles d'inflexion (Pl. XXX), où elle acquiert des dimensions triples de celles de la région antérieure de l'ongle. En dedans des angles d'inflexion, elle se continue sans transition avec les sillons latéraux de la cavité intérieure de la fourchette.

La surface de cette seconde gouttière cutigérale est, comme celle de la première, criblée d'ouvertures nombreuses, dirigées obliquement en bas, qui accusent la structure villeuse du renflement cutané qu'elle recouvre, et la disposition tubulée de la corne qui émane de ce renflement.

### b. BORD INFÉRIEUR.

Le bord inférieur du périople, plus mince que le supérieur, est découpé en lanières irrégulières qui se perdent sur la face antérieure de la paroi, sur le sommet des angles d'inflexion et sur la surface des branches de la fourchette.

Considérons maintenant le périople sous le rapport de son *étendue,* de son *épaisseur,* de sa *consistance,* de sa *couleur* et de sa *structure.*

### 1° *Étendue du périople.*

L'étendue superficielle du périople est très-variable sur les chevaux soumis à la domesticité, à cause de la multitude des circonstances qui tendent à le détruire, et dont la principale est l'intervention du maréchal.

Dans les chevaux à l'état de nature, le périople forme sur presque toute l'étendue de la paroi, des arcs-boutants et des branches de la fourchette, une enveloppe complète, d'autant plus mince, qu'on la considère plus loin de son origine.

Dans les chevaux domestiques et soumis à l'influence mensuelle de la ferrure, le périople est détruit par l'action de la rape dans la moitié et même les deux tiers inférieurs de l'ongle, il n'existe, d'une manière constante, que dans l'étendue en largeur, de 3 à 4 centimètres au pourtour du biseau et des bulbes de la fourchette.

## 2º *Épaisseur du périople.*

Le périople est la plus mince des divisions de l'ongle. Son épaisseur, variable suivant les régions où on le considère, est exactement mesurée comme celle de la paroi, par l'étendue en largeur de sa surface d'origine.

Ainsi, au niveau des angles d'inflexion, là où le bourrelet secondaire présente ses plus grandes dimensions en largeur, l'armature périoplique est considérablement développée pour constituer les arceaux des *glômi furcales ;* au niveau des quartiers elle est plus mince, et elle s'épaissit de nouveau au point correspondant à la pince.

Considéré dans tout son contour, le périople est d'autant plus épais, qu'il correspond à une portion de paroi plus mince, ou, en d'autres termes, qu'il est plus rapproché de la peau, et d'autant plus mince, qu'il en est plus éloigné. Dans les pieds normaux, sa mesure, en épaisseur, donne presque un tiers de centimètre en pince, et 1 centimètre complet au niveau des glômes ; tandis que, par son expansion inférieure, il ne constitue qu'une mince membrane épidermoïde.

Considérée d'une manière générale, l'épaisseur du périople varie suivant son état de sécheresse ou d'humidité.

Lorsqu'il est mis en contact avec un liquide, sa substance se renfle considérablement, et constitue, à l'origine de l'ongle, une sorte de bourrelet cylindrique, d'une teinte blanchâtre, qui en déborde le niveau et le surmonte à la manière d'une corniche.

Desséchée, elle s'amincit considérablement, et forme, à la surface qu'elle recouvre, un revêtement dur et fendillé, comme l'écorce de certains arbres.

Sous l'influence d'une grande dessiccation, il s'écaille et s'exfolie par minces lamelles.

## 3º *Consistance du périople.*

La consistance du périople est en rapport avec son état de sécheresse ou d'humidité.

Quand elle est imprégnée de son humidité normale, sa substance est molle, élastique, facilement attaquable par les instruments tranchants.

Dans l'état de dessiccation, au contraire, elle est dure et résistante, jusqu'à ébrécher les instruments.

## 4º *Couleur du périople.*

Le périople a une couleur brune-jaunâtre sur les sabots noirs, et plus claire sur les pieds, dont la peau, matrice de l'ongle, manque de pigmentum colorant.

### 5° *Structure du périople.*

La substance constituante du périople est identique, sous tous les rapports, à celle qui compose la fourchette : dans l'état normal, elle est comme elle, dense et à structure serrée, et en même temps molle, élastique, facile à entamer par les instruments tranchants.

Ces caractères, très-différentiels de ceux qui appartiennent à la paroi, sont faciles à distinguer sur des coupes horizontales ou longitudinales pratiquées à l'origine de l'ongle.

Si l'on entame en dédollant le bord supérieur du biseau d'un sabot détaché dans son entier, en ayant soin de n'enlever que de minces lamelles, les premiers copeaux que l'on obtient ainsi sont homogènes, denses, serrés, formés exclusivement par la substance du périople qui déborde un peu la paroi, comme on le sait, au-dessus de la cavité cutigérale principale.

Mais, lorsque en creusant plus profondément, on pénètre dans la substance cornée pariétaire, les lamelles détachées sur les coupes horizontales présentent alors deux couches bien distinctes : l'une extérieure et antérieure, formée par une corne d'une couleur plus claire et plus transparente, d'un aspect mat et homogène ; l'autre postérieure, d'une couleur ardoisée, à structure fibrillaire bien accusée par le pointillé de sa coupe.

Le même contraste existe sur des coupes longitudinales ; la couche mate et dense de la substance coronaire, superposée à la corne fibreuse de la paroi, tranche par son aspect avec celui de cette dernière, et s'en distingue très-nettement à l'œil nu.

Le point de contact, entre ces deux couches cornées superposées, est marqué, sur les coupes longitudinales et horizontales, par une ligne parfaitement droite, suivant le sens de laquelle il est facile d'obtenir la désunion des deux substances par une simple traction, quand on opère sur de minces lamelles enlevées sur tout le pourtour circulaire de la paroi.

Dans la région des glômes, la démarcation entre la corne pariétaire et la corne périoplique est très-distincte sur les coupes jusqu'au niveau des angles d'inflexion. Mais en dedans de cette limite, il n'y a plus de distinction possible entre la corne des glômes et celle des bulbes de la fourchette auxquels ils sont sur-ajoutés. Il y a, entre l'une et l'autre, continuité de substance. Elles forment un tout parfaitement homogène, qui démontre bien l'identité de leur nature et la communauté de la source dont elles émanent.

La corne périoplique est manifestement fibreuse comme celle de la fourchette.

Cette structure, évidente à une simple inspection, est rendue plus saisissable encore, soit par la macération, soit par l'observation des modifications morbides dont ses organes sécréteurs peuvent être le siége.

Le dernier revêtement de l'ongle est formé, à son origine, par l'épiderme tégumentaire qui se projette par-dessus le périople, et forme, à sa surface, une expansion pelliculaire parfaitement visible sur les sabots des jeunes poulains, après macération.

—

## CHAPITRE II.

### De la corne considérée d'une manière générale.

Après avoir considéré dans leurs formes et leurs propriétés extérieures et dans leurs situations respectives, les différentes parties qui composent le sabot par leur assemblage, il nous reste à étudier leur matière constituante sous le double rapport de ses propriétés et de sa structure, comme tissu, et de ses propriétés physiques et chimiques, comme matière organique.

§ I<sup>er</sup>.

#### DES PROPRIÉTÉS ET DE LA STRUCTURE DE LA CORNE.

Le tissu corné est inextensible, peu flexible en masse, très-flexible, au contraire, lorsqu'il est réduit à l'état de lamelles minces. Il est serré, et semble formé, à l'œil nu, par un assemblage de fibres ou de filaments juxta-posés et solidement réunis ensemble par une substance agglutinative de la même nature.

Cette contexture, en apparence fibreuse, de la corne, l'avait fait considérer, par les anatomistes, jusqu'à ces derniers temps, comme une agglomération de poils, réunis entre eux par une substance intermédiaire, sorte de suc concret qui transformerait, en se solidifiant, cette masse conglomérée en un tout continu et compact. Mais le savant professeur Gurlt, de l'École vétérinaire de Berlin[1], a démontré, par l'examen microscopique, que ces fibres ou poils constituants de la corne n'étaient autre chose qu'un système de tubes ouverts par leur extrémité supérieure, pour servir de fourreaux engaînants aux prolongements villeux des surfaces kératogènes. Suivant M. Gurlt, ces tubes seraient formés de lamelles concentriques réunies par une substance cornée amorphe, parsemée de corpuscules ponctiformes, laquelle naîtrait sur la peau et dans les intervalles des villosités.

M. Delafond a adopté l'opinion du professeur Gurlt sur la structure tubulée de la corne du sabot[2]. D'après lui, les canaux cornés seraient formés de lamelles épithéliales allongées ou ovales, portant un noyau plus ou moins distinct, dont la kératine ou matière cornée constituerait l'élément primordial. Ces épithéliums seraient attachés à un prolongement de matière organique doublant les canaux, et qui leur servirait de support.

L'opinion du savant professeur de Berlin, sur la structure intime du tissu corné, est parfaitement exacte.

Effectivement, quand on examine sous le microscope, les filaments, visibles à l'œil nu, de la substance cornée, on reconnaît qu'ils constituent de véritables cylindres ou tubes creux ouverts à leur extrémité supérieure. Pour se faire une idée complète de la disposition de ces tubes, il faut en considérer successivement :

1° L'origine, la direction et la terminaison ;

2° La forme ;

3° La longueur ;

4° Le diamètre ;

5° L'arrangement.

### I. — Origine, direction, terminaison des tubes cornés.

Les tubes cornés correspondent, par leur extrémité d'origine, aux surfaces du bourrelet et de la sole charnue, dont les prolongements villeux s'engaînent dans leur canal intérieur, évasé supérieurement en manière d'entonnoir pour les recevoir et leur servir de fourreau.

Leur direction est tracée à l'extérieur par celle des filaments cornés qui n'en sont pour ainsi dire que les linéaments visibles. Ils se

[1] *Encyclop. anat.*, t. VI, p. 289. — *Anatomie générale* de Henle.
[2] *Bulletin de la Société centrale de médecine vétérinaire*, t. 1er, p. 279; et *Recueil de médecine vétérinaire*, t. XXII, p. 956.

prolongent donc, parfaitement parallèles entre eux, sans jamais s'intriquer, du bord supérieur de la paroi à l'inférieur, et dans la sole et la fourchette, de la face supérieure à l'inférieure, sous une inclinaison d'arrière en avant, qui les rend exactement parallèles aux tubes de la paroi; leur extrémité inférieure correspond, en conséquence, au bord et à la face plantaire du sabot.

## II. — Forme des tubes cornés.

Les tubes cornés ont une forme exactement cylindrique dans toute leur longueur, si ce n'est à leur extrémité supérieure où ils présentent un évasement en infundibulum, de 5 à 6 millimètres de hauteur, pour la réception des villosités des surfaces kératogènes. Au-dessous de cet évasement, leur cavité intérieure nous a toujours semblé complétement vide de matières solides ou liquides, jusqu'à quelques millimètres au-dessus de leur terminaison, où les refoulements de la pression sur le sol en produisent une obstruction apparente. Cependant il faut faire, à l'égard de l'état de vacuité du canal intérieur des tubes, une exception pour ceux qui forment le plan le plus superficiel de la paroi; lesquels paraissent toujours renfermer une matière d'apparence spongieuse ou médullaire, la même sans doute que Hesse[1] considère comme un mélange de pigment et de sels terreux. Les tubes de la fourchette paraissent aussi remplis d'une matière de même apparence.

Les tubes de la corne sont toujours rectilignes dans la sole, flexueux dans la fourchette, surtout du côté de son plan inférieur, et droits ou onduleux dans la paroi, suivant le plus ou moins de régularité de sa pousse. En général, les tubes des plans profonds sont toujours plus régulièrement rectilignes que ceux des plans superficiels.

## III. — Longueur des tubes cornés.

Ces tubes régnant sans discontinuité du bord supérieur de la paroi à l'inférieur, et de la face supérieure à la face plantaire de la sole et de la fourchette, leur longueur est au moins égale à la distance mesurée entre ces limites; mais elle la dépasse souvent en raison, soit de leurs flexuosités, comme à la fourchette et dans le plan le plus superficiel de la paroi, soit de leur direction oblique, d'arrière en avant, comme à la sole.

---

[1] *Encyclopédie anatomique.*

### IV. — Diamètre des tubes cornés.

Le diamètre des tubes cornés n'est pas le même dans les différentes régions du sabot, et dans les différentes parties d'une même région.

Ainsi, par exemple, les tubes de la paroi sont généralement plus étroits que ceux de la sole, et plus larges que ceux de la fourchette. Comparés entre eux, dans les différentes couches de la paroi, ils ne présentent pas un diamètre uniforme. Les plus développés occupent les plans rapprochés de la face profonde de cette région, tandis que ceux des couches les plus extérieures, dont la corne est plus serrée et plus dure, ont toujours un diamètre plus étroit. Ces différences sont, du reste, parfaitement concordantes avec celles qui existent entre les villosités du bourrelet qui sont plus développées du côté de son bord inférieur et moins, au contraire, vers sa partie supérieure.

On ne trouve pas des différences aussi tranchées entre les tubes respectifs de la sole et de la fourchette, comparés entre eux. Au contraire, ils paraissent avoir un diamètre uniforme dans chacune de ces régions ; leur longueur seule varie proportionnellement aux variations d'épaisseur qui peuvent résulter des irrégularités de l'usure naturelle ou artificielle.

### V. — Arrangement des tubes cornés.

Ils sont juxta-posés les uns contre les autres, dans un parfait parallélisme, sans jamais s'intriquer, et maintenus agglomérés par une substance cornée homogène, qui en forme un tout compact, parfaitement continu à lui-même et très-résistant. Il n'est pas possible de distinguer, dans le massif de ces tubes, une disposition stratifiée, comme dans certains autres produits de sécrétions concrètes, dans les cornes frontales, par exemple. Formée d'un même jet, dans un même temps, sur une même étendue de surface sécrétoire, la corne présente toujours, à tous les temps de sa formation, un nombre de tubes invariable pour chacune des régions où on l'examine, puisque ces tubes correspondent exactement à autant de villosités de l'appareil sécrétoire, lesquelles sont invariables dans leur nombre.

Les tubes cornés sont régulièrement et uniformément disséminés dans toute l'étendue de la sole, comme on peut en prendre une idée par l'aspect pointillé très régulier que présente sa surface lorsqu'elle est rafraîchie par un instrument tranchant. A la fourchette, ils forment un massif plus serré mais d'une égale régularité.

Dans la paroi, on les dirait plus raréfiés du côté des couches les plus superficielles, et en plus grand nombre du côté des couches profondes. Mais ce n'est là qu'une apparence. Le fait est, que les tubes des plans extérieurs, présentant un plus petit diamètre, la matière unitive interposée entre eux est plus épaisse, ce qui peut faire croire facilement à leur plus grande raréfaction, tandis que, d'autre part, le plus grand diamètre des tubes profonds les fait paraître plus rapprochés et conséquemment plus nombreux.

Il résulte de cet examen microscopique, que les différentes parties du sabot présentent partout la disposition tubuiée caractéristique de la structure des produits de sécrétion concrète, tels que les dents, les poils, les ongles, les onglons, les cornes frontales, etc. Nous chercherons, au chapitre de la physiologie, quelle est la signification de cette disposition remarquable.

Étudions maintenant le sabot sous le rapport de ses propriétés physiques et chimiques.

§ II.

### DES PROPRIÉTÉS PHYSIQUES ET CHIMIQUES DE LA CORNE.

La corne du sabot est une matière solide, consistante, tenace, d'apparence fibreuse, poreuse dans le sens de la direction de ses fibres, dont la densité est égale à 1,190 environ, celle de l'eau étant supposée égale à 1,000.

Ses propriétés hygrométriques sont assez développées. Plongée dans un liquide, elle en absorbe une partie, en vertu de sa porosité, et s'y ramollit assez pour devenir facilement attaquable par les instruments tranchants auxquels elle opposait une très-grande résistance avant son immersion [1].

Soumise à l'action de l'air chaud, elle se dessèche, durcit, perd une partie notable de son poids, et éprouve sur elle-même un mouvement de retrait qui se manifeste dans la totalité de la boîte cornée,

---

[1] La quantité d'humidité dont la corne s'empare par cette immersion n'est, cependant, pas très-considérable. Il résulte d'expériences que M. Clément, chef de service de chimie à Alfort, a bien voulu faire pour moi sur ce sujet, qu'un sabot encore attenant aux parties vives n'augmente pas de plus de 14 grammes par une immersion de quatre jours dans un liquide. Quelque faible que soit la quantité d'eau absorbée par la corne, on conçoit qu'elle soit suffisante pour en déterminer le ramollissement, puisqu'il n'y a guère que la couche la plus corticale du sabot qui soit privée d'humidité par la dessiccation, les parties intérieures en étant toujours pour ainsi dire saturées par le fait de leur voisinage des parties molles et des exhalations qui en émanent.

par le rétrécissement de son diamètre transversal et par l'allongement de son diamètre antéro-postérieur.

La corne est mauvais conducteur du calorique. D'après les expériences de M. Reynal et de M. Delafond [1], il ne faut pas moins de quatre à cinq minutes d'application du fer incandescent à la face externe de la sole ou de la muraille, supposées à l'état normal, pour que le thermomètre, appliqué à leur face interne, accuse la transmission de la chaleur à travers toute leur épaisseur. Toutefois, cette propagation du calorique s'opère avec un peu plus de rapidité dans la sole que dans la paroi.

La corne est très-combustible. Soumise à l'action directe du feu, elle se ramollit, éprouve une espèce de fusion, puis brûle en laissant dégager une fumée très-épaisse, d'une odeur fortement empyreumatique. Elle donne, par la distillation sèche, du carbone et du sulfhydrate d'ammoniaque.

La potasse caustique la ramollit d'abord, puis la transforme en une sorte de gelée de peu de consistance.

Un sabot entier, mis dans un bain de potasse à la chaux concentrée, est traversé en moins de dix jours par le liquide dissolvant.

Mais l'action de ce liquide ne s'exerce pas au même degré sur toutes les parties de la boîte cornée. Ce sont d'abord les commissures qu'il détruit, puis il attaque la fourchette, puis la sole, et enfin la paroi. La paroi elle-même ne présente pas dans tous ses points une égale résistance ; en pince, l'action corrosive de la potasse est plus lente à se produire qu'en mamelles ou en quartiers ; ce qui est en rapport, du reste, avec les différences de densité que présentent ces parties.

L'acide sulfurique concentré du commerce dissout aussi la corne, mais avec une très-grande lenteur. Il faut au moins quinze jours pour qu'un sabot immergé, dans un bain d'acide renouvelé plusieurs fois, soit traversé d'outre en outre.

L'acide azotique a une très-grande action sur la corne, il la dissout en la colorant en jaune. Son action ne se borne pas au point de contact, elle se prolonge au delà par la voie des tubes cornés dans lesquels il s'insinue comme dans des tubes capillaires.

La corne, désorganisée par le contact de cet acide, est pulvérulente et comme terreuse.

[1] *Bulletin de la Société vétérinaire de la Seine*, année 1845.

Il ne faut pas plus de huit à dix jours d'immersion d'un sabot entier, dans un bain d'acide azotique, pour que toutes ses parties composantes soient désoudées les unes des autres et à moitié rongées.

L'action de l'acide chlorhydrique est analogue à celle de la potasse caustique. Il détermine le ramollissement de la corne et la transforme en une sorte de gelée facile à diviser par l'instrument tranchant, et se délayant immédiatement dans l'eau.

La corne paraît être une modification de l'albumine. C'est une matière sulfuro-azotée. Son analyse démontre qu'elle est composée d'eau, d'une petite quantité de matière grasse, de matières solubles dans l'eau, de sels insolubles en petite quantité, et d'une très-grande proportion de matière animale.

Mais sa composition chimique n'est pas identiquement la même pour la paroi, la sole et la fourchette.

Voici les différences assez notables que M. Clément a trouvées dans la composition de ces trois parties du sabot :

|  | Paroi. | Sole. | Fourchette. |
|---|---|---|---|
| Eau . . . . . . . . . . . . . . . . . | 16,12 | 36,00 | 42,00 |
| Matière grasse. . . . . . . . . . . | 0,95 | 0,25 | 0,50 |
| Matière soluble dans l'eau . . . . . | 1,04 | 1,50 | 1,50 |
| Sels insolubles. . . . . . . . . . . | 0,26 | 0,25 | 0,22 |
| Matière animale . . . . . . . . . | 81,63 | 62,00 | 55,78 |
|  | 100,00 | 100,00 | 100,00 |

# APPENDICE.

## APERÇU GÉNÉRAL

DES

## MODIFICATIONS DE FORME ET DE STRUCTURE QUE PRÉSENTE LE PIED DU CHEVAL SUIVANT LES AGES.

Nous diviserons, dans ces considérations, les parties composantes du pied en internes et en externes, comme dans la description générale que nous venons de donner.

## CHAPITRE PREMIER.

## DES PARTIES INTERNES.

### § I<sup>er</sup>. — DE LA TROISIÈME PHALANGE.

La troisième phalange se développe par un seul noyau d'ossification.

La première forme qu'elle affecte lorsqu'elle commence à se dessiner, diffère de sa forme définitive :

1° Par le contour de son bord inférieur qui présente dans sa partie centrale un angle très-saillant;

2° Par l'absence complète des apophyses rétrossales et basilaires, et le peu de développement de l'éminence pyramidale.

L'angularité du bord tranchant de la phalange unguéale est si nettement dessinée dans les premiers temps de son développement, que sa face inférieure ressemble parfaitement à un triangle isocèle, dont la base correspondrait au bord postérieur de l'os et le sommet à la pince.

Sur les derniers temps de la vie intra-utérine, les apophyses rétrossales se dessinent sous la forme de deux prolongements angulaires, minces et aplatis, qui débordent un peu en arrière de l'angle postérieur de la surface diarthrodiale.

Les apophyses basilaires ne constituent encore, à cette époque, qu'un renflement tubéreux, qui contient l'apophyse en germe; mais elle n'est pas encore détachée de la masse de l'os.

Après la naissance (Pl. IV), la phalange ne tarde pas à acquérir sa forme définitive; l'apophyse rétrossale se renfle, l'apophyse basilaire se détache et se projette en arrière par-dessus la première; l'éminence pyramidale s'élève nettement au dessus de la table antérieure de l'os. Le bord tranchant perd peu à peu son contour angulaire pour affecter la direction parabolique qui lui est propre.

Du vingtième au vingt-quatrième mois, la troisième phalange a définitivement acquis la forme et les caractères que nous lui avons assignés plus haut dans notre description [1].

A partir de cette époque, les modifications principales qu'elle éprouve dans sa forme se produisent, surtout, du côté des éminences

---

[1] Cette description a été faite, en effet, sur des phalanges de chevaux arrivés à la fin de leur deuxième année.

basilaires et rétrossales, qui sont les points principaux d'union et de continuité entre cet os et son appareil fibreux complémentaire.

C'est principalement l'apophyse basilaire qui, suivant les sujets, se montre variable dans ses formes et dans ses dimensions.

Ce prolongement osseux qui plonge dans la masse cartilagineuse qu'il supporte, est, par rapport elle, comme un noyau d'ossification qui, dans un grand nombre de cas, tend incessamment à s'accroître par une transformation similaire des parties adjacentes.

Aussi l'apophyse basilaire offre-t-elle, sur les différents animaux qui ont passé l'âge adulte, des formes et des directions si dissemblables, qu'elle échappe à une description exacte par les différences innomblables qu'elle présente.

Sur tels os, elle est perpendiculaire ; sur tels autres, elle s'incline en avant ; sur d'autres, elle se rejette en arrière.

Généralement continue à la masse de la phalange par une assez large base, tantôt elle s'élève au-dessus d'elle en conservant les mêmes dimensions en surface que celles de son assise ; d'autrefois elle augmente de diamètre et s'épanouit, pour ainsi dire, au-dessus de sa base ; dans d'autres circonstances, au contraire, elle se rétrécit en affectant la forme pyramidale.

Lorsque l'apophyse basilaire s'est ainsi accrue et transformée, aux dépens de la gangue fibro-cartilagineuse, dans laquelle elle est plongée, l'encoche artérielle de sa base est ordinairement convertie par le développement du travail de l'ossification en un, deux ou trois foramens circulaires, correspondants chacun aux scissures antérieures latérales et postérieures qui sillonnent la face antérieure de la phalange, ses patilobes et quelquefois le sommet des rétrossales.

Quant à l'apophyse rétrossale, elle se couvre, avec les progrès de l'âge, du côté de sa face interne, d'espèces de végétations tubéreuses qui plongent dans le coussinet plantaire et s'y développent par la transformation de sa substance.

Outre les modifications partielles dans sa forme que présente la phalange unguéale, par le fait, peut-on dire, de son empiétement sur l'appareil fibro-cartilagineux qui la complète et la continue en arrière, il en est une autre plus générale, conséquence probable des modifications correspondantes de la boîte cornée qui la renferme, c'est la diminution générale de son volume, proportionnelle au rétrécissement lent et graduel qu'éprouve le sabot avec les progrès de l'âge.

Ce n'est pas seulement la forme de la phalange qui se modifie successivement dans le courant de l'existence, sa structure éprouve aussi des changements forts remarquables correspondants aux différentes époques de la vie.

Depuis le moment où se constitue son premier noyau d'ossification, jusqu'à celui où elle revêt sa première forme, elle suit dans ses évolutions les phases propres à tous les os de sa forme et de sa structure.

C'est là un point d'histologie sur lequel il n'entre pas dans le plan de notre travail d'insister.

Après la naissance, la phalange présente déjà, dans sa structure extérieure et dans la disposition intérieure de ses fibres, le plan bien arrêté de l'organisation qu'elle doit définitivement acquérir.

Sa face antérieure (Pl. IV, Fig. 3), revêtue d'une lame mince de substance compacte, laisse voir un réseau très-délicat, finement pointillé d'ouvertures vasculaires innombrables et irrégulièrement criblé de ces grands foramens, orifices extérieurs des canaux de transmission dont l'os est traversé.

Les patilobes offrent déjà les linéaments de leur sculpture écailleuse (Pl. IV, c).

La face inférieure (Pl. IV, Fig. 2), formée par une couche déjà épaisse et dense de substance compacte, laisse à peine voir le tracé de la crête semi-lunaire et de son renflement central.

Les deux plans de cette face sont à peu près sur le même niveau et continus l'un à l'autre, de manière à n'en former qu'un seul uniformément concave.

A mesure que le squelette se développe, la phalange unguéale revêt peu à peu les caractères de structure que nous lui avons assignés dans notre description générale, lesquels sont complétement dessinés vers la fin de la deuxième année, et persistent, sans autres variations que celles inhérentes aux progrès lents de l'ossification, jusqu'à l'époque du complet achèvement de l'organisme.

Depuis cinq ans, jusqu'à la fin de l'existence, la structure de la phalange se modifie graduellement; la couche compacte qui forme son revêtement extérieur s'épaissit; peu à peu, et en même temps aussi, s'oblitère un grand nombre de ces ouvertures ténues qui, par leur multiplité et leur confluence, lui donnent, dans le jeune âge, un aspect poreux si remarquable; les plus grandes s'élargissent proportionnellement; les scissures vasculaires se creusent, les aspérités qui les bordent acquièrent du développement et forment, à la surface de l'os, des sortes de rescifs très-aigus ; les patilobes s'affaissent, et leur structure écailleuse disparaît plus ou moins complétement par la soudure de leurs lames et l'oblitération imparfaite de leurs aréoles.

A la face inférieure, les progrès de l'ossification se produisent par des modifications analogues; la structure aréolaire de la région correspondante aux patilobes, s'efface peu à peu ; les porosités vasculaires, nombreuses encore sur cette face dans le jeune âge, malgré la compacité de l'os, disparaissent en partie. La crête semi lunaire se dessine plus épaisse et plus saillante ; les rétrossales s'épaississent et prennent un caractère éburné.

Ces transformations successives que subit la phalange unguéale avec les progrès de l'âge, sont tellement marquées à une certaine période de la vie, qu'elle devient très-différente d'elle-même, non pas dans sa forme générale, mais dans les détails si délicats de son organisation extérieure.

Quant aux différences qu'elle présente dans son organisation interne, elles consistent principalement dans la raréfaction de son tissu aréolaire, et l'épaississement de ses lames ainsi que des poutres compactes qui la traversent.

### § II. — Des tissus fibreux et cartilagineux du pied.

Ces tissus subissent, avec l'âge, les modifications propres aux systèmes dont ils font partie.

Souples, mous, très-vasculaires dans les premiers temps de la vie, les tendons, les ligaments et toutes les parties fibreuses qui entrent dans la composition de l'appareil complémentaire de la troisième phalange, acquièrent peu à peu, à mesure que l'organisation se développe, leurs caractères propres ; puis, comme les autres parties du système fibreux, se modifient graduellement avec l'âge en devenant plus rigides, plus denses, plus serrés, plus tenaces.

Le tissu cartilagineux éprouve des modifications correspondantes dans son organisation.

Comme le tissu fibreux, il perd peu à peu les caractères de souplesse, de vascularité et d'élasticité, qui lui sont propres dans le jeune âge, pour devenir dense, compact et subir même très-souvent la transformation osseuse, phénomène qu'on peut, à la rigueur, considérer comme physiologique, tant il est commun, mais dont nous renvoyons l'étude au chapitre de l'anatomie pathologique, dans le cadre de laquelle il rentre plus logiquement.

### § III. — Des tissus tégumentaires.

Les tissus tégumentaires ne conservent pas intégralement, pendant toute la durée de la vie, les caractères que nous leur avons reconnus.

Les modifications physiologiques qu'ils éprouvent ont trait principalement à leur vascularité, qui devient moins riche et moins active avec les progrès de l'âge, et qui entraîne conséquemment des modifications correspondantes dans leurs facultés végétatives et sécrétoires.

Aussi remarque-t-on que ces tissus subissent une sorte d'atrophie dans les périodes avancées de la vie. Ils diminuent d'épaisseur et semblent avoir contracté avec l'os une adhérence plus intime, par le fait de l'amincissement du réticulum fibreux qui leur est sous-jacent.

Les villosités qui hérissent le bourrelet et la membrane veloutée, perdent de leur développement ; les duplicatures des feuillets, enfin, moins larges, moins épaisses, se présentent avec une teinte moins colorée, qui témoigne de la plus grande raréfaction de leur appareil vasculaire.

Ces modifications graduelles de l'appareil tégumentaire sous-corné ont, sur ses fonctions, une influence directe, que nous apprécierons dans la physiologie.

### CHAPITRE II.

## DES PARTIES EXTERNES DU PIED.

### § Ier. — Du sabot avant la naissance.

Le sabot du fœtus, considéré dans les dernières périodes de la gestation, présente des particularités de disposition très importantes à faire connaître pour l'intelligence des phénomènes physiologiques.

Nous les étudierons dans chacune des parties constituantes de la boîte cornée.

#### a. DE LA PAROI DANS LE SABOT DU FOETUS.

La paroi du sabot du fœtus arrivé à terme, diffère de celle de l'adulte par les particularités suivantes :

1° Elle est conique en sens inverse, c'est-à-dire plus large par son bord supérieur que par sa base. Son rétrécissement inférieur a lieu surtout dans le sens du diamètre latéral, en sorte que la courbe de son bord inférieur est fortement parabolique en pince ;

2° Sa *face externe* laisse voir des fibres de longueur inégale, disposées par couches imbriquées de haut en bas, qui se détachent en minces pellicules avec une grande facilité.

Ces fibres n'affectent pas une même disposition dans toutes les régions ; en pince, elles s'étendent en ligne droite, d'un bord à l'autre, comme dans la paroi d'adulte. Dans la région des quartiers, elles sont obliques d'arrière en avant et semblent convergentes vers la pince.

Cette face externe n'est pas parfaitement lisse, elle porte transversalement l'empreinte de très-légers sillons onduleux ;

3° Du *côté interne,* la surface occupée par les lames kéraphylleuses semble relativement moins étendue que dans l'adulte, différence apparente seulement et qui résulte du très-grand développement de la cavité cutigérale. A part cela, cette surface est identiquement semblable à celle de la paroi d'adulte.

La structure kéraphylleuse s'y dessine avec les mêmes caractères, dans les mêmes régions ;

4° La cavité *cutigérale,* dans le fœtus, est très-remarquable par son vaste développement ; elle a déjà, au terme de la gestation, dans la région de la pince, presque l'étendue superficielle qu'elle doit avoir dans le sabot d'adulte.

Cette cavité présente, dans sa disposition générale, cette particularité que, très-développée en pince, elle se rétrécit de la pince jusqu'à l'extrémité des barres, au point de ne présenter au niveau des arcs-boutants que le tiers de sa largeur antérieure ;

5° *Bord inférieur.* — Il est mince comme un parchemin et taillé en biseau aux dépens de sa couche externe ; il présente, du côté extérieur, une imbrication fort remarquable de lames cornées, irrégulièrement dentelées, qui lui donnent un aspect écailleux ; et, par son côté interne, il est juxta-posé à la masse exhubérante de la corne de la sole, qui le déborde de plus de 2 centimètres.

La limite entre ce bord et la masse renflée de la sole fœtale, est marquée par un sillon de quelques millimètres de profondeur, au delà duquel la paroi et la sole sont intimement unies et forment un tout continu ;

6° L'épaisseur de la paroi fœtale n'est pas, comme dans l'adulte, proportionnée à la largeur de la surface cutidurale, elle est beaucoup moins considérable, fait qui coïncide, du reste, avec la disposition par couches imbriquées des lames qui la composent, et qui trouvera son interprétation dans la physiologie.

Différente encore en ce point de la paroi du sabot d'adulte, la paroi fœtale décroît insensiblement d'épaisseur de son bord supérieur à l'inférieur, où elle est réduite à une minceur de parchemin.

Quant à l'épaisseur relative de cette enveloppe cornée dans les différents points de son contour, la mesure peut en être appréciée par l'étendue en largeur de la cavité cutigérale, l'épaisseur de la muraille étant toujours moins forte là où cette cavité est le moins profonde;

7° *Consistance.* — La paroi fœtale immergée incessamment dans le liquide de l'amnios, est douée d'une très-grande souplesse, et se laisse facilement attaquer par l'instrument tranchant. Cependant elle a déjà une densité remarquable, due au mode d'agrégation des fibres qui la composent;

8° *Couleur.* — Quant à la couleur de cette enveloppe cornée, mêmes considérations que pour celle de l'adulte; la présence ou l'absence du pigmentum colorant dans la matrice de l'ongle, se traduit dans la paroi du fœtus par des teintes qui varient du noir au blanc, en passant par des teintes intermédiaires;

9° La structure fibrillaire, que nous avons reconnue dans la paroi d'adulte, est très-nettement accusée, à l'œil nu, dans celle du fœtus. Seulement, les fibres constituantes de cette dernière, produites, non pas d'un seul jet de corne, mais de pousses successives, dont les plus anciennes sont les plus profondes, affectent une disposition par plans imbriqués de haut en bas, dont il est très-facile d'obtenir l'isolement avec la lame d'un instrument tranchant.

### *b.* DE LA SOLE ET DE LA FOURCHETTE DANS LE SABOT DU FŒTUS.

Ces deux parties qui, par leur réunion, forment le plancher de la boîte cornée, présentent du côté de leur face supérieure une disposition absolument semblable à celle du sabot de l'adulte. Même voussure, mêmes reliefs, mêmes excavations, mêmes empreintes.

Mais, du côté de leur face inférieure, elles offrent une disposition spéciale et très-différentielle de celle qu'elles affectent après la naissance.

Dans le fœtus, en effet, la sole et la fourchette forment ensemble, par leur face inférieure, une sorte de *tampon* de corne molle, souple et élastique, qui déborde de plus de 2 centimètres le bord inférieur de la muraille, et semble destiné à amortir l'effet des percussions du sabot contre les parois de la matrice, dans les mouvements souvent très-énergiques auxquels se livre le jeune sujet vers les dernières périodes de la vie intra-utérine.

Cette espèce de *tampon élastique* n'a pas une forme bien déterminée. Son contour extérieur est donné par le bord inférieur de la paroi dans lequel il est inscrit à son origine; il forme, au-dessous de ce bord, une grosse lèvre molle et arrondie, et présente, dans son milieu, une dépression longitudinale qui règne dans le sens du diamètre antéro-postérieur du sabot.

Il est formé de fibres obliquement dirigées d'arrière en avant, et du centre de l'ongle vers la périphérie. Ces fibres sont faciles à isoler les unes des autres, soit en lames, soit en faisceaux, soit en simples filaments, tant est faible la force de cohésion qui les réunit. Aussi rencontre-t-on le plus souvent le *tampon élastique* du sabot fœtal, divisé en lames et en pinceaux irréguliers, superposés d'arrière en avant.

On sépare ces lames et ces pinceaux en autant de faisceaux que l'on veut, par la simple traction des doigts, et il suffit de ce seul mode de préparation pour apprécier leur disposition.

A première vue, on serait porté à croire que cet appareil d'amortissement, que porte le sabot du fœtus, lui est surajouté et tombe après la naissance; mais c'est là une illusion d'observation. Le tampon élastique du sabot fœtal est constitué par les fibres mêmes de la sole et de la fourchette, qui, formées à la surface plantaire du doigt, en même temps qu'a commencé la sécrétion de la cutidure, ont acquis déjà une grande longueur avant que la corne fibrillaire de la paroi ait fait sa complète avalure, et la débordent encore, dans une étendue considérable, lorsque cette avalure est achevée. Il suffit de pratiquer, dans le sabot, une coupe longitudinale, pour bien reconnaître la parfaite continuité et l'identité qui existe entre les fibres qui correspondent à la face supérieure de la sole et de la fourchette, et celles qui se renflent en un tampon mousse et poreux à leur face inférieure.

Une coupe horizontale fait de même reconnaître l'union intime qui existe, à quelques millimètres au delà du sillon qui les sépare, entre le bord périphérique du tampon et la face concave du bord inférieur de la paroi.

Enfin, sur cette même coupe, la place que la fourchette doit occuper après la naissance est accusée par une tache triangulaire d'une nuance différente de celle qui colore les fibres composantes de la sole.

Le tampon élastique de la face inférieure du sabot du fœtus n'est donc pas formé, comme on l'a admis jusqu'à présent, par les glômes périopliques de la fourchette, considérablement développés. Ce qui le constitue, ce sont les fibres même de la sole et de la fourchette, qui ont commencé à croître en même temps que celles de la cutidure, et qui, continuant à s'allonger en même temps aussi que ces derniers s'appliquent autour de la phalange et l'enveloppent, ont ainsi sur elles l'avance d'une très-grande longueur, et forment, au delà de leurs limites inférieures, un tampon qui se maintient toujours souple et mou par son immersion dans le liquide amniotique, et devient, à l'extrémité des membres du jeune sujet, un appareil d'amortissement contre les percussions qu'ils pourraient imprimer aux parois de la matrice.

*c.* DU PÉRIOPLE.

Le périople du fœtus est loin d'être, comme on l'a avancé, beaucoup plus développé que dans l'âge adulte. Il l'est, au contraire, relativement beaucoup moins, mais sa disposition générale est la même. Il forme, sur toute la surface externe du biseau, un ruban de 1 centimètre 1/2 environ de largeur, qui devient un peu plus épais en arrière, et se confond intimement au niveau des arcs-boutants avec la partie postérieure du tampon élastique plantaire.

Tout ce que nous avons dit au sujet du périople, dans notre description générale, est, en tous points, applicable à la disposition de cette partie de l'ongle dans l'état fœtal.

§ II. — DU SABOT APRÈS LA NAISSANCE.

(Pl. XXXIV.)

Immédiatement après la naissance, le tampon élastique de la région plantaire du sabot se divise, par le contact du sol, en une multitude de pinceaux cornés, divergents du centre à la circonférence (Pl. XXXIV, A), qui se dépouillent par la pression de l'humidité qui les imprègne, et se réduisent tellement de volume, qu'au bout de quelques heures l'appui commence déjà à se faire sur le bord inférieur de la paroi.

Ces faisceaux de corne, détritus du tampon élastique fœtal, flétris par le contact du sol, desséchés par l'évaporation, usés par le frottement, ne tardent pas à disparaître et à laisser à nu la surface plantaire complétement nivelée dans la région de la sole vers la deuxième ou la troisième semaine après la naissance.

Ceux qui correspondent au triangle de la fourchette ne disparaissent pas aussi complétement. Leur extrémité libre seule se flétrit, mais leur base se réduit par la pression en lamelles (Pl. XXXIV, a), qui s'imbriquent d'arrière en avant, s'agglutinent en se desséchant, et forment, par leur agglomération, la première fourchette, dont le le relief peu saillant reste au-dessus du niveau du bord plantaire de la paroi.

Vers la deuxième ou troisième semaine après la naissance, le sabot commence donc déjà à revêtir, par sa face plantaire, les caractères de sa configuration définitive.

Deux mois après la naissance, le sabot du poulain présente, à 2 ou 3 centimètres de son bord supérieur, un sillon circulaire, fortement accusé, qui indique la limite entre la pousse de corne antérieure à la naissance et celle qui s'est effectuée depuis. Le cylindre de corne supérieur, à ce sillon, est sensiblement plus large que l'inférieur ; la mensuration donne, en faveur du premier, plus de 1 centimètre de différence. Le sabot s'élargit donc à mesure qu'il s'allonge.

A cette époque de la vie, il affecte encore la forme conique renversée, qu'il doit, du reste, revêtir pendant le temps du plus grand développement de l'organisme, car cette forme est le témoignage du développement progressif qu'acquiert, dans tous les sens, la couronne cutidurale d'où le sabot tire son origine.

La fourchette du sabot de deux mois dessine nettement sa projection conoïde à la surface plantaire. Le bord inférieur de ses branches n'est pas encore sur le niveau du bord plantaire de la paroi. Ses lacunes latérales sont très-profondes ; les barres qui les limitent en dehors sont, à cette époque, presque perpendiculaires au sol. La sole est peu excavée ; un sillon circulaire, très-nettement dessiné, marque la ligne de sa commissure avec le bord plantaire de la paroi. Autour de la fourchette, il existe aussi un sillon parabolique qui établit entre elle et la sole une délimitation bien tranchée. Les glômes, enfin, encore peu saillants, présentent à leur bord inférieur des déchiquetures irrégulières, dernière trace de leur continuité avec les lames les plus superficielles du *tampon élastique* du sabot fœtal.

### § III. — Forme du sabot après un an.

#### ( Pl. XXVIII, XXXII. )

Lorsque le premier sabot, formé pendant la vie intra-utérine, a fait sa complète avalure, ce qui arrive vers le cinquième ou sixième mois après la naissance, celui qui lui succède pousse encore avec la *forme conique renversée,* qui est, comme nous venons de le dire, la conséquence nécessaire de l'accroissement de diamètre qu'acquièrent, en se développant, et la troisième phalange et son enveloppe tégumentaire.

Cette forme conique inverse est caractéristique du pied du poulain, jusqu'à l'âge de un an environ.

A cette époque, la forme du sabot se rapproche sensiblement de celle du cylindre. Les diamètres des circonférences décrites par ses bords supérieur et inférieur sont à peu près égaux, et les sommets des angles d'inflexion sont inclinés d'arrière en avant, dans une direction parallèle à celle de la paroi.

Vers l'âge de quinze à dix-huit mois, le sabot présente déjà un beau développement.

La forme conique se substitue sensiblement à la forme cylindrique, qui n'est, pour ainsi dire, qu'une forme intermédiaire entre celle du premier âge et celle qui appartient définitivement à l'âge adulte.

La paroi suit, dans son inclinaison en pince, une ligne parfaitement parallèle à l'axe des phalanges ; celle des talons affecte la même inclinaison (Pl. **XXVIII**).

Les quartiers cessent d'être parallèles entre eux ; ils affectent une légère obliquité de haut en bas et du centre du pied vers sa circonférence. Cette obliquité est plus marquée dans le quartier externe que dans l'interne. Le premier est plus saillant, le second plus prolongé en arrière (Pl. **XXXII**, B P quartier externe et Q P quartier interne).

La hauteur de la paroi décroît graduellement de la pince vers les talons, où elle est réduite de moitié environ, sur les pieds bien conformés. Le rapport des talons à la pince est donc, en général, à l'égard de la hauteur, comme 1 est à 2, rapport nécessaire, ainsi que nous verrons plus tard pour la rectitude des aplombs [1].

---

[1] Il est difficile d'assigner à cet égard des nombres bien rigoureux. Sur un grand nombre de chevaux de race, le rapport des talons à la pince est plus près d'être :: 2 : 3 que :: 1 : 2. Il y a sur ce point de grandes variations indi-

Envisagé par sa face plantaire, le sabot du poulain de quinze à dix-huit mois, laisse voir déjà parfaitement accusés les caractères de sa configuration définitive.

La fourchette se dessine très-saillante entre les deux sillons profonds de ses commissures latérales ; ses deux branches largement divergentes, présentent, à leur extrémité postérieure, un bulbe très-renflé, et entre elles, une lacune profondément creusée. Les barres se projettent hardiment vers la périphérie du pied, et forment, par leur bord inférieur, un relief qui domine le niveau de la surface de la sole.

A cette époque, les diamètres antéro-postérieur et latéral de la surface plantaire sont à peu près égaux ; mais la régularité de sa circonférence commence à être détruite par la saillie plus considérable que forme le contour externe par rapport à l'interne.

Le sabot du poulain de trente mois diffère un peu de celui dont nous venons d'indiquer les formes générales, par le contour plus saillant de son quartier externe, le renflement plus marqué du corps de la fourchette, et la saillie plus considérable des glômes.

A cinq ans, le pied du cheval est arrivé à son complet achèvement. Sa forme générale, à cette époque, est un peu conique ; les talons ont une hauteur égale à plus de la moitié de celle de la pince ; Les quartiers s'inclinent d'une manière presque imperceptible de dedans en dehors, l'externe plus que l'interne, en sorte que le contour inférieur du premier forme une courbe notablement plus saillante que celle du second (Pl. XXXII, C P, Q P).

La fourchette (Pl. XXXII), renflée dans son corps et à l'extrémité de ses branches contournées au dehors, forme, entre ses deux profondes lacunes, une projection saillante, qui s'établit presque de niveau par sa face inférieure avec le bord plantaire de la paroi.

La largeur de sa base est égale, au cinquième environ de la circonférence de la surface plantaire.

Les barres se dessinent en relief par leur bord plantaire sur la surface inférieure de la sole. Leur inclinaison vers la périphérie du pied est nettement accusée.

La lacune médiane forme une large excavation. Les glômes de la

viduelles. Tout ce que l'on peut dire de plus général, c'est que, dans les conditions de la belle conformation, la hauteur des talons ne doit pas être moindre que la moitié de celle de la pince. Nous en dirons les raisons dans la physiologie.

fourchette constituent deux renflements mamelonnés, très-saillants en arrière. Dans cet état d'achèvement complet du sabot, son appui sur le sol ne s'effectue pas par tous les points à la fois de sa surface plantaire.

Au moment de poser, le sabot ne se met en contact avec le terrain que par le bord inférieur de la paroi et la circonférence de la sole; la fourchette, étant sur un plan plus élevé, reste distante du sol de près de 1 centimètre, et ne vient concourir à l'appui que lorsque le sabot a éprouvé, sous l'effort des pressions, un mouvement d'expansion latérale, qui permet et détermine l'abaissement des parties centrales du pied.

Mais nous reviendrons sur le mécanisme de ce mouvement, au chapitre de l'*élasticité*.

Après cinq ans, le sabot éprouve graduellement une sorte de retrait sur lui-même, que nous aurons à étudier plus tard dans ses causes et dans ses conséquences.

Nous réservons le développement de ce sujet, pour la partie de notre travail que nous consacrerons à la pathologie.

### Différences entre les pieds antérieurs et les postérieurs.

Il n'existe pas, sous le rapport de la structure, de différences fondamentales entre les pieds antérieurs et les postérieurs ; toutes les parties qui entrent dans leur composition sont disposées d'après le même plan, et arrangées dans le même ordre. Les seules dissemblances qui se rencontrent entre elles, consistent généralement dans des modifications de forme ou de volume.

Déjà, dans la description des os et de l'appareil fibro-cartilagineux élastique, nous avons signalé celles de ces modifications qui sont le plus notables : la forme moins régulièrement circulaire et plus allongée de la troisième phalange postérieure ; le plus grand développement des fibro-cartilages antérieurs et leur texture plus dense, dans laquelle l'élément cartilagineux prédomine, tandis que dans les membres postérieurs, ces mêmes appareils ont moins de volume et une structure plus fibreuse.

A part ces différences, les autres parties composantes du pied sont presque identiquement semblables, quels que soient les membres où on les considère : même disposition des cordes ligamenteuses et tendineuses ; même distribution des nerfs, des artères, des veines et des lymphatiques ; même arrangement, même aspect et même structure

des membranes tégumentaires qui ont seulement une étendue superficielle plus considérable dans les pieds antérieurs que dans les postérieurs, en rapport, du reste, avec le volume plus développé que
présentent les os et les cartilages annexes des premiers, relativement
à ceux des seconds.

Les dissemblances les plus frappantes des pieds antérieurs et postérieurs, sont marquées dans la configuration générale de la boîte
cornée.

Le sabot des membres de derrière est plus allongé d'avant en arrière que celui du devant, et conséquemment, le contour de sa face
plantaire tient plutôt de l'ovale que du cercle. La décroissance de
hauteur de la pince, vers les talons, s'effectue suivant un plan beaucoup plus incliné, en sorte que les talons en sont généralement beaucoup moins élevés; la sole en est aussi toujours plus creuse et la
fourchette beaucoup moins développée.

Enfin, la corne des pieds de derrière présente en général moins
de dureté et de résistance que celle des pieds de devant, ce qui
tient, sans doute, moins à des conditions particulières de sa structure, qu'aux influences plus immédiates d'humidité continuelle auxquelles elle est exposée.

## DEUXIÈME DIVISION.

# PHYSIOLOGIE.

L'étude anatomique de la région digitale nous a dévoilé la disposition remarquable des différentes parties qui entrent dans sa constitution ; il nous faut maintenant les considérer dans leurs actions respectives et dans le jeu d'ensemble des fonctions auxquelles elles concourent, afin de chercher à obtenir, par l'étude de la vie, l'interprétation aussi complète que possible de cette magnifique organisation matérielle.

Ce va être l'objet de cette deuxième division de notre traité.

La région digitale est le siège de fonctions nombreuses et complexes, analogues chez tous les animaux dans leur mode de manifestation et dans leur but final, mais qui empruntent un caractère notablement différencié de la spécialité de forme et de structure inhérente, chez les animaux monodactyles, à l'appareil terminal de leurs membres.

Le pied est un des organes les plus essentiels de l'appareil locomoteur. C'est par lui que toute la machine est mise en rapport avec le sol, et qu'elle s'adapte, pour ainsi dire, dans ses différents mouvements, aux inégalités qu'il présente ; c'est vers lui qu'aboutissent, comme un dernier ressort destiné à les décomposer, toutes les actions de la masse pesante du corps, dont les colonnes des membres peuvent être considérées comme les résultantes.

Le pied est donc tout à la fois un ORGANE DE SUPPORT et un APPAREIL D'ÉLASTICITÉ.

Intermédiaire entre le corps et le sol auquel il transmet toutes les actions de la pesanteur dont il est le point ultime d'aboutissement, et entre le corps et le *sensorium* vers lequel il dirige toutes les sensations qui résultent de son contact avec les corps extérieurs, le pied est en même temps un INSTRUMENT DU TOUCHER.

Pour l'adapter à cette triple fonction, la nature l'a doué de trois propriétés en apparence opposées, et que cependant elle a su rendre compatibles, savoir : d'une part, une très-grande dureté extérieure qu'il doit à son enveloppe de substance cornée ; d'autre part, une certaine *flexibilité,* résultat combiné des propriétés physiques de cette enveloppe corticale, et de l'arrangement mécanique des différentes parties qui le composent ; enfin, en dernier lieu, une sensibilité très-développée qui résulte de l'exquise organisation de sa membrane tégumentaire.

Mais pour réparer l'usure que produit incessamment le frottement sur le sol de la couche cornée qui le revet, le pied devait jouir de la faculté de la reproduire d'une manière indiscontinue, afin que l'activité de la réparation fût exactement proportionnée à la rapidite de la déperdition. C'est ce qui arrive, en effet. Le pied est le siége d'une sécrétion spéciale très-importante, la SÉCRÉTION CORNÉE.

Enfin, la FONCTION NUTRITIVE est aussi douée, dans la région digitale, d'une très-grande activité, comme l'implique, du reste, ce grand développement de son appareil vasculaire, dont l'anatomie nous a déjà fait voir la disposition si remarquable.

Tel est l'ensemble des fonctions complexes dont la région digitale est le siége.

Nous allons les étudier isolément et dans l'ordre suivant :

1° NUTRITION ;

2° LOCOMOTION ;

3° INNERVATION ;

4° SÉCRÉTION.

---

CHAPITRE PREMIER.

# DE LA NUTRITION DANS LE PIED.

L'expression matérielle la plus caractéristique de l'activité de la fonction nutritive dans un tissu est le développement de l'arbre artériel qui y distribue ses branches, ses rameaux et ses divisions dernières. En effet, la fréquence et la rapidité des combinaisons vitales qui constituent essentiellement l'acte de la nutrition, sont toujours corélatives à l'abondance et à la richesse des matériaux organiques que charrient vers un organe ses artères nourricières.

Cela posé, nous sommes conduits à étudier d'abord, sous le point de vue physiologique, la circulation artérielle et veineuse de la région digitale, avant d'aborder la question si importante et si féconde

dans ses applications à la chirurgie de la faculté de nutrition propre
à chaque tissu.

§ I<sup>er</sup>.

## DE LA CIRCULATION ARTÉRIELLE DANS LA RÉGION DIGITALE.

Deux dispositions remarquables frappent, à première vue, dans
l'examen de l'appareil artériel de la région digitale : d'une part, la
grande épaisseur des parois des vaisseaux principaux, relativement
à leur calibre, et d'autre part, la multiplicité des relations anastomotiques établies entre les troncs, les branches et les rameaux des deux
artères digitales, et aussi entre leurs divisions propres.

Dans une région si éloignée du centre, où l'influence des pulsations cordiales, sur la colonne sanguine, est en partie atténuée par
la longueur du trajet que le liquide a parcouru, et, aussi, par les
obstacles sur lesquels sa force d'impulsion s'est en partie dispersée,
cet ingénieux arrangement était nécessaire pour prévenir ou contrebalancer les difficultés de la circulation.

En effet, l'épaisseur des parois artérielles, dont l'élasticité est
mise en jeu, au moment du passage de la colonne sanguine, supplée
à l'insuffisance de la pulsation cordiale, l'augmente de toute la force
qui lui est propre, et imprime au liquide un nouveau mouvement de
propulsion ; tandis que, d'autre part, la multitude des voies ouvertes
par les abouchements des divisions vasculaires, lui facilite un libre
parcours.

Ces anastomoses vasculaires de la région digitale, offrent des
exemples de toutes les variétés de modes, suivant lesquels s'effectue
la jonction des vaisseaux dans toute l'étendue du système artériel.

En haut, par exemple, sur les faces antérieures et postérieures de
l'articulation du boulet, les divisions extrêmes des branches divergentes des deux artères latérales forment une sorte de treillis irrégulier par leur union réciproque.

De même, sur la face antérieure de la première phalange, les rameaux et les ramuscules des artères perpendiculaires vont à la rencontre les uns des autres, pour constituer un lacis, d'où s'échappent
en haut et en bas, des divisions qui établissent des communications
avec le réseau artériel de la face antérieure du boulet, et celui dont
*le cercle coronaire* superficiel forme comme la charpente principale.

En arrière, les troncs des collatérales se réunissent, de distance en distance, par des branches transversales, disposées entre ces deux artères comme des échelons entre leurs montants.

C'est par un procédé semblable que s'établit antérieurement, à l'origine de la troisième phalange, la communication transverse, désignée sous le nom de *cercle coronaire superficiel,* d'où s'échappent des divisions ascendantes vers le plexus artériel, formé par l'intrication des ramuscules de la perpendiculaire, et des divisions descendantes destinées au bourrelet et au tissu podophylleux.

Enfin, des exemples d'anastomoses *en arcades* sont donnés à la région digitale : 1° par l'abouchement dans le sinus semi-lunaire des deux troncs des artères plantaires ; 2° par la réunion des deux artères du coussinet plantaire au sommet du corps pyramidal ; 3° par la jonction vers le bord dentelé de la troisième phalange des rameaux descendants de l'artère plantaire, lesquels, à quelques lignes de leurs points d'émergence sur la face antérieure de l'os, se bifurquent, s'envoient réciproquement leurs rameaux divergents, et constituent ainsi une succession d'arcades, dont l'ensemble forme l'artère circonflexe de la sole.

On conçoit l'influence que doit avoir, sur la liberté du cours du sang, cette multitude de voies si variées dans leurs dispositions, qui ouvrent à ce liquide des canaux d'échappements dans tous les sens. On conçoit aussi que cet arrangement favorise le cours des liquides, en ajoutant une force nouvelle à celle dont ils sont déjà animés.

Lorsque, par exemple, deux colonnes descendantes, animées d'une même quantité de mouvement, viennent à se heurter, pour ainsi dire, dans l'intérieur d'un canal transverse ou dans le cul-de-sac que représente l'arcade formée par l'abouchement réciproque de deux troncs, il doit résulter de cet afflux de liquide une distension considérable des parois vasculaires, distension contre laquelle réagit leur élasticité dans les intermittences des systoles du cœur. De là, une impulsion nouvelle communiquée à la colonne sanguine, qui tend à la faire échapper par les voies béantes, soit aux extrémités du rameau transverse de communication, soit par les divisions qui naissent de la convexité de l'arcade anastomotique. L'écoulement du sang, dans ce dernier cas, s'effectue avec une activité nouvelle, par la multitude des canaux ouverts devant lui, de même que l'eau versée par l'arrosoir s'échappe des ouvertures qui criblent l'évasement de son tuyau, avec un jet d'autant plus précipité, que la masse de liquide qui fait pression pour sortir, est plus considérable.

Une autre conséquence importante résulte de cette disposition si remarquablement anastomotique de la région digitale : c'est tout à la fois, d'une part, l'étroite solidarité fonctionnelle qui existe entre certaines parties de cette région, très-dissimilaires sous le rapport de leur structure, telles que l'os du pied, par exemple, et sa membrane d'enveloppe ; et d'autre part, le parfait isolement, l'indépendance complète dans lesquels ces parties, si étroitement unies normalement, peuvent continuer à vivre ; propriétés en apparence contradictoires et incompatibles, mais dont l'accord est expliqué cependant par l'observation de l'arrangement de l'appareil artériel.

Expliquons cette pensée féconde en applications dans la chirurgie.

La troisième phalange et les membranes enveloppantes ont des appareils artériels qui se lient ensemble si étroitement et par tant de points, qu'on peut les considérer comme un seul et même appareil commun à tout le système. En effet, d'une part, les divisions de l'artère plantaire s'échappent de l'intérieur de la phalange par ses tuyaux ascendants et descendants, pour aller se ramifier et s'anastomoser dans le réticulum processigerum et le tissu lamineux lui-même ; tandis que, d'autre part, les vaisseaux propres du tissu lamineux, fournis par les radicules descendantes du plexus coronaire et les ramifications de l'artère pré-plantaire, vont dans l'intérieur de l'os, à la rencontre des divisions émergentes de l'artère plantaire. De même, les divisions de l'artère du coussinet plantaire s'anastomosent avec les branches de la circonflexe, laquelle n'est qu'une résultante des anastomoses réciproques des divisions descendantes de l'artère plantaire. De là, résulte un réseau très-complexe superficiel et profond, dans lequel sont confondus, pour ne former qu'un tout continu, les ramuscules de terminaisons des artères qui semblent, tout d'abord, spécialement destinées, soit à l'os, soit à ses membranes ; de là, résulte aussi une solidarité fonctionnelle que nous démontrerons plus tard.

Cependant, et malgré cette complexité d'union, les parties composantes de cet ensemble, ont un appareil vasculaire respectivement si développé, qu'elles peuvent vivre, se nourrir et fonctionner dans une complète indépendance.

Qu'on suppose, par exemple, le tissu podophylleux complétement isolé de la surface osseuse à laquelle il est attaché par son réticulum sous-jacent, il continuera à vivre par les radicules émergentes du cercle coronaire superficiel.

Isolé de ce cercle, mais en communication avec l'os, il recevra de la profondeur de cet organe tous les éléments de sa nutrition.

Isolé du cercle coronaire et de la surface de l'os, dans une étendue plus ou moins considérable, mais en continuité avec lui-même par un point, il recevra, de cette source, une masse de sang suffisante pour s'entretenir dans sa forme et avec ses propriétés.

De même pour la membrane veloutée. Elle peut vivre par ses communications avec l'os, lorsqu'elle est isolée sur toute sa périphérie de la membrane tégumentaire à laquelle elle est continue, et réciproquement séparée de l'os, elle aura encore toutes les conditions de sa végétation, si, dans une étendue même circonscrite, elle se rattache encore à la membrane podophylleuse ou au tégument propre.

On conçoit que la troisième phalange réunisse aussi en elle les conditions d'une vie indépendante, puisqu'elle renferme, dans son intérieur, une artère nourricière qui lui déverse largement les éléments de sa propre nutrition.

Ainsi donc, étroite solidarité vasculaire dans l'état normal entre les parties constituantes principales de la région digitale ; possibilité de l'isolement de ces parties et de leur végétation indépendante dans certaines conditions pathologiques : telle est la conséquence de l'arrangement de cette sorte de *rete mirabile* que nous présente, dans cette région, l'appareil artériel.

Une dernière considération doit ressortir de l'étude de cet appareil dans toute l'étendue de la région digitale ; c'est la facilité avec laquelle les troncs se suppléent réciproquement, et les rameaux suppléent aux troncs, dans les cas où, par suite d'accidents ou de maladies, l'un ou l'autre des canaux principaux ou tous les deux à la fois viennent à faire défaut.

Ainsi, par exemple, dans l'opération de l'extirpation du cartilage latéral, l'artère digitale est souvent coupée avant d'avoir fourni ses divisions ultimes, les artères plantaire et pré-plantaire. La circulation, dans ce cas, est rétablie pour le tissu lamineux, par les radicules descendantes du cercle coronaire superficiel, et par les anastomoses de l'artère pré-plantaire opposée, et, pour l'os, par l'anastomose rectiligne qui se jette d'une artère plantaire à l'autre, avant qu'elles pénètrent dans le sinus semi-lunaire.

Dans les cas où les deux artères digitales sont simultanément détruites, comme cela arrive lorsque l'on fait en même temps l'opération de l'extirpation des deux cartilages, la circulation est suppléée, en avant, par les radicules du cercle coronaire, et, en arrière, par des branches rentrantes de l'artère du coussinet plantaire, qui s'anastomosent avec des divisions de la digitale, avant qu'elle fournisse les artères plantaires ; et, à supposer même que ces divisions postérieures fissent défaut, les branches rentrantes du réseau podophylleux seraient suffisantes pour subvenir à la circulation intra-osseuse.

Dans toute l'étendue de la région digitale, la même substitution vasculaire peut être obtenue, grâce à l'étendue et à la multiplicité des rapports anastomotiques établis entre les deux troncs principaux de l'appareil artériel de cette région.

§ II.

### DE LA CIRCULATION VEINEUSE.

L'arrangement de l'appareil veineux dans la région digitale, est dessiné d'après les plans les plus ingénieux, pour offrir au sang des voies largement ouvertes d'échappement, et permettre son libre retour vers le cœur.

Il y a, là, un ensemble de dispositions et un concours de forces qui, malgré les nombreux obstacles à surmonter, produisent ce résultat avec la facilité la plus complète.

Et, d'abord, par le procédé des anastomoses, les veines initiales de la région digitale forment un réseau si complet, que l'on ne peut y distinguer le trajet d'aucune branche déterminée, tant les communications sont nombreuses.

Ce réseau anastomotique est double ; l'un intérieur à l'os, correspondant par ses divisions aux divisions de l'artère plantaire, est moins considérable ; l'autre beaucoup plus étendu, est situé *superficiellement* en dehors de l'os, dans le réticulum fibreux sous-jacent aux membranes lamineuse, veloutée et cutanée.

La somme totale de ces deux réseaux, superficiel et profond, présente une capacité supérieure à celle des artères, en sorte que le sang qui s'échappe des dernières divisions artérielles, continue son cours dans un système plus large de canaux.

Il est vrai que cette capacité plus grande du système veineux, relativement au système artériel, doit avoir pour conséquence, d'après les lois de l'hydraulique, un ralentissement dans le cours du fluide.

Mais, d'autre part, elle était nécessaire afin que la colonne liquide, incessamment poussée par une force *à tergo* , trouvât à s'échapper avec une rapidité suffisante pour laisser un libre cours à la colonne qui la suit.

Cette disproportion entre le système veineux et le système artériel est, du reste, un fait général dans l'organisation ; mais sa nécessité est surtout manifeste dans les parties déclives, comme la région digitale, où la circulation a à surmonter l'obstacle considérable que lui oppose la pesanteur.

La disposition superficielle de la partie la plus considérable du réseau veineux du pied, est une condition très-favorable à la circulation dans l'ensemble de ses canaux, car elle les met immédiatement sous l'influence de la pression générale et uniforme que la boîte cornée exerce à chaque temps de l'appui sur toute l'étendue des membranes avec lesquelles elle est en rapport intime de contact et d'union. Toutes les fois, en effet, que le pied prend un point d'appui sur le sol, la troisième phalange, vers laquelle aboutissent en dernier résultat toutes les actions de la masse pesante du corps, est repoussée pour ainsi dire dans l'intérieur de la boîte qui la renferme, et ses membranes enveloppantes comprises entre sa face extérieure et la face interne du sabot, sont, pour ainsi parler, mises à la presse et exprimées de tout le sang qu'elles renferment. On peut rendre ce résultat frappant, en ouvrant sur le vivant la veine circonflexe ou quelques-unes des veines solaires. Il suffit, pour accélérer le jet de l'écoulement et le rendre plus étendu, de saisir, entre les mors des tricoises, la sole et la muraille, et d'exercer une pression à leur surface ; on voit alors le sang s'écouler par un jet rapide, coïncidemment avec la pression, et se ralentir quand elle cesse. C'est sur la connaissance empiriquement acquise de ce fait, qu'est basée la pratique de laisser le cheval prendre un point d'appui sur son membre, lorsqu'on a ouvert, dans un but thérapeutique, les vaisseaux du pied. Les piétinements causés par la petite douleur de l'opération, favorisent, en effet, singulièrement la sortie du liquide.

En outre de la pression que subissent les membranes enveloppantes de la troisième phalange, à chaque temps de l'appui, le jeu d'élasticité dont le sabot est doué vient encore en aide à la circulation, quel que soit, du reste, le mouvement qui s'effectue dans la boîte cornée, sous l'influence de la pression du poids du corps : expansion latérale et affaissement de la sole, comme quelques-uns l'admettent ; expansion centrale et resserrement des talons, suivant d'autres ; peu importe pour la question à éclairer en ce moment. Ce qui est certain, c'est que le sabot est mobile; c'est qu'il change de forme; c'est qu'à un temps donné il est plus rétréci, à un autre plus dilaté, et que, grâce à ces mouvements, si l'on peut dire, de *systole* et de *diastole,* il fait l'office, aux extrémités de l'arbre artériel et aux racines de l'arbre veineux, d'une sorte de cœur *succenturié,* complément mécanique, dont les mouvements ne doivent pas être sans quelque influence sur la circulation.

La pratique de forcer à marcher les chevaux dont les sabots sont le siége d'une congestion ou d'une stase sanguine, et le grand soulagement que la marche procure, ne sont-ils pas la démonstration journalière de la double influence qu'exercent, selon nous, sur le mouvement du sang, la pression de la boîte cornée et le jeu de son élasticité?

Enfin, dans le système veineux du pied, comme dans toutes les autres parties du système veineux général, le mouvement circulatoire est favorisé par la puissante influence du cœur, qui est le principe et la cause la plus durable de sa continuité. Bichat a nié, il est vrai, cette influence; mais l'erreur commise à cet égard, par cet illustre physiologiste, ne saurait avoir cours aujourd'hui. La force d'impulsion, communiquée au sang par le cœur, ne s'épuise pas, comme il l'a pensé, aux extrémités de l'arbre artériel. Il faudrait, pour qu'il en fût ainsi, que l'impulsion cordiale ne se produisît qu'une fois sur une masse de sang donnée. Sans doute, alors cette force s'épuiserait. Mais elle se renouvelle sans cesse, et sans cesse, la colonne sanguine, une fois lancée, reçoit une impulsion de celle qui la suit. En vertu de l'incompressibilité des liquides et de la continuité à elle-même de la masse sanguine dans toute l'étendue de l'appareil vasculaire, il est impossible que l'impulsion qui part du cœur gauche, ne soit pas ressentie jusque dans le cœur droit et réciproquement. Il n'y a donc pas seulement circulation du sang dans toute l'étendue du système; il y a encore, si l'on peut ainsi parler, circulation de la force dont le cœur est la source, qui ébranle partout les molécules sanguines, et leur communique cette prodigieuse rapidité de mouvement qui les anime.

Ainsi donc, et en résumé, malgré les conditions défavorables que l'action de la pesanteur et l'éloignement de l'organe central du mouvement opposent à la circulation sanguine dans le système veineux de la région digitale, cependant, le cours du sang s'y effectue libre et rapide, grâce à l'ensemble des voies anastomotiques qui lui sont ouvertes avec tant d'art, à la capacité relativement plus grande des canaux veineux, à leur disposition superficielle, à la pression qui s'exerce de partout sur la membrane qui les renferme à chaque temps de l'appui, au jeu d'élasticité du sabot, et enfin, et principalement à l'influence toujours puissante des pulsations cordiales.

## § III.

### DES PROPRIÉTÉS NUTRITIVES INHÉRENTES AUX DIFFÉRENTS TISSUS DU PIED.

Les propriétés nutritives des tissus étant, d'une manière générale, exactement proportionnelles au développement de leur double vascularité; ou bien, en renversant les termes de la proposition, sans rien changer à sa valeur, le développement vasculaire étant en rapport exact avec la faculté de nutrition inhérente aux tissus organiques, on peut déjà pressentir, d'après les considérations anatomiques et physiologiques dans lesquelles nous venons d'entrer, quelle est la part de cette faculté dévolue à chacune des parties constituantes du pied.

Mais cette première appréciation ne serait pas assez large et assez profonde; il faut, pour l'intelligence entière des phénomènes morbides, et l'application sûre des méthodes thérapeutiques, entrer plus avant dans ce sujet, et étudier par voie, pour ainsi dire, analytique, les phénomènes de nutrition qui se produisent dans chacun des tissus composants de la région digitale.

S'il est vrai de dire, suivant la pensée hippocratique, que les lois qui président dans l'état sain aux actions normales, régissent aussi dans l'état morbide les actions pathologiques, (*quæ faciunt in sano actiones sanas, eadem in ægro morbosas*), on peut en inférer que l'étude des phénomènes morbides doit conduire à l'intelligence des lois des fonctions normales.

Faisant l'application de cette grande loi formulée par Hippocrate, nous nous servirons souvent, dans l'appréciation de la faculté de nutrition inhérente à chaque tissu, de la connaissance des phénomènes dont il est le siége, lorsqu'il est modifié par l'état inflammatoire, car l'inflammation n'est, pour ainsi parler, qu'une sorte d'exagération de la nutrition même.

Mais nous reviendrons sur cette idée, au chapitre de l'anatomie pathologique. Il demeure bien entendu que dans les développements qui vont suivre, nous ne nous proposons pas l'étude des phénomènes de l'inflammation ; cette matière sera traitée en son lieu. Nous voulons seulement aujourd'hui mettre à contribution la connaissance de ces phénomènes, pour éclairer la question de la nutrition, dont les lois président aux actions inflammatoires.

Cela posé, étudions les facultés de la nutrition dans chacun des tissus du pied.

## I. — DE LA FACULTÉ DE NUTRITION DANS LES OS DE LA RÉGION DIGITALE.

### a. DE LA NUTRITION DANS LA TROISIÈME PHALANGE.

La troisième phalange est peut-être l'os du corps qui soit traversé par les plus fortes artères nourricières. Comparez, par exemple, les deux orifices plantaires avec le trou nourricier du fémur ou de l'humérus, ou de tout autre rayon osseux, et vous verrez qu'il y a une disproportion considérable, tout à l'avantage de la troisième phalange, entre le diamètre de ses vaisseaux propres de nutrition et ceux des autres organes du squelette.

A première vue, donc, et rien qu'à considérer l'appareil artériel de l'os du sabot, on peut en inférer que la faculté de nutrition y est très-développée.

Toutefois, ce serait une erreur de croire que le sang qui afflue dans la trame de la troisième phalange, par le double courant des artères plantaires et par les divisions rentrantes des artères pré-plantaires, est exclusivement destiné à lui fournir les éléments de sa propre végétation.

Si l'on réfléchit à la structure intérieure de l'os du pied, à ces canaux ascendants et descendants qui émergent du sinus semi-lunaire, pour venir s'ouvrir sur la face antérieure de l'organe, par cette multitude de foramens qui la criblent, on sera conduit à penser que le plus grand nombre des conduits intérieurs de la phalange ne sont que des canaux de transmission des divisions terminales des artères plantaires, vers les membranes extérieures auxquelles elles sont destinées.

La charpente intérieure de la troisième phalange remplirait alors l'office d'une sorte de crible ou de filière, destiné à réduire le tronc des artères digitales en la multitude de divisions qui les terminent, et à servir de support à ces divisions jusqu'à leurs points d'émergence.

Il y aurait, d'après cette manière de voir, une certaine analogie de disposition et de fonctions entre le tissu intérieur de l'os du pied et celui des organes glanduleux, dont le canevas fibreux ou celluleux sert d'appareil diviseur aux ramifications artérielles destinées à fournir les éléments de la sécrétion.

En admettant cette analogie, dont l'exactitude ressortira plus complète, à la suite des développements dans lesquels nous entrerons ultérieurement, l'os du pied serait alors le canevas diviseur de l'appareil artériel propre aux membranes sécrétoires kératogènes.

Les artères plantaires ne doivent donc pas être considérées comme exclusivement nourricières de la troisième phalange.

Cependant, si un grand nombre de leurs divisions ne font que la traverser pour aller se ramifier dans ses membranes d'enveloppe, beaucoup sont destinées spécialement à son tissu ; et, même parmi celles qui émergent de sa substance, pour se disperser dans le réticulum fibreux qui lui est extérieur, beaucoup encore contribuent à lui fournir les éléments de sa nutrition, car ce réticulum remplit, par rapport à elle, l'office de périoste.

Il existe, en effet, entre la troisième phalange et le réticulum sous-lamineux et sous-velouté, la même intimité de rapports qu'entre le périoste et l'os qu'il enveloppe. Comme une sorte de périoste, le réticulum tient à la phalange par la continuité des vaisseaux qui vont de l'un dans l'autre, et réciproquement ; comme une sorte de périoste, le réticulum se lie étroitement aux fonctions nutritives de la phalange, car, là, où elle en est dépouillée, son tissu se sphacèle et s'exfolie en minces lamelles.

Mais l'étroitesse des rapports qui unissent la phalange à sa membrane fibreuse extérieure, n'est pas telle, cependant, que ses rapports de nutrition soient sous la dépendance absolue de l'intégrité de cette membrane, et de la continuité de son union avec le tissu de l'os. La phalange a une force propre de végétation, indépendante de celle qu'elle puise dans ses rapports avec sa membrane extérieure, et qui entre en jeu d'une manière visible, toutes les fois que ces rapports viennent à être détruits.

Telle est la puissance dans l'os du pied de cette faculté végétative, que son tissu se comporte, à la manière des tissus mous les plus vasculaires, lorsqu'il est irrité, entamé ou détruit. L'inflammation qui s'y développe alors, y marche avec une très-grande rapidité ; et, soit qu'elle tende à la cicatrisation par le développement des granulations bourgeonneuses, soit qu'elle s'accompagne de sphacèle, soit qu'elle se complique de caries, ses progrès y sont toujours très-prompts, et ses résultats, heureux ou malheureux, se produisent dans un temps ordinairement très-court.

On peut donc dire que la vitalité de la troisième phalange ne le cède presque en rien à celle des tissus les mieux dotés, sous ce rapport, dans l'organisation; car, ainsi que l'a avancé très-justement Bichat, ce qui mesure l'énergie vitale dans un organe, c'est la rapidité avec laquelle l'inflammation y parcourt ses périodes, et la fréquence de cette affection.

### b. PETIT SÉSAMOÏDE.

Le petit sésamoïde reçoit un grand nombre de vaisseaux, émanant de la dernière anastomose transversale des artères plantaires. Ils pénètrent dans sa substance par les ouvertures nombreuses dont il est criblé sur son bord antérieur; d'autres divisions artérielles, mais en moins grand nombre, s'y introduisent par son bord postérieur. Cette vascularité, très-développée, dénonce que la faculté végétative doit y être douée d'une certaine énergie; mais elle est pour ainsi dire concentrée dans le tissu spongieux de l'organe. A l'extérieur, l'os naviculaire présente une enveloppe corticale très-compacte, doublée d'un revêtement, cartilagineux en haut et fibreux en bas, par lequel il se met en rapport, en haut et en avant, avec les faces articulaires des deux dernières phalanges, et en bas avec la face supérieure de l'aponévrose plantaire.

Cette compacité de la surface extérieure de l'os naviculaire le rend réfractaire à l'inflammation pendant un assez long temps ; mais lorsqu'une fois elle a pénétré par la voie de la continuité vasculaire, jusque dans l'intérieur de la substance spongieuse de l'organe, elle en fait éclater, si l'on peut ainsi dire, l'enveloppe corticale, laquelle est successivement éliminée par lamelles du côté de sa face inférieure, et alors le tissu spongieux, mis à nu, manifeste, à un degré très-développé d'énergie, la vitalité dont il est doué.

### c. DEUXIÈME ET PREMIÈRE PHALANGES.

Ces deux os sont criblés, à l'extérieur, d'une multitude d'orifices de nutrition, par lesquels pénètrent, dans leur intérieur, les divisions ultimes des ramifications des artères qui les enlacent, sur toutes leurs faces, d'un réseau anastomotique si riche. En outre, ils sont enveloppés d'un périoste très-épais et très-vasculaire. Les conditions de la vitalité y sont donc très-développées, et une foule de circonstances pathologiques les rendent manifestes à l'intérieur, et surtout à l'extérieur de ces organes. Avec quelle facilité, par exemple, l'inflammation qui a fait explosion dans les articulations, ne pénètre-t-elle pas, par voie de continuité vasculaire, jusque dans le tissu spongieux de ces os !

Combien plus fréquentes encore ne sont pas les déformations de leurs surfaces extérieures, déterminées, soit par l'inflammation du périoste, soit par des aberrations de la force végétative inhérente au tissu osseux, indépendamment de celle qu'il puise dans ses rapports avec le périoste lui-même.

Nous ne citons ici ces exemples d'altérations si communes dans les deux premiers rayons phalangiens, que pour donner une preuve de la très-grande vitalité dont ils sont doués, vitalité de beaucoup inférieure, cependant, à celle de la troisième phalange qui, à cet égard, occupe dans le système osseux un rang tout exceptionnel.

## II. — DE LA FACULTÉ DE NUTRITION DANS LE TISSU FIBRO-CARTILA-GINEUX ÉLASTIQUE DE LA TROISIÈME PHALANGE, DANS LES TENDONS ET DANS LES LIGAMENTS.

### 1° APPAREIL FIBRO-CARTILAGINEUX ÉLASTIQUE.

L'énergie vitale n'existe pas au même degré dans les différentes parties de l'appareil fibro-cartilagineux complémentaire de la troisième phalange.

On la rencontre très-développée dans les renflements bulbeux du coussinet plantaire, moindre dans le corps pyramidal, et à un degré moindre encore dans les plaques des cartilages latéraux.

Étudions cette propriété dans chacune de ces parties composantes.

#### a. RENFLEMENTS BULBEUX DU COUSSINET PLANTAIRE.

Le tissu des renflements bulbeux, composé, comme nous l'avons vu dans l'anatomie, d'une substance jaunâtre homogène, souple au toucher, très-élastique et de composition fibreuse, reçoit de chaque côté une artère assez volumineuse, émanant du tronc des digitales, qui se ramifie, se divise dans sa profondeur, et y forme, avec sa congénère, des anastomoses multiples. Aussi, le tissu des renflements bulbeux jouit-il d'une vitalité très-active, uniformément répandue dans toute sa profondeur, en raison même de l'homogénéité de sa substance, et qui, mise en jeu par l'inflammation, y manifeste son énergie par la rapidité des phénomènes de réparation dont il est le siége. Traversé d'outre en outre par des instruments vulnérants;

coupé, entamé, détruit par contusions, creusé de fistules ou de foyers purulents, le tissu des renflements bulbeux se cicatrise avec la plus grande facilité.

#### b. CORPS PYRAMIDAL DU COUSSINET PLANTAIRE.

Le corps pyramidal reçoit aussi des artères digitales deux rameaux spéciaux, qui l'enlacent dans l'écharpe parabolique de leur anastomose, et envoient, dans sa profondeur, une multitude de divisions ténues, qui y forment un réseau très-riche, de concert avec quelques artères solaires divergentes, et avec d'autres divisions émanant plus profondément des anastomoses transverses des digitales. La vitalité y existe donc, à un degré assez développé, mais elle n'est pas uniformément répartie dans toute sa profondeur, comme dans l'épaisseur des renflements bulbeux.

Formé de tissus hétérogènes, le corps pyramidal manifeste son activité vitale d'une manière différente dans ses différentes parties composantes. Très développée, par exemple, dans la membrane cellulo-fibreuse, qui forme son revêtement le plus profond, et dans cette substance jaunâtre, d'apparence membraneuse, qui remplit les intervalles des intersections fibreuses, cette vitalité est beaucoup moindre dans ces intersections mêmes, et dans la membrane fibreuse blanche qui forme sa capsule extérieure, surtout aux points de jonction de cette capsule avec le bord inférieur des plaques cartilagineuses; en sorte qu'il n'est pas rare de voir, lorsque l'inflammation se développe dans le corps pyramidal, une partie de sa substance se comporter à la manière des tissus les plus vasculaires, réagir avec énergie et subir les transformations qui accusent cette réaction; tandis que, d'autre part, la partie fibreuse de sa trame semble demeurer inerte au milieu des tissus suractivés qui l'entourent, et souvent même s'y comporte comme un corps étranger qui doit être éliminé pour que la cicatrisation soit possible. C'est surtout à la suite des contusions que ces phénomènes se manifestent. Les entamures nettes, par instruments bien tranchants, du corps pyramidal, n'y déterminent d'ordinaire qu'une réaction uniforme.

#### c. CARTILAGES LATÉRAUX.

Assemblage et combinaison de deux tissus dissimilaires, sous le rapport de la densité et de la structure, le cartilage latéral de la troisième phalange ne possède pas une vitalité uniforme dans toutes les parties de son étendue et de sa profondeur. Exactement proportionnée à la laxité et à la vascularité des tissus, cette propriété se montre plus développée dans les parties fibreuses du cartilage, où les ramifications très-ténues des divisions de la digitale sont visibles, à l'œil nu, sur la surface des coupes, que dans les couches exclusivement cartilagineuses, où la densité de la substance est telle, qu'elle présente sous le tranchant du scalpel, une teinte mate uniforme, sans traces apparentes d'organisation vasculaire.

C'est donc principalement dans les couches profondes du fibrocartilage, que les propriétés vitales se montrent le plus actives, tandis que dans les couches superficielles elles demeurent toujours très-obscures.

Ces différences d'activité nutritive dans les tissus composants de la plaque cartilagineuse, peuvent être pressenties rien que par l'aspect objectif que ses couches présentent à la dissection, mais elles sont surtout rendues évidentes par l'état inflammatoire. Tandis que la couche fibreuse de l'organe, injectée par l'inflammation, se montre fortement vascularisée et granuleuse, la couche cartilagineuse, ou bien reste avec la teinte mate caractéristique de sa densité extrême et de son défaut de vascularité, ou bien revêt des couleurs morbides qui démontrent que la vie s'est complément éteinte en elle, et que la cicatrisation ne peut être obtenue que par leur élimination.

#### 2° TENDONS DES PHALANGES (EXTENSEURS ET FLÉCHISSEURS).

La grande vascularité et la rapidité des mouvements organiques qu'elle implique, ne sont pas compatibles avec les fonctions dévolues aux tendons dans l'organisation. Aussi le tissu de ces organes présente-t-il, en général, une très-grande densité et une sorte d'imperméabilité apparente au liquide sanguin. De là résulte la lenteur des actions nutritives de ces tissus dans les conditions normales, et les difficultés de leurs réactions inflammatoires dans les actions morbides. Les tendons des phalanges ne font pas absolument exception à cette règle. Leur tissu est doué d'une très-grande densité et d'une force de résistance extrême, ce qui exclut la possibilité d'un très-grand développement vasculaire.

Cependant, ces organes semblent participer, dans une certaine limite, de la vascularité générale si remarquable dans tous les tissus qui composent l'extrémité digitale du cheval. Des injections, même grossières, rendent facilement manifeste, à leur surface, un lacis anastomotique très-développé, comme nous l'avons vu dans l'anatomic ; et ce que*l'injection démontre, les réactions inflammatoires le rendent plus évident encore. Souvent l'expansion aponévrotique du perforant, traversée, d'outre en outre, par un corps vulnérant ou entamée par l'instrument tranchant, se couvre d'emblée aux points de sa lésion, de granulations bourgeonneuses, à la manière d'un tissu vasculaire, et se cicatrise sans élimination des parties mortifiées : preuve de sa vitalité assez puissante. Il est vrai de dire que, très-ordinairement, la mortification partielle de l'aponévrose est la conséquence d'une lésion qu'elle a subie par un corps vulnérant, mais, même dans ce cas, la puissance de ses actions vitales est encore démontrée par l'énergie de la réaction qui se passe au pourtour de la partie mortifiée.

Toutefois, qu'on ne s'y trompe pas, l'aponévrose plantaire ne fait pas à ce point exception aux lois qui président à l'organisation du tissu fibreux blanc, que toujours sa vitalité soit douée d'un degré suffisant d'énergie pour résister aux actions traumatiques.

Les cas ne sont pas rares où les lésions extérieures, en apparence les plus simples, sont suivies des accidents les plus graves, faute d'une réaction suffisamment énergique pour les réparer.

Ce que nous disons du tendon fléchisseur est applicable à l'extenseur, avec cette différence, que le tissu de ce dernier est beaucoup plus raréfié, plus traversé à son point d'insertion surtout, par des divisions artérielles, et que, conséquemment, les réactions inflammatoires y sont plus actives et plus énergiques.

### 3° LIGAMENTS DE LA RÉGION DIGITALE.

Les ligaments de la région digitale ne comportent pas de considérations bien différentes de celles qui appartiennent, dans l'anatomie générale, aux organes de cet ordre.

Très-denses et très-résistants, comme leurs fonctions l'exigent, ils sont doués d'une vascularité très-bornée et conséquemment d'une vitalité peu étendue.

Ce défaut d'énergie vitale est rendu quelquefois malheureusement trop manifeste dans l'opération de l'extirpation du fibro-cartilage de la phalange. Cette opération se trouve parfois compromise dans ses résultats, faute d'un degré suffisant de réaction de la part du tissu du ligament latéral antérieur. Cependant, il n'est pas rare de voir cet organe entamé à sa surface, et même dans sa profondeur, réagir avec une énergie suffisante pour se couvrir de granulations bourgeonneuses, et contribuer pour sa part à la formation de la cicatrice sous-cutanée.

### III. — DE LA FACULTÉ DE NUTRITION DANS LES MEMBRANES TÉGUMENTAIRES DE LA RÉGION DIGITALE.

S'il est vrai, comme nous l'avons déjà exprimé plusieurs fois, que la vascularité d'un organe donne la mesure de sa vitalité dans l'état normal, et de sa puissance de réaction dans l'état morbide, on peut dire que c'est surtout dans les membranes tégumentaires du pied que ces propriétés vitales sont élevées à leur plus haut degré. Ces membranes se trouvent, en effet, dans les conditions de structure les plus parfaites pour le développement et la manifestation de l'énergie vitale. C'est vers elle qu'aboutissent en dernier lieu, comme vers leur point principal de destination, toutes les divisions terminales des artères digitales ; soit que, réunies par un rameau transverse en anastomose circulaire, au-dessus de la cutidure (*cercle coronaire superficiel*), elles dispersent, dans ce renflement, leurs racines descendantes ; soit que, émergeant de la scissure pré-plantaire, elles se distribuent en divisions ténues dans la membrane podophylleuse ; soit enfin que, décomposées par l'appareil diviseur que le canevas intérieur de l'os présente, elles viennent sourdre à sa surface en divisions multiples, pour se disséminer dans les membranes podophylleuse et solaire.

Les membranes tégumentaires du pied doivent, à leur riche complexion vasculaire, cette énergie de vitalité qui les caractérise, dont l'activité de leurs fonctions sécrétoires témoigne dans l'état normal, et qui, dans l'état pathologique, est rendue si manifeste par l'énergie de leurs réactions.

Telle est, en effet, la puissance de la faculté végétative dans les membranes tégumentaires sous-cornées qu'elles reproduisent, à la manière du polype, une partie de leur substance, lorsqu'elle a été détruite dans un point ; et qu'elles la reproduisent toujours intégralement avec sa forme et ses propriétés fonctionnelles, si la destruction est superficielle, et toujours avec sa fonction, mais non plus dans sa forme, lorsque la destruction est plus profonde. Mais nous consacrerons un chapitre spécial d'anatomie et de physiologie pathologiques à l'étude de ces remarquables phénomènes ; nous nous bornons ici à ce simple exposé.

C'est encore à l'énergie des propriétés vitales, dans les membranes

tégumentaires du pied, qu'il faut attribuer la facilité avec laquelle
l'inflammation s'y développe, la rapidité de sa marche, la prompti-
tude de sa diffusion, la fréquence des complications profondes qui l'accompagnent, l'activité des sécrétions morbides dont elle est la source ;
en un mot, toute la série des phénomènes pathologiques si graves
souvent, et si souvent compliqués, dont les tissus intra cornés sont
le théâtre, et qui doivent faire l'objet de notre étude spéciale dans la
troisième partie de ce travail.

CHAPITRE II.

# DE LA LOCOMOTION.

La nature, a dit Bracy Clarck, a résolu, dans la construction du
cheval, un des problèmes les plus difficiles de la mécanique, à savoir : la faculté de se mouvoir avec un degré extraordinaire de vitesse, associée à une masse très volumineuse et pesante [1] ; pensée
juste et bien exprimée !

Par quelles combinaisons des rouages de l'appareil locomoteur
cet étonnant résultat a-t-il été obtenu ? C'est ce point important de
physiologie qui va faire actuellement l'objet de nos études.

Le pied remplit, dans la locomotion, un rôle essentiel, puisque
c'est par lui que toute la machine se met en rapport avec le sol, et
que le lieu où il pose peut être considéré comme *le point d'appui* des
leviers sur lesquels agissent les ressorts locomoteurs.

Mais pour se faire une idée complète du mécanisme du pied et de
son action dans le déplacement de la machine organique, il faut le
considérer d'abord, non pas comme appareil isolé, mais dans ses rapports avec l'ensemble du mécanisme moteur.

Nous allons donc jeter un coup d'œil général sur le système locomoteur tout entier, avant d'étudier, dans ses détails, les dispositions
de l'appareil du pied, qui en est un des rouages les plus merveilleux.

---

[1] *With the horse is accomplished one of the most difficult problems in me-
chanics, that is to say, the moving of the large and heavy body with an
extraordinary degree of velocity.*        (Bracy Clarck's *Podonomia*, p. 30.)

§ I<sup>er</sup>.

## DE L'APPAREIL LOCOMOTEUR CONSIDÉRÉ D'UNE MANIÈRE GÉNÉRALE.

Le cheval, l'un des animaux les plus grands et les plus lourds de la création, est en même temps aussi l'un des plus libres dans ses allures, l'un des plus rapides dans ses mouvements, l'un de ceux qui a le plus de puissance pour imprimer à la masse de son corps les déplacements instantanés les plus considérables. Heureuse combinaison de facultés contraires, dont l'étude de sa machine donne le secret.

Les parties les plus essentielles de cette machine, considérée au point de vue de la locomotion, sont les membres. C'est d'elles principalement que nous allons nous occuper, parce que leur étude se rattache directement à notre sujet.

Les membres font l'office, dans la machine animale, de colonnes de support et d'organes d'impulsion.

A cet effet, ils sont constitués par des rayons solides, superposés et rendus continus les uns aux autres, à l'aide de liens flexibles mais très-résistants. Variables dans leurs formes, dans leurs dimensions et dans leurs rapports respectifs, ces rayons servent de support aux muscles, disposés par groupes autour d'eux, et destinés à leur imprimer des mouvements en différents sens, à la manière de ressorts agissant sur des leviers.

Ce qui frappe, à première vue, dans l'agencement des rayons constituants des membres, c'est la disposition angulaire qu'ils affectent généralement, les uns par rapport aux autres. Ainsi, le scapulum et l'humérus forment ensemble un angle ; l'humérus et le radius en forment un autre ; le métacarpe et la première phalange en constituent un troisième. De même, dans le membre postérieur, l'ilium et le fémur, le fémur et le tibia, le tibia et le métatarse, le métatarse et la première phalange forment, en se rencontrant, une succession d'angles superposés.

Ces rapports des rayons osseux sont sans doute défavorables à la solidité, puisque la première condition de force et de résistance d'une colonne est dans la superposition perpendiculaire des assises qui la constituent ; mais, d'autre part, ils favorisent l'action des ressorts musculaires, tandis que, par un ingénieux antagonisme de muscles et de cordes tendineuses, les *angles osseux* acquièrent, dans les temps voulus, un degré suffisant de raideur pour ne pas s'affaisser sous l'effort des pressions qui tendent à les fermer, et ne céder que dans la limite nécessaire à l'amortissement des réactions.

En sorte que, grâce au mécanisme de cette disposition, l'appareil des membres réunit en lui deux propriétés presque contraires : la rigidité et la flexibité, en vertu desquelles il est si parfaitement adapté à remplir son double office de colonne de soutien et d'organe d'impulsion.

Ces deux facultés et cette double fonction sont communes aux membres antérieurs et aux postérieurs ; mais elles ne leur appartiennent pas au même degré.

Situés en arrière du centre de gravité, et plus en dehors de son action, les membres postérieurs sont plus particulièrement destinés, par leur situation même, à imprimer à la masse du corps les mouvements de déplacement.

Placés, au contraire, en avant du centre de gravité et plus directement sous sa pression, les membres antérieurs ont, pour fonction plus spéciale, d'offrir à la masse du corps déplacée par l'impulsion du derrière, les appuis qui doivent la soutenir.

Les membres postérieurs sont donc plus particulièrement des agents d'impulsion, et ceux de devant des organes de support ; toutefois, la faculté impulsive appartient aussi à ces derniers, de même que les premiers fonctionnent aussi comme appareils de soutien. Mais il y a pour ainsi dire inversion d'aptitudes fonctionnelles dans les uns et dans les autres ; aussi présentent-ils, dans leur structure anatomique, des différences en rapport avec la différence du rôle qu'ils ont à remplir dans la locomotion.

Pour les membres antérieurs, par exemple, tout est admirablement disposé pour que la masse du corps trouve, dans leurs colonnes, des étais solides, flexibles, souples et élastiques tout à la fois, qui la soutiennent dans l'état de repos, lui offrent incessamment dés points d'appui nouveaux, quand elle est déplacée, amortissent les ébranlements que les réactions du sol pourraient lui causer, et lui communiquent enfin un nouveau mouvement d'impulsion, au moment où ils se dégagent de dessous elle, pour aller au-devant de sa chute.

La solidité de ces colonnes de soutien résulte de la superposition de leurs rayons osseux et de la rigidité que donnent aux angles qu'ils forment, les appareils musculaires et tendineux qui s'opposent à leur fermeture [1].

[1] L'anatomie enseigne que sur les sommets des angles formés dans les

Leur flexibilité est la conséquence de la multiplicité des pièces qui les composent, et de la nature des liens qui les unissent.

La souplesse est le résultat combiné d'une foule de dispositions ingénieuses qui tendent à la produire.

La plus remarquable de ces dispositions, et qui est toute spéciale aux membres antérieurs, est le défaut de continuité qui existe entre leurs squelettes et le squelette du tronc. L'union du tronc aux membres ne s'effectue, en effet, que par des parties molles, musculaires ou fibreuses.

La *caisse* thoracique est soutenue et comme suspendue entre les omoplates, par deux larges expansions charnues, doublées à l'extérieur d'une puissante enveloppe aponévrotique, qui s'appliquent sur ses parois latérales dans une vaste étendue, et s'attachent par un faisceau considérable de fibres convergentes à la face interne du scapulum, en sorte qu'elles forment, au thorax, comme une sorte de soupente, sur laquelle il est supporté, à la manière de la caisse d'une voiture, sur la soupente de ses ressorts.

Ingénieux mécanisme, dont on conçoit, à première vue, et la disposition et les conséquences.

Mais, différente des liens inertes de suspension, qui présentent une résistance constante et invariable à l'action des efforts qu'ils ont à supporter, la soupente thoracique jouit d'une élasticité *active,* si l'on peut dire, qui se proportionne et se gradue, suivant l'intensité d'action de la cause qui la met en jeu.

Passifs par leur doublure fibreuse, dont la force de ténacité leur donne la puissance de résister constamment, et sans fatigue, à l'action de la pesanteur à laquelle ils font incessamment équilibre, les muscles grands dentelés deviennent actifs par leurs fibres contractiles sous-jacentes à leur enveloppe extérieure ; et lorsque la masse du corps, lancée par l'impulsion du derrière, vient à retomber sur les colonnes de devant, les grands dentelés, en se contractant au moment de la chute, retiennent pour ainsi dire cette masse entraînée par la gravitation, raccourcissent l'espace qu'elle a à parcourir, et augmentent de toute l'énergie de leur contraction la force des liens

membres par les rayons osseux, à leurs points de contact, il existe des appareils tendineux ou musculo-fibreux destinés à faire résistance aux pressions qui s'exercent sur les côtés des angles et qui tendent à les fermer. M. Mignon a développé cette idée dans son ingénieux *Essai de mécanique animale.* Nous y renvoyons ; de plus longs détails sur cette question de physiologie nous meneraient au delà de notre but.

qui unissent le tronc au membre. Puis, lorsqu'une fois l'élan de
l'impulsion est éteint, la contraction de la fibre charnue des muscles
suspenseurs cesse, et tout le poids de la masse reste supporté par
leur puissante aponévrose d'enveloppe.

Les grands muscles charnus qui se rendent du sternum au bras
remplissent aussi, par intermittence, l'office d'organes de suspension.
Principalement locomoteurs, comme l'indique leur composition
même, ces muscles fonctionnent comme suspenseurs, lorsque la
masse du corps retombe entre les deux épaules.

Du sommet de l'humérus, devenu alors leur point fixe, ils agissent
en se contractant sur la caisse thoracique, qui tend à descendre entre
les deux colonnes antérieures, la retiennent dans sa chute, et s'opposent ainsi, concurremment avec la partie charnue des grands dentelés, à ce que l'aponévrose inextensible de ces derniers reçoive,
dans toute sa force, l'action de la gravitation, augmentée de toute
l'intensité du mouvement communiqué.

En donnant aux muscles, dont la puissance de ténacité augmente
avec la contraction même, la fonction de supporter le premier effort
de la pesanteur, au moment où le corps, lancé dans l'espace, vient à
atteindre le sol, la nature a ainsi prévenu les dilacérations dont le
tissu fibreux aurait été infailliblement le siége, s'il avait eu à soutenir le premier choc; et, en outre, elle a disposé ainsi un appareil d'élasticité parfait, toujours proportionné, dans sa force de résistance, à l'intensité des actions qui lui sont opposées.

Que si, par exemple, il avait existé une connexion entre le membre
antérieur et le tronc, par voie de continuité du squelette, comme
dans le membre postérieur, il y aurait eu à craindre que, dans les
chocs de la masse pesante du corps contre le sol, les viscères intérieurs n'éprouvassent des ébranlements dangereux pour leur structure, et aussi que les os de support ne devinssent impuissants à résister à la violence des percussions dans les mouvements si rapides dont
la machine du cheval est susceptible.

L'appareil d'amortissement des réactions que représente le groupe
des muscles suspenseurs du thorax, est complété, et pour ainsi dire
perfectionné dans ses fins, par la direction et les rapports des os auxquels ces muscles s'implantent.

L'omoplate et l'humérus ne se rencontrent pas en ligne droite; ils
forment, à leur point de contact un angle considérable, ouvert en arrière, en sens inverse de celui qui résulte de l'union du fémur avec

l'ilium, dont l'ouverture est dirigée en avant. Ces angles, inversement disposés, que forment à l'origine des membres antérieurs et postérieurs, leurs deux premiers rayons, ont été comparés avec justesse par Youatt [1], aux ressorts des voitures modernes, avec lesquels ils ont des analogies de forme et d'usage. On conçoit, en effet, que les pressions exercées de haut en bas ou de bas en haut, sur les côtés de ces ressorts osseux, aient pour conséquence de tendre à les rapprocher, effet auquel résistent les muscles antagonistes de leur fermeture, et qu'ainsi soit obtenue une puissance d'élasticité sur laquelle s'éteint toute l'énergie des percussions.

En outre de leur direction oblique de haut en bas et d'arrière en avant, si favorable à l'amortissement des réactions, les deux scapulums en affectent une autre de haut en bas et de dedans en dehors, qui leur donne une nouvelle force de résistance contre les pressions qu'ils ont à supporter. En effet, en vertu de cette direction, signalée pour la première fois et bien interprétée par Bourgelat, l'effort qui s'exerce en dedans des omoplates, a pour conséquence de les faire converger, par leur bord supérieur, vers les apophyses épineuses du garrot, sur lesquelles elles prennent un point d'appui comme sur une véritable clé de voûte ; et, ainsi opposées l'une à l'autre par leurs sommets, elles se trouvent dans les conditions les plus favorables pour soutenir le poids appendu entre deux, avec une grande force de résistance, qui n'exclut cependant pas un certain degré d'élasticité, car le bord supérieur des omoplates est muni d'un cartilage flexible, par lequel elles s'appuient sur les apophyses épineuses, et qui fait l'office, au moment de la pression, d'un ressort élastique propre à l'amortir.

Ainsi donc, dans les régions supérieures du membre antérieur, l'amortissement des réactions est le résultat combiné du mode d'attache du membre au tronc, par des liens musculaires et fibreux, de l'angularité de position des deux premiers rayons, et de l'inclinaison du scapulum vers les apophyses du garrot.

Nous verrons plus loin que, dans les régions inférieures, il existe aussi une merveilleuse combinaison de leviers, d'appareils ligamenteux et de coussins élastiques pour produire les mêmes effets.

[1] *This singular construction of the limbs reminds us of the similar arrangement of the springs of a carriage, and the ease of motion, and almost perfect freedom from jolting, which are thereby obtained.*

(Youatt, *The horse*, p. 327, 1846.)

Mais, entre ces régions inférieures et les supérieures, dont nous venons d'étudier la disposition générale, les rayons osseux ont une direction perpendiculaire, et la transmission des pressions et des chocs semble s'effectuer, suivant leur longueur, sans aucune déperdition.

Il n'en est rien, cependant; les effets de la perpendicularité nécessaire pour la beauté des formes et la solidité de l'appui, sont contrebalancés dans ce qu'ils ont de favorable aux réactions, par la *brisure* des articulations carpiennes.

Là, une double rangée de petits os, revêtus, sur leurs surfaces de contact, de coussins diarthrodiaux, et séparés les uns des autres par des cloisons synoviales, s'interpose entre les deux grands rayons de l'avant-bras et du canon, et fait l'office entre eux d'un appareil d'amortissement qui, sans rien changer à la solidité de l'appui, s'oppose à la transmission intégrale des pressions supérieures ou inférieures.

Tout est donc calculé dans les membres antérieurs, pour permettre à la machine du cheval, si pesante cependant, de se lancer dans l'espace avec l'étonnante impétuosité qui est propre à ses mouvements, sans crainte que lorsqu'elle touche la terre, les réactions des chocs produisent en dedans d'elle des ébranlements nuisibles à ses organes.

Dans les *membres postérieurs*, il existe aussi un arrangement parfaitement combiné pour produire la solidité de la colonne et sa puissance d'action, unies à un certain degré de souplesse et d'élasticité.

Mais ce qui prédomine en eux comme organes d'impulsion, c'est la solidité et les dispositions favorables à l'action musculaire.

Ainsi il existe une connexion intime entre la charpente du tronc et celle du membre. Le premier rayon du membre, l'ilium est commun à l'une et à l'autre. Le second est en continuité articulaire avec le premier; et comme l'ilium est intimement associé, d'une part, à la tige vertébrale, par ses rapports avec le sacrum; et, d'autre part, aux os du bassin avec lesquels il ne forme qu'un tout continu, même dès les premiers temps de la vie, il en résulte que l'impulsion communiquée par l'action du membre postérieur, se transmet sans perte aucune, par des parties solides, à toute la machine : conditions qui n'auraient pu être qu'imparfaitement obtenues, si le membre *propul-*

*seur* n'eût été lié au corps que par des parties molles et élastiques, à la manière de celui qui est principalement destiné au soutien.

Les autres conditions de solidité et de puissance d'action du membre postérieur, se trouvent dans le volume et la densité de ses os, dans la saillie de leurs éminences d'implantation, dans les angles qu'ils forment plus nombreux et plus fermés que ceux du membre antérieur, dans le développement des masses musculaires qui se groupent autour d'eux, et, enfin, dans la force de résistance des membranes aponévrotiques qui servent, à ces masses charnues, de revêtement ou de points d'appui : toutes conditions, soit des leviers, soit des ressorts qui les mettent en jeu, admirablement combinées pour la production de mouvements tout à la fois rapides et énergiques.

Cette construction si favorable dans le membre postérieur à la production du mouvement et à sa transmission complète, concourt aussi, par un heureux arrangement, à l'amortissement des réactions. Les *angles osseux* font, en effet, dans ce membre comme dans celui du devant, l'office de ressorts qui cèdent graduellement sous la pression et éteignent, dans leur élasticité, les effets de la rencontre, souvent violente, du corps contre la terre, dans les mouvements de progression rapide.

Ce jeu des angles du membre postérieur est suffisant pour contrebalancer les conséquences de sa connexion solide avec le tronc, d'autant surtout, que lorsque le corps a reçu une vigoureuse impulsion qui l'a détaché du sol et lancé dans l'espace, les premières colonnes qui viennent à l'appui sont celles de devant, où tout est si parfaitement ménagé pour l'amoindrissement du choc ; celles de derrière ne prennent terre qu'en dernier lieu, lorsque déjà le plus grand effet de la commotion est produit et en partie éteint.

Ajoutons, enfin, comme dernière considération, que le membre postérieur est éloigné du centre de gravité, et que la tige vertébrale qui l'unit aux parties antérieures, est douée d'une certaine flexibilité ; double condition qui concourt à atténuer les effets des ébranlements qu'il pourrait communiquer aux viscères intérieurs, soit par l'énergie de sa détente, soit par la violence de ses heurts contre le sol.

Il ressort des considérations dans lesquelles nous venons d'entrer, sur les membres antérieurs et postérieurs, que ces appendices du tronc supportent dans la station, une part inégale de la masse du corps, les antérieurs étant plus chargés que les postérieurs, en raison de leur position respective sous le centre de gravité ; et que, dans la progression, ils remplissent des rôles, à quelques égards différents, les premiers étant plus particulièrement destinés à présenter à la masse du corps déplacé, les appuis qui doivent la soutenir, les seconds ayant pour fonction plus spéciale de lui communiquer le mouvement d'impulsion.

L'examen anatomique de ces membres nous a fait voir, dans leur construction, des différences en rapport avec la différence de leur rôle dans la fonction locomotrice.

Nous allons retrouver dans la région digitale, les mêmes particularités de dispositions mécaniques correspondantes aux mêmes aptitudes fonctionnelles.

Cette région qui va être maintenant l'objet de notre examen tout spécial, ne pouvait être bien comprise, au point de vue de la locomotion, dans l'arrangement si complexe de ses différentes parties constituantes, qu'après ce coup d'œil jeté sur l'ensemble de l'appareil dont elle n'est qu'une dépendance.

§. II.

DU ROLE DU PIED DANS LA LOCOMOTION.

L'intelligence que nous avons maintenant des rôles spéciaux dévolus dans la fonction locomotrice, aux groupes des appendices antérieurs et postérieurs, va nous donner la raison des différences qui appartiennent respectivement à leurs régions inférieures, et la connaissance acquise des dispositions mécaniques si parfaitement combinées dans les régions supérieures, pour associer la solidité et la ténacité des parties à leur souplesse et à leur élasticité, nous éclairera dans l'interprétation des dispositions analogues ou semblables que l'extrémité digitale présente à l'œil de l'observateur.

La disposition anatomique qui frappe, au premier examen, dans l'organisation du pied du cheval [1], lorsque l'on considère cette région, au point de vue de la locomotion, c'est la prédominance presque absolue des agents passifs de cette fonction, les os, les ligaments, les tendons, sur les organes actifs, les muscles. La fibre musculaire n'y apparaît, pour ainsi dire, qu'à l'état linéamentaire, dans l'épais-

---

[1] Le mot *pied* est pris ici dans son sens le plus large ; il comprend les régions qui s'étendent depuis les articulations carpiennes ou tarsiennes jusqu'au sabot inclusivement.

seur du ligament suspenseur du boulet, et aussi dans les petits faisceaux des lombricoïdes, sortes d'organes d'attente, qui ne paraissent pas avoir, dans l'économie du cheval, d'autre utilité que de
marquer une transition à une organisation plus complexe.

A ne considérer cette région que sous ce premier aspect, purement
objectif, on prévoit déjà que son rôle doit être exclusivement passif
dans la fonction locomotrice.

Et, en effet, le pied formé par les premières assises des colonnes
de soutien, supporte incessamment, dans la station, tout le poids de
la masse du corps, et dans la progression, ce même poids, dont l'intensité d'action s'est augmentée de toute la force d'impulsion qui
l'anime.

En outre, c'est par son intermédiaire que les leviers locomoteurs,
dont il est la continuité, prennent sur le sol le point d'appui, à l'aide
duquel les puissances qui les meuvent, soulèvent la machine et la
déplacent.

Enfin, il contribue, pour sa part, d'une manière très-puissante à
décomposer, dans le jeu de ses ressorts, le poids du corps qui lui est
transmis des rayons supérieurs, à atténuer ainsi les effets des pressions contre le sol, et, partant, l'énergie des réactions qui leur correspondent.

Ainsi, solidité et force de résistance pour supporter les pressions
de la pesanteur et les efforts de la locomotion ; souplesse et élasticité, pour atténuer les effets des chocs, et prévenir les ébranlements
de toute la machine, telles sont les propriétés que réunit, au plus
haut degré, le mécanisme du pied considéré comme organe locomoteur.

Ces propriétés qui exercent une si grande influence sur la liberté
et l'énergie des mouvements du cheval, résultent du mode suivant
lequel les rayons osseux se rencontrent et se superposent ; de leur
agencement avec les cordes tendineuses qui les bordent, et les faisceaux ligamenteux qui les entourent ; des qualités propres aux membranes et aux coussins élastiques annexés à la dernière phalange ;
et, enfin, de la forme, de la consistance, de l'épaisseur du sabot, de
la solidité de ses adhérences aux parties qu'il enveloppe, et du jeu
particulier de son élasticité.

Passons successivement en revue ces différentes conditions de
structure et d'aptitudes, dont la combinaison et l'heureux arrange-

ment font du pied du cheval un appareil locomoteur si parfaitement
adapté à ses fins.

## I. — Du mécanisme des articulations du pied.

La charpente du pied est formée par le concours de quatre os principaux : le métacarpe ou le métatarse, la première, la deuxième et la
troisième phalanges ; et de cinq os complémentaires : les deux péronés, les deux grands et le petit sésamoïdes.

Cette multiplicité des pièces composantes est déjà, pour la région
du pied, une première condition de mobilité, associée à la force de
résistance, car, tandis que, d'une part, les brisures de leurs articulations permettent un mouvement total assez étendu, qui résulte des
mouvements isolés propres à chacune d'elles ; d'autre part, les liens
nombreux qui les unissent, sont autant de ressorts sur lesquels se ré-
partissent et se perdent les efforts extérieurs.

Les rayons principaux du pied, dont la contiguïté complète et
achève la colonne de soutien des membres, n'affectent pas, en se
superposant, une direction perpendiculaire, laquelle est trop favorable à la transmission intégrale des actions qui s'exercent en sens inverse aux extrémités de la colonne.

Ici encore, comme dans les régions supérieures, la nature a ménagé avec un art suprême, par un simple changement de direction,
un ressort angulaire, dont le jeu est tout puissant pour faciliter l'effort impulsif des puissances locomotrices, et en même temps pour
atténuer l'énergie des commotions que le heurt du sol pourrait imprimer à la machine. Ce ressort est celui de l'articulation du boulet.

### a. Du mécanisme de l'articulation du boulet.

Le ressort osseux, formé par la direction oblique des phalanges
sur les rayons perpendiculaires métacarpiens ou métatarsiens, présente l'un des arrangements du mécanisme locomoteur, le plus ingénieusement disposé pour la décomposition et la dispersion de la force
que représente le poids du corps.

En effet, l'obliquité de la direction de la première phalange constitue sa surface articulaire supérieure à l'état de plan incliné, et lui
en donne les propriétés.

La pression que transmet intégralement le rayon supérieur métacarpien ou métatarsien, doit alors, en vertu de la disposition de cette
surface et des propriétés qui lui sont inhérentes, être décomposée
suivant deux directions nouvelles, l'une perpendiculaire à la surface

du plan lui-même, l'autre qui lui est parallèle. C'est effectivement ce qui arrive. La somme totale du poids que transmet l'extrémité inférieure de l'os du canon à la première phalange, est donc divisée en deux parts : l'une qui est reçue par le rayon phalangien, et conduite suivant son axe à l'os coronaire sur lequel il repose ; l'autre qui, déviée dans le sens de l'inclinaison du plan articulaire, vient aboutir aux deux grands sésamoïdes, dont les surfaces diarthrodiales, inversement disposées de celles de la première phalange, complètent le grand bassin de réception ménagé pour le jeu de l'extrémité inférieure du métacarpe ou du métatarse.

Or, les deux grands sésamoïdes sur lesquels est ainsi deversée, par le mécanisme de l'inclinaison des rayons phalangiens, une somme considérable de poids, sont associés à la première phalange, d'une part, par des faisceaux ligamenteux latéraux, doués d'une très-grande tenacité ; et, d'autre part, à l'os du canon, par un appareil funiculaire, dans lequel se trouvent réunis, à un haut degré de développement, deux attributs presque contraires : la tenacité et l'élasticité.

On peut avoir une idée du développement de cette double propriété, en exerçant un effort, dans le sens de l'extension, sur les deux extrémités d'un pied fraîchement préparé et appuyé par le milieu du métacarpe sur un point résistant. La pièce cède un peu sous l'effort, comme ferait une branche de bois vert de même calibre, mais on a la conscience que pour mettre en jeu son élasticité, il faudrait une puissance bien autrement énergique que celle d'un seul homme.

La force d'élasticité reste donc, pour ainsi dire, à l'état virtuel dans cette sorte d'expérience, mais elle devient bien manifeste, lorsque, sur le vivant, on coupe à la fois les deux tendons fléchisseurs ; l'effort de traction que subit alors le cordage sésamoïdien supérieur sous la pression du poids que supportent les sésamoïdes, est suffisant pour déterminer son allongement dans une assez grande mesure.

Cet appareil funiculaire, connu sous le nom de tendon suspenseur du boulet, constitue un faisceau si considérable, qu'il remplit entièrement la gouttière profonde que forme à la face postérieure du ca·non la saillie des péronés. Continu au ligament postérieur des articulations carpienne ou tarsienne, il conserve une épaisseur et une largeur égales dans plus de la moitié supérieure de son étendue. Unique dans tout ce trajet, il se divise, au delà de cette limite, en deux fortes branches qui descendent en s'écartant l'une de l'autre jusqu'au groupe des deux sésamoïdes. Là, elles s'épanouissent, chacune, en un puissant faisceau de fibres divergentes, qui s'attachent au bord supérieur de ces os et sur leurs parties latérales, et contractent avec eux une union si intime, que les sésamoïdes ne semblent être qu'un noyau d'ossification, dans la masse fibreuse dont ils sont entourés.

Le tendon suspenseur du boulet se continue au-dessous des sésamoïdes, et se prolonge en arrière de la première phalange jusqu'à l'origine de la deuxième, par un système de cordages aplatis, dont nous avons donné la description détaillée dans la première partie de ce travail.

Étant donnée cette disposition de cordages tendineux et ligamenteux, en arrière des rayons qui forment, par leur réunion, l'angle articulaire du boulet, on conçoit leur mode de fonctionnement.

Tout effort de pression qui tend à la fermeture de cet angle trouve tout d'abord un obstacle dans la tenacité de ces cordages, dont la longueur est exactement mesurée sur celle des rayons qu'ils bordent ; mais, d'autre part, comme ils sont susceptibles de se prêter à un certain allongement, en vertu de l'élasticité puissante dont ils sont doués, il en résulte que l'angle articulaire peut céder sous la pression dans une certaine limite, et reprendre immédiatement, par l'effet de la réaction élastique, son ouverture normale, lorsque l'effort qu'il a subi s'est épuisé.

Ainsi se trouve obtenu, par un mécanisme aussi simple qu'ingénieux, un jeu puissant de ressort, bien propre, tout à la fois, à amortir les réactions du sol contre la masse du corps qui le percute, et à faciliter son élan impulsif.

Ajoutons que, dans la double fonction de ce ressort, l'efficacité de son action se proportionne exactement aux nécessités qui la commandent. En effet, l'angle articulaire subissant un degré d'occlusion proportionnel aux pressions qu'il supporte, plus ces pressions sont fortes et plus cet angle doit céder. Or, sa fermeture a pour conséquence de rendre de plus en plus inclinée en arrière, la surface articulaire sur laquelle repose le rayon supérieur, c'est-à-dire de rejeter une partie, de plus en plus considérable, du poids transmis par ce rayon sur les sésamoïdes, et conséquemment sur l'appareil funiculaire élastique, à l'extrémité duquel ils sont comme suspendus.

En sorte que, dans un temps donné de la pression, alors que les rayons phalangiens affectent une position presque horizontale, comme, par exemple, dans les allures de la course, la masse entière du corps peut se trouver soutenue par des cordages élastiques.

Heureuse combinaison, en vertu de laquelle la plus grande intensité des efforts de la pesanteur porte sur les parties de l'appareil de sustentation les plus propres à les supporter, tandis que celles dont le mode de résistance n'est pas aussi bien adapté à leur action, y sont en partie soustraites.

Le tendon suspenseur du boulet est donc destiné à lutter incessamment contre l'antagonisme de la pesanteur, à la manière d'une soupente élastique qui s'allonge sous l'effort qu'elle subit, et revient quand il cesse à ses dimensions premières.

Mais cette élasticité même, si puissamment développée dans ce grand appareil ligamenteux, n'est pas compatible avec la fixité des rapports que, dans certains moments de la station et de la progression, les os doivent conserver entre eux, malgré leur rencontre angulaire, pour fournir un point d'appui résistant aux leviers supérieurs de la colonne locomotrice.

Il fallait donc, qu'à côté des cordes extensibles qui s'allongent sous l'effort et l'épuisent, il y en eût d'autres, douées, tout à la fois, d'une très-grande force de résistance et d'inextensibilité, qui pussent mettre une limite à l'allongement des premières, et opposer définitivement un obstacle infranchissable à la force qui tend à fermer l'angle articulaire.

Ce sont les tendons fléchisseurs du pied qui remplissent ce dernier usage [1].

Doués d'une force de résistance triple, au moins, de celle des extenseurs qui leur correspondent, ils concourent, avec le tendon suspenseur du boulet, à supporter, dans la station, une partie du poids deversé sur les sésamoïdes, par l'inclinaison du plan articulaire supérieur de la première phalange ; et, dans la progression, lorsque les efforts de la pesanteur, augmentés de toute l'énergie de l'impulsion communiquée à la masse du corps, déterminent la fermeture de

---

[1] Dans l'arrangement général du système locomoteur, les extenseurs sont plus particulièrement des forces de station et d'équilibre, et les fléchisseurs des agents de locomotion ; aussi les premiers prédominent-ils sur les seconds par leur développement et leur force. L'usage des fléchisseurs du pied, comme instruments de station, semble, à première vue, une dérogation à cette disposition générale. Mais, si l'on y réfléchit, cette dérogation est plus apparente que réelle ; car, si les muscles qui insèrent leurs tendons à la face postérieure des phalanges fonctionnent comme fléchisseurs par rapport à ces os, ils remplissent, pour ainsi dire, l'office d'extenseurs par rapport à l'articulation métacarpo-phalangienne, en s'opposant, par leur situation même, à la fermeture de l'angle que cette articulation forme antérieurement.

l'angle articulaire du boulet, et l'allongement proportionnel du ligament suspenseur des sésamoïdes ; c'est encore sur les tendons fléchisseurs que ces efforts viennent en dernier résultat aboutir et s'éteindre.

La preuve de cette fonction de support, dévolue aux tendons fléchisseurs du pied, est donnée évidente par l'opération de la ténotomie plantaire, que nous rappellions plus haut.

Lorsque les cordes tendineuses postérieures aux métacarpes sont, toutes les deux à la fois, interrompues dans leur continuité par une section transverse, on voit l'angle articulaire du boulet s'affaisser au moment de l'appui sous le poids du corps, le ligament sésamoïdien supérieur, étant insuffisant, en raison de son élasticité, pour contre-balancer une si forte pression.

Les tendons fléchisseurs du pied ne sont donc pas seulement des organes de transmission aux leviers osseux du mouvement communiqué par les muscles, ils remplissent aussi la fonction d'espèces de soupente inextensible, et supportent incessamment l'effort d'une partie de la masse du corps, en sorte qu'il est vrai de dire avec Spooner, que l'animal, dans une certaine mesure, se tient sur ses tendons [1].

Mais pour remplir ce rôle d'organes passifs de suspension, les cordes tendineuses des fléchisseurs devaient rester dans une complète indépendance d'action, vis à vis de la partie charnue à laquelle elles font continuité, sans quoi la fibre de ces muscles aurait été sollicitée à un état permanent de contraction, pour lutter contre l'antagonisme du poids du corps, dont elle aurait ressenti incessamment l'influence.

Or, il est une loi de l'économie, dont l'application est générale, qui veut que partout l'action musculaire soit intermittente.

Partout où les puissances musculaires ont à lutter contre des forces dont l'action est incessante, un appareil mécanique leur vient en aide. Ainsi, à l'encolure le ligament cervical, à l'abdomen la tunique fibreuse jaune qui forme le revêtement extérieur des parois, sont des ressorts qui aident la puissance musculaire pour lutter contre l'antagonisme de la pesanteur.

Dans la région du pied, le ligament suspenseur des sésamoïdes offre un nouvel exemple du concours donné par l'élasticité, qui ja-

---

[1] *The animal, in a measure, stands upon his flexor tendons.*

(Spooner, p. 51.)

mais ne se lasse à l'action musculaire si susceptible de faiblesse et d'épuisement.

Mais si ingénieuse que soit la disposition de cet appareil, il aurait été insuffisant pour prévenir, dans la station et surtout dans les violents efforts de la locomotion, les effets d'une traction continue sur la partie charnue des muscles fléchisseurs. Il fallait qu'entre les fibres contractiles de ces muscles, exclusivement destinées à imprimer le mouvement, et leurs cordes tendineuses transformées dans la région du pied en organes de suspension, il y eût un obstacle qui s'opposât à la transmission des efforts de bas en haut, tout en laissant libre la continuité des communications de haut en bas.

Cet obstacle existe en arrière et au-dessous des articulations carpienne et tarsienne. Il est constitué par une forte bride ligamenteuse qui se détache des ligaments capsulaires postérieurs de ces articulations, dont elle ne paraît être qu'un prolongement funiculaire, se superpose dans l'étendue de quelques centimètres à la face postérieure du grand ligament sésamoïdien, et s'unit, par une sorte de soudure, à la face antérieure du tendon perforant, dont le volume se trouve ainsi subitement accru de toute la somme des fibres propres à cette bride de renforcement.

A l'aide de cette disposition mécanique, aussi simple qu'ingénieuse, toute la masse de l'effort qui devait être transmise à la fibre charnue, par la continuité de la corde tendineuse, est ainsi détournée de son cours naturel, et reportée, par le canal de la bride carpienne, au sommet des métacarpiens, sur lesquels elle prend implantation par une grande étendue de surface.

C'est ainsi que les tendons fléchisseurs se trouvent transformés en ligaments de suspension et peuvent en remplir l'usage, à l'insu, si l'on peut dire, de la fibre charnue, sous la dépendance de laquelle ils demeurent, toutefois, comme agents de transmission du mouvement.

S'il fallait des preuves de ces usages des brides carpiennes et tarsiennes, on les trouverait d'abord dans la prédominance des premières sur les secondes.

La bride ligamenteuse du genou est bien plus forte, plus large et plus longue que celle du jarret, et donne au tendon perforant, en se soudant à lui, un bien plus gros volume.

Cette différence de disposition, dans les instruments essentiels de support, se trouve en concordance parfaite avec la diversité de structure que présentent les membres antérieurs et les postérieurs dans leur arrangement général, et fournit une preuve de plus de la différence de leur aptitude fonctionnelle.

Une autre confirmation de l'usage des brides carpiennes et tarsiennes, est donnée par la pathologie. Ces brides, celles du membre antérieur surtout, sont souvent le siége de dilacérations partielles, à la suite des contractions énergiques que nécessitent la progression à grande vitesse ou les violents efforts du tirage ; et rien d'étonnant qu'il en soit ainsi, puisque, intermédiaires entre les tendons et les os, elles deversent sur les seconds toute la masse des efforts accumulés sur les premiers, et, pour leur part, en subissent l'action dans toute son énergie.

La prédominance que nous avons signalée plus haut, des tendons des fléchisseurs du pied sur les extenseurs, dont ils ont plus de trois fois le volume, n'existe que dans toute l'étendue de la région tendineuse de ces muscles ; dans leurs parties charnues, cette disproportion serait plutôt à l'avantage des seconds sur les premiers.

C'est une nouvelle preuve de l'obstacle que mettent les brides ligamenteuses postérieures des articulations tarsiennes ou carpiennes, à la transmission des tractions de bas en haut. Évidemment, si la partie charnue des fléchisseurs du pied avait été destinée à fonctionner activement, comme organe de station et d'équilibre, et à entrer, pour sa part, en lutte avec la pesanteur, elle aurait dû avoir le développement et l'organisation caractéristiques des muscles spécialement destinés, comme le coraco-radial, par exemple, à donner aux colonnes de soutien la rigidité nécessaire pour supporter le poids du corps dans la station et dans les différentes attitudes.

On conçoit, d'après les détails dans lesquels nous venons d'entrer, comment dans les efforts qui s'exercent sur l'angle articulaire du boulet, le grand ligament sésamoïdien et les tendons fléchisseurs, convertis, par les brides sous-carpiennes ou tarsiennes, en ligaments suspenseurs, mettent obstacle à l'occlusion de cet angle, et maintiennent toujours à distance les os angulairement disposés, comme les deux côtés d'un ressort de voiture.

Pour que ce ressort du boulet fonctionne avec le plus de solidité possible, comme cela, par exemple, est nécessaire au moment où la colonne locomotrice prenant son point d'appui sur le sol, va communiquer l'impulsion, il faut que les os, qui le forment par leur rencontre, soient disposés dans les conditions les plus favorables de résistance et de rigidité.

Ces conditions existent toujours dans le bras de levier supérieur du ressort, lequel est formé d'une seule pièce, l'une des plus denses et des plus résistantes de tout l'appareil osseux.

Mais dans le bras de levier inférieur, constitué par la superposition des os phalangiens, la rigidité nécessaire à la solidité du mouvement, ne peut être obtenue que par une action puissante de l'extenseur de ces os.

Or, la partie phalangienne du tendon de cet extenseur est liée matériellement, et fait, pour ainsi dire, continuité au tendon suspenseur des sésamoïdes, par l'intermédiaire de ces deux brides latérales (Pl. VIII et IX, κ) qui se prolongent des branches du second jusqu'aux bords du premier, avec lesquels elles s'unissent de la manière la plus intime. Grâce à cette véritable continuité de texture entre ces deux appareils fibreux, tout effort qui s'exerce sur les sésamoïdes est transmis directement à l'extenseur et sollicite mécaniquement son action, en sorte que la même cause qui tend à faire fermer l'angle articulaire du boulet, produit en même temps ce résultat, de maintenir les phalanges dans la plus grande extension possible, et de donner au bras de levier qu'elles constituent, une rigidité croissante avec l'intensité des efforts qu'elles subissent.

A considérer, dans l'ensemble de sa structure et des mouvements qui lui sont propres, cette merveilleuse articulation du boulet, l'une des plus importantes de tout l'appareil locomoteur, on voit qu'en elle se trouve résolu le difficile problème, de mobiliser pour ainsi dire le poids du corps transmis sur la première phalange, de manière à ce que sa plus grande masse soit alternativement portée, ou sur les os, ou sur les appareils souples de suspension qui leur sont annexés, ou tenue entre deux dans une sorte d'équilibre ; en sorte que, suivant les nécessités de la progression et des différentes attitudes, l'appui du rayon perpendiculaire du canon s'effectue, tantôt sur un point résistant, tantôt sur la base souple des soupentes de suspension, et tantôt, enfin, dans un point intermédiaire entre ces deux extrêmes.

Heureuse combinaison, en vertu de laquelle la masse si pesante de la machine du cheval trouve toujours un point d'appui solide et résistant pour se lancer dans l'espace, et un appareil souple d'amortissement pour prévenir les effets de son choc contre le sol sur lequel elle retombe.

### *b.* DU MÉCANISME DE LA PREMIÈRE ARTICULATION PHALANGIENNE.

L'articulation de la première phalange avec la deuxième reproduit un peu, dans sa forme et dans sa disposition générales, la grande articulation du boulet; mais elle en diffère essentiellement par sa mobilité très-limitée, surtout dans le sens de l'extension. Tout semble, en effet, calculé dans sa structure, pour faire antagonisme aux puissances qui tendent à produire ce dernier mouvement. Ainsi, les deux os sont étroitement associés l'un à l'autre, en arrière, par les deux fortes et courtes brides ligamenteuses qui, de chaque côté du bord postérieur de l'os de la couronne, se projettent obliquement en avant, vers la face postérieure de la première phalange. Au milieu de ces deux faisceaux, le groupe superposé des ligaments sésamoïdiens inférieurs établit une forte union entre les sésamoïdes et le bord supérieur de l'os coronaire auquel il se soude intimement, en confondant son tissu avec celui qui forme le revêtement de la poulie fixe que ce bord représente.

Ces ligaments sésamoïdiens, exclusivement formés de tissu fibreux blanc, sont par eux-mêmes complétement inextensibles; mais la continuité qui existe entre eux et le ligament suspenseur du boulet, par l'intermédiaire des sésamoïdes, leur donne une sorte d'élasticité indirecte très-bornée, qui associe heureusement, dans cette région, un certain degré de souplesse à une extrême ténacité.

En troisième lieu, l'union postérieure des deux premiers os phalangiens est renforcée par les deux branches du perforé, qui s'attachent aux éminences latérales postérieures de l'os coronaire, et peuvent être considérées comme un appareil ligamenteux complémentaire.

Enfin, tout ce système, déjà si puissant d'union, est complété par les deux fortes brides latérales de la gaîne de renforcement de l'aponévrose plantaire, qui se superposent en X aux deux branches du perforé, s'insèrent, au-dessus de ce point de croisement, à la face postérieure latérale de la première phalange, et en bas aux apophyses rétrossales et à la crête semi-lunaire.

Tout est donc parfaitement disposé dans cette jointure pour la résistance contre les forces qui tendent à produire l'extension. Et, en effet, soit que le pied pose à terre en plein, comme dans la station; soit qu'il s'arc-boute sur le sol, comme dans les efforts du tirage; soit qu'il vienne à la rencontre du terrain par les branches de la fourchette et par les talons, comme dans les mouvements du *ste-peur* anglais, ou après un bond qui a détaché le corps du sol ; dans toutes ces circonstances, l'action musculaire, plus celle de la pesanteur augmentée de la force d'impulsion communiquée au corps, sont autant de puissances qui tendent à produire l'extension des pièces du bras de levier phalangien, et contre lesquelles il fallait qu'il y eût un appareil de résistance proportionné. La nature, comme on vient de le voir, y a pourvu.

Dans le sens de la flexion, les mouvements de la première articulation inter-phalangienne sont un peu plus étendus que dans celui de l'extension, grâce à une certaine laxité que possède le ligament capsulaire antérieur ; mais telle est encore, à cet égard, la limitation de la mobilité, que cette articulation doit être considérée moins comme une jointure destinée à permettre un changement dans les rapports des os qui la forment, que comme une sorte de *brisure* du levier phalangien, dont le but est de rompre, à la manière des jointures carpiennes ou tarsiennes, la continuité des efforts exercés en sens inverses aux extrémités de la colonne de soutien.

L'obliquité de la surface de réception que la deuxième phalange présente à la première, doit aider à produire ce résultat, puisque sur ce plan incliné, comme sur celui que l'os du paturon présente à son rayon supérieur, il doit y avoir pour la force que représente le poids transmis, décomposition et dispersion dans la double direction des lignes perpendiculaires et parallèles à la surface du plan.

Ici encore, comme dans l'articulation supérieure, la somme de force déviée suivant le sens de l'inclinaison du plan articulaire, doit aller s'amortir et se perdre sur les ligaments d'union postérieurs, dont les plus considérables, les sésamoïdiens jouissent, ainsi que nous l'avons vu plus haut, d'une sorte d'élasticité indirecte.

#### c. DU MÉCANISME DE LA DEUXIÈME ARTICULATION PHALANGIENNE.

Le jeu de la seconde articulation inter-phalangienne, s'effectue dans un champ beaucoup plus vaste que celui de la première, grâce à l'étendue du bassin diarthrodial que l'os du pied forme, de concert avec le petit sésamoïde, pour la réception de l'extrémité inférieure de l'os coronaire, au développement de la gaîne synoviale qui sert de revêtement aux surfaces de ces os, et à la disposition spéciale des ligaments qui les unissent.

Les mouvements de cette articulation sont de deux ordres différents, suivant que la colonne de soutien est levée ou posée à terre et sert à l'appui.

Dans le premier cas, c'est la troisième phalange qui se meut sur la deuxième, obéissant aux mouvements d'extension assez bornée ou de flexion plus étendue, que lui commandent les muscles qui s'insèrent à son éminence pyramidale et à sa crête semi-lunaire. La deuxième phalange sert alors de pivot à la troisième.

Mais, lors du poser sur le sol de la colonne d'appui, les rôles changent ; l'os du pied et le petit sésamoïde, appuyés sur les coussins élastiques qui les supportent, acquièrent une sorte de fixité relative, et c'est la deuxième phalange qui se meut alors sur la troisième, dans le sens de l'inclinaison de la surface que cette dernière lui présente.

La seconde articulation intra-phalangienne fonctionne dans ce cas comme appareil d'amortissement, à la manière de la grande jointure du boulet dont elle reproduit presque identiquement la disposition.

Le poids du corps, transmis par la phalange coronaire à l'os du pied, est décomposé par le mécanisme de l'inclinaison de la surface articulaire de ce dernier, et se divise en deux parts ; l'une que supporte la phalange unguéale et qu'elle transmet directement au sabot ; l'autre qui se dévie suivant le sens de l'obliquité du plan articulaire et que reçoit le petit sésamoïde.

Or, le petit sésamoïde est comme suspendu à l'os de la couronne par ces faisceaux fibreux, appelés ligaments latéraux postérieurs de la dernière articulation phalangienne, qui remplissent, dans le poser du pied, le rôle d'appareils de suspension, à l'instar du grand ligament suspenseur des sésamoïdes supérieurs, moins toutefois l'élasticité dont ils ne sont doués qu'à un degré fort obscur.

C'est, comme on le voit, une disposition parfaitement analogue à celle de l'articulation du boulet. Une partie de la pression qu'exerce le poids du corps, au lieu d'être transmise directement au sol, par la continuité des rayons osseux, se disperse et s'épuise sur un os *suspendu,* sous lequel il n'existe pas de pièces solides aptes à recevoir et transmettre les impressions qu'il supporte.

De même encore qu'à l'articulation du boulet, ce système spécial de suspension est complété et renforcé par le tendon fléchisseur profond qui, pour le petit comme pour les grands sésamoïdes, fait l'office d'une sorte de soupente destinée à supporter et à soutenir incessamment l'effort des pressions que cet os subit.

Il est aidé, dans cette fonction passive, par son aponévrose de renforcement, dont les deux brides latérales s'implantent en arrière sur la diaphyse de la première phalange, et détournent sur elle, comme les brides tarsiennes et carpiennes, sur les os auxquels elles s'insèrent, la plus grande somme de l'effort que le tendon supporte ; dernière disposition qui complète l'analogie que nous avons établie entre les deux articulations situées aux extrémités opposées du levier phalangien, et qui donne une preuve de plus de l'art suprême avec lequel la nature a su faire concourir les deux tendons postérieurs des phalanges aux deux fonctions, jusqu'à un certain point incompatibles d'agents de transmission du mouvement et d'organes de suspension du poids du corps.

Notons, en terminant, que le système ligamenteux et tendineux, disposé en arrière de la deuxième et de la troisième phalanges, pour supporter les pressions et les décomposer, fonctionne aussi comme appareil antagoniste de toutes les forces qui tendent à produire l'extension extrême des pièces du levier phalangien, et, qu'ainsi, se trouvent réunies en arrière de ce levier, les conditions les mieux calculées de résistance à l'action de ces forces.

L'articulation du boulet et celle du pied ont donc le même mode de fonctionnement, si l'on peut ainsi dire, soit comme rouages du mécanisme locomoteur, soit comme appareils d'amortissement des pressions et des chocs. En elles se trouvent réunies presque au même dégré, les conditions de la souplesse et de la solidité ; et l'une de ces propriétés y est alternativement prédominante sur l'autre, suivant les rapports qu'affectent les rayons osseux dans les différentes attitudes des colonnes de soutien.

Eh bien, une chose remarquable dans ces deux jointures supérieure et inférieure du levier phalangien, c'est qu'elles s'alternent de telle façon, dans leur fonction d'amortissement, que si, par la disposition de l'une d'elles, tous les ressorts de l'élasticité sont mis en jeu, au même moment les conditions de la résistance et de la solidité sont accumulées dans l'autre par l'arrangement actuel des leviers qui la composent.

Ainsi, par exemple, c'est au moment où l'articulation métacarpophalangienne est le plus fermée possible, c'est-à-dire où la plus grande masse de la pression du poids est déversée sur les sésamoïdes et sur leur appareil de suspension, c'est à ce moment que le levier phalangien est le plus tendu et que, conséquemment, l'os coronaire est le plus immobile sur la phalange unguéale.

Lorsque, au contraire, les deux premières phalanges sont disposées sur la même ligne que le métacarpe, et reçoivent intégralement toute sa pression, comme à l'instant du poser du pied par la pince, c'est alors que l'os coronaire effectue son plus grand mouvement de roulis d'avant en arrière, sur le plan diarthrodial incliné de l'os du pied, et rejette sur le petit sésamoïde la plus grande somme de l'effort qu'il supporte.

Ingénieuse disposition mécanique, qui fait que, dans les différents temps des attitudes et des mouvements de la colonne locomotrice, elle réunit en elle, tout à la fois, les conditions de solidité et de souplesse, pour remplir sa double fonction de ressort destiné à communiquer le mouvement à la machine et d'appareil propre à la soutenir.

## II. — Fonctions des membranes tégumentaires et de l'appareil fibro-cartilagineux élastique du pied.

Cet ensemble de dispositions de la colonne des membres, si favorable à son élasticité, est admirablement complété par les moyens d'attache au sabot de la troisième phalange, et par l'appareil de cartilages et de coussins fibreux qui lui sont annexés.

C'est le jeu de ces parties qu'il nous faut maintenant examiner.

L'élasticité, au niveau de la troisième phalange, est le résultat combiné d'actions mécaniques auxquelles concourent, tout à la fois, la peau renflée de la cutidure, les membranes enveloppantes, les prolongements cartilagineux, le coussinet plantaire et ses bulbes renflés, et enfin la boîte cornée elle-même.

Examinons successivement la part qui revient à chacune de ces parties dans le phénomène complexe de l'élasticité propre à l'extrême région digitale.

### a. Role de la cutidure (bourrelet) et des membranes enveloppantes dans l'élasticité.

Lorsque, au moment où le sabot vient à poser sur le sol, la deuxième phalange, chargée de tout le poids que lui ont transmis les rayons supérieurs, s'appuie sur la troisième, cette dernière tend, sous l'effort des pressions, à effectuer un double mouvement, l'un *de descente* dans l'intérieur de la boîte cornée, suivant le sens de la longueur de la phalange, ou, ce qui revient au même, suivant la direction des lames podophylleuses; l'autre *de bascule* en arrière. Ce double mouvement de la phalange unguéale est la conséquence de l'obliquité de sa surface articulaire qui décompose à la manière d'un plan incliné, ainsi que nous l'avons fait observer plus haut, les pressions qu'elle supporte suivant deux directions : l'une perpendiculaire à la surface du plan, et l'autre qui lui est parallèle.

Or, de ces deux mouvements, celui qui s'effectue en ligne verticale, parallèlement à la direction des feuillets, est immédiatement borné dans son étendue, 1° par le renflement cutidural, sorte de *tampon* circulaire, dont la saillie s'oppose à ce que la phalange pénètre très-avant dans le cylindre corné ; 2° par l'engrenure des feuillets de chair avec les feuillets de corne qui sont unis ensemble d'une manière très-intime, comme nous le verrons plus loin ; 3° enfin, par la résistance même de la sole cornée, immédiatement sous-jacente à la face plantaire de la phalange dont la sépare seulement l'épaisseur de la membrane veloutée, et du réticulum fibreux et vasculaire qui lui est superposé. En sorte que la somme considérable des pressions dont la phalange unguéale est chargée, au lieu d'être transmise directement au sol suivant la ligne verticale, se trouve dispersée : en premier lieu, sur le bord supérieur de la paroi par le tampon du bourrelet ; en deuxième lieu, sur toute l'étendue de la face interne de cette paroi, par chacune des lamelles podophylleuses ; en troisième lieu, enfin, sur la face supérieure de la sole, par la face plantaire de la phalange.

Or, comme cette transmission ne s'opère que par l'intermédiaire de parties qui, telles que le bourrelet, font l'office de *coussin,* ou sont douées d'une extensibilité assez marquée, comme les lames podophylleuses, et surtout leur réticulum fibreux sous-jacent, il en résulte que l'effort de pression transmis par la troisième phalange s'épuise, en se dispersant, par la souplesse des liens multiples qui le reçoivent.

Le réticulum fibreux sous-jacent aux membranes vasculaires sur toute la périphérie de la phalange unguéale, et partout continu à lui-même, peut donc être considéré comme une sorte de ligament sacciforme, dans lequel la phalange se trouve, pour ainsi dire, suspendue, et qui l'attache en haut par le renflement cutidural, au bord de la paroi, et, par l'intermédiaire des prolongements podophylleux, à toute l'étendue de la face interne du sabot.

La preuve, du reste, que ces parties remplissent bien, pour la phalange, l'office d'appareil ligamenteux de suspension, et que la sole sert plutôt de plastron protecteur que de plancher de support, c'est que, après la dessolure, la phalange ne s'affaisse pas sous la pression supérieure, à un niveau plus bas que dans le cas où le sabot est conservé dans son intégrité.

### *b.* ROLE DES PROLONGEMENTS FIBRO-CARTILAGINEUX DE LA TROISIÈME PHALANGE DANS L'ÉLASTICITÉ.

Les fibro-cartilages phalangiens peuvent être considérés comme un prolongement élastique de la première assise des membres, destiné à élargir la surface par laquelle elle se met en rapport avec le sabot, et lui communique les pressions qui lui sont transmises.

L'action des cartilages, comme ressort d'élasticité, commence lorsque le poids du corps, déversé en arrière par l'inclinaison de la surface articulaire de la troisième phalange, fait exécuter à cet os son mouvement de bascule.

La phalange cédant sous cette pression, tend à s'engaîner plus profondément dans la partie postérieure du cylindre corné, en affaissant sous elle et sous le petit sésamoïde qui fait corps avec elle, les couches stratifiées du coussinet plantaire.

C'est alors que les fibro-cartilages du pied, entraînés par ce mouvement d'abaissement de la phalange dont ils ne sont qu'un prolongement, font effort pour pénétrer, à la manière d'un coin, dans l'intérieur de la boîte cornée, au-dessus de laquelle ils font saillie par leur moitié supérieure dans les conditions de repos.

Mais, comme d'une part, l'envergure de ces sortes d'ailes fibrocartilagineuses de la phalange unguéale présente une plus grande étendue de développement que ne le comporte l'orifice supérieur de la cavité du sabot, et comme, d'autre part, elles sont douées d'une très-grande souplesse, elles ploient alors sous la pression, pour se proportionner à l'étroitesse relative de cette ouverture ; puis, lorsque ce premier effet est épuisé, et que la phalange, descendue à la dernière limite qu'elle peut atteindre dans l'intérieur de la boîte cornée, tend à presser de tout son poids sur la voûte de la sole et des barres, les fibro-cartilages lui fournissent un point d'appui élastique, par le renflement de leurs bulbes, dans l'excavation des arcs-boutants, et complètent ainsi leur fonction d'amortissement.

En sorte, qu'à bien considérer l'arrangement et le mode de fonctionnement des parties dont l'assemblage constitue la première assise des colonnes locomotrices, on voit que le cheval prend son point d'appui sur une base, en partie osseuse et en partie fibro-cartilagineuse, et qu'ainsi se trouve obtenue pour le premier rayon du pied, cette merveilleuse association de la solidité et de la souplesse qu'on retrouve partout dans la construction des membres du cheval. (Voyez les planches VIII et IX, qui indiquent l'étendue relative qu'occupent l'os et les cartilages dans l'intérieur de la boîte cornée.)

La preuve de l'importance du rôle que remplissent les fibro-cartilages du pied dans l'élasticité générale de la région digitale, est fournie par la pathologie. Bien souvent les claudications sont la conséquence de la perte de toute souplesse dans ces organes ossifiés.

### *c.* ROLE DU COUSSINET PLANTAIRE ET DE SES BULBES RENFLÉS DANS L'ÉLASTICITÉ.

La fonction du coussinet plantaire, proprement dit, est indiquée par sa structure et sa situation même. Formé d'intersections fibreuses stratifiées, entre les plans desquels est interposée une substance jaune élastique, et placé immédiatement au-dessous du petit sésamoïde, c'est-à-dire au point central sur lequel s'exerce la plus grande somme des pressions, le *coussinet plantaire* fait l'office, comme l'exprime le nom très-approprié que lui ont donné les anciens anatomistes, de coussin d'amortissement, sur lequel l'effet des chocs vient s'épuiser et s'éteindre.

Ce rôle du coussinet plantaire, proprement dit, s'explique de soi, rien que par son aspect objectif, sans de plus amples commentaires.

Mais on comprend moins bien, à première vue, quelle peut être la fonction des *bulbes renflés,* de cette masse de substance élastique et molle, située tout à fait *au-dessus* de la troisième phalange, *en arrière* de la deuxième, et par conséquent *en dehors* de toute pression dans les conditions ordinaires, puisque l'appui du membre du cheval se fait par l'extrémité de son doigt, c'est-à-dire par la face plantaire de l'*os du pied.*

Ces bulbes renflés du coussinet plantaire ne sont pas destinés, en effet, à fonctionner dans tous les temps de l'appui, mais seulement dans les degrés extrêmes de flexion du levier phalangien sur le rayon métacarpien ou métatarsien.

Lorsque, comme cela arrive, par exemple, dans les allures à grande vitesse, le jeu de l'articulation du boulet est tellement outré, qu'à chaque temps de l'appui, le levier phalangien se trouve en position presque horizontale, les bulbes renflés forment alors aux os et aux tendons, une sorte de lit élastique qui les soutient en arrière dans ce mouvement extrême de flexion, et s'oppose à ce que la face postérieure des phalanges vienne à toucher le sol.

L'*ergot,* cette sorte d'ongle rudimentaire, situé en arrière de l'ar-

ticulation du boulet, et qui semble n'avoir pas d'usage dans le cheval, remplit cependant, dans les allures extrêmes, un rôle identique
à celui des bulbes renflés et qui est complémentaire de leur propre
fonction.

L'ergot et le coussin de substance élastique qui lui sert de base,
font, en effet, l'office, en arrière de l'articulation du boulet, d'un tampon destiné à protéger contre le contact et les heurts du sol, la face
postérieure de cette articulation lorsqu'elle est abaissée jusqu'à terre
dans les allures excessives.

Cette fonction des bulbes et de l'ergot se montre bien évidente
dans les chevaux de pur sang, ordinairement si long jointés. On voit,
à chaque temps de l'appui dans les allures vives, les phalanges affaisser, en s'inclinant en arrière, le coussin des bulbes renflés, et, chez
certains animaux, dont les tendons et les ligaments n'ont pas encore
une suffisante résistance, l'ergot porte si souvent à terre dans les
courses rapides, qu'il est usé jusqu'au sang : preuve de la fonction à
laquelle il est destiné.

Tel est l'usage, dans la fonction d'élasticité des membres, de l'appareil cartilagineux et fibreux, si remarquablement développé au-
dessous et en arrière de la phalange unguéale du cheval. Il fait l'office, dans les monodactyles, des renflements de substance flexible et
souple, que la nature a disposés à la région plantaire des animaux
dont les doigts sont dépourvus d'enveloppe cornée, et c'est en lui
que réside *essentiellement* la propriété élastique de la région digitale.

Le sabot, dans la cavité duquel cet appareil est presque complètement renfermé, contribue bien aussi pour sa part au jeu de l'élasticité du membre, mais dans des limites beaucoup plus restreintes,
comme la suite de notre démonstration va le prouver.

### III. — Du rôle de la boîte cornée dans la locomotion.

Le sabot remplit un triple office à l'extrémité de la colonne de
soutien :

1° Il lui sert de point d'appui sur le sol;

2° Il protège les parties vivantes contre le contact des corps qui
pourraient les blesser;

3° Il contribue aussi, de concert avec l'appareil fibro-cartilagineux de la troisième phalange, au développement de cette propriété
d'élasticité, dont les conditions se trouvent réunies avec tant d'art
dans la construction de la colonne locomotrice.

Examinons-le sous ce triple rapport :

1° Intermédiaire entre le sol et les premières assises du squelette, le sabot sert de point d'appui aux leviers de la colonne locomotrice.

C'est donc à lui qu'aboutissent, en dernier résultat, tous les efforts des puissances musculaires dans les différents mouvements de déplacement; et l'on peut concevoir ce que doit être la somme de ces efforts, lorsque l'on réfléchit aux effets qu'ils produisent dans les différentes allures, celles surtout où la masse entière du corps est mue avec un degré extraordinaire de vitesse, comme dans les courses au trot rapide ou au galop à fond de train.

Il fallait, pour que le sabot fût susceptible de résister à des actions aussi violentes, que ses moyens d'attache aux parties qu'il recouvre fussent doués de la plus forte résistance. C'est ce qui est effectué par l'engrenure réciproque des lames podophylleuses et kéraphylleuses, et par l'engaînement des villosités cutidurales et solaires dans les tubes cornés qui leur correspondent. Et, telle est la solidité de l'union qui résulte de cette réciprocité de réception, que si énergique que soit l'action musculaire d'un cheval, si puissants les efforts à l'aide desquels il se cramponne au sol pour déplacer les masses pesantes qu'il doit vaincre, jamais la résistance des attaches du sabot n'est surmontée dans ces circonstances.

Il n'y a d'exemples d'arrachement du sabot par l'effort de l'action musculaire, que dans les cas où le pied est fortement engagé dans un obstacle qui détermine, par son action violente, une douleur excessive. Dans de telles conditions, l'animal dont les forces sont exaltées par cette douleur même, fait un effort suprême pour dégager son membre, et il peut arriver, si la pression que supporte le sabot est extrême, que cet effort soit suffisant pour rompre les adhérences des parties vivantes avec l'ongle.

Et encore, n'est-ce pas là, à proprement parler, ce que l'on doit appeler un véritable désengrenement, car souvent, dans de tels accidents, les lames podophylleuses demeurent attachées sur une grande étendue de surface aux feuillets kéraphylleux, et la désunion ne se produit que par la déchirure du *réticulum processigerum*.

La pratique des opérations chirurgicales faites sur le pied, fournit, du reste, journellement des preuves de la solidité de l'union qui résulte de l'engrenure du sabot avec les parties vivantes. Il ne faut rien moins, en effet, à l'opérateur, pour la vaincre, même dans une petite étendue de surface, que l'action combinée du levier et des pinces à arrachement, et souvent encore, il est forcé d'y revenir à plusieurs fois avant de la surmonter.

2° Le sabot sert de revêtement protecteur aux parties vivantes avec lesquelles il contracte une adhérence d'une si intime espèce. Matière inerte, très-dure, très-résistante, très-tenace, et cependant douée d'une certaine élasticité, la corne est parfaitement adaptée par les propriétés qui lui sont inhérentes à cette fonction toute mécanique. Sous son épaisse enveloppe, les parties si exquisement organisées que renferme la boîte cornée, peuvent supporter avec impunité les commotions qui leur sont incessamment imprimées par les percussions des pieds sur le sol, dans les mouvements de déplacement de la machine. Mais il ne faut pas croire que l'épaisseur et la dureté de l'ongle empêchent toute transmission des sensations à travers sa substance. Pénétrée de partout par les prolongements papillaires et lamineux de la peau, la matière cornée, bien que dépourvue des propriétés de la vie, semble posséder en propre, comme nous le verrons au chapitre de l'innervation, un peu de cette sensibilité tactile dont les organes qu'elle recouvre sont doués à un si haut degré. Or, cette sensibilité, non pas inhérente au sabot lui-même, mais qui transsude, pour ainsi dire, à travers son épaisseur, est justement la condition qui fait de l'enveloppe cornée un appareil si efficacement protecteur des parties vivantes. Car, non-seulement, cette enveloppe ainsi constituée forme à ces parties une égide dense et résistante, et les préserve ainsi contre la violence des chocs; mais elle leur permet, en plus, de percevoir à travers son épaisseur et de mesurer l'intensité de ces chocs, et d'envoyer au centre régulateur des sensations qui le mettent, pour ainsi dire, sur ses gardes et l'avertissent de proportionner l'énergie des actions musculaires à la force de résistance des parties sur lesquelles elles s'exercent;

3° Le sabot complète, par son jeu, le mécanisme général de l'élasticité du membre.

Nous allons consacrer à cette proposition tous les développements qu'elle comporte.

## DU MÉCANISME DU SABOT COMME APPAREIL D'ÉLASTICITÉ.

L'élasticité, ou en d'autres termes, la propriété d'amortir et d'éteindre les commotions causées par les percussions du pied sur le sol, est produite, dans la boîte cornée, 1° par les propriétés mêmes de la substance qui la constitue; 2° par la grande étendue relative de la surface qu'elle présente à l'appui ; 3° et par l'arrangement mécanique des différentes parties qui la composent.

#### 1° DES PROPRIÉTÉS ÉLASTIQUES DE LA SUBSTANCE DU SABOT.

L'enveloppe cornée de la région digitale complète, par les qualités de sa substance, l'ensemble des ressorts élastiques si parfaitement agencés dans la construction des colonnes locomotrices, pour la destruction des effets des chocs.

A l'intérieur, elle est souple, molle, flexible, comme onctueuse au toucher, tant ses lamelles cèdent facilement sous le doigt qui les presse, en sorte que la commotion transmise de l'extérieur vers les parties profondes, doit être considérablement amoindrie par la mollesse même des couches cornées, en rapport avec les tissus vivants.

A l'extérieur, au contraire, la substance du sabot est dure, résistante, tenace, douée, en un mot, des qualités nécessaires pour faire obstacle à l'usure, et servir de point d'appui aux leviers locomoteurs ; mais ces qualités n'excluent pas en elle une certaine élasticité de la fibre, qui lui permet de fléchir sous le choc dans une certaine limite, et de n'en transmettre les effets que décomposés et amortis.

Cette propriété d'élasticité n'existe pas, toutefois, au même degré dans toutes les parties de la boîte cornée ; elle est plus développée à l'origine de l'ongle, à la région des glômes, dans la masse de la fourchette, que dans la sole ; et plus, dans cette dernière, que dans la paroi qui devait être plus inflexible et plus résistante, pour fournir un point d'appui plus immutable à la colonne locomotrice.

Les conditions hygrométriques influent, du reste, beaucoup sur les qualités élastiques de la corne ; d'autant plus souple qu'elle est plus imprégnée d'humidité, elle devient, au contraire, d'autant plus dure, rigide et cassante, qu'elle en est plus dépouillée par l'évaporation.

#### 2° DU VOLUME DU SABOT COMME CONDITION D'ÉLASTICITÉ.

Le sabot forme, à la troisième phalange et à son appareil complémentaire, une enveloppe, dont les dimensions sont plus considérables que celles que mesure le volume de ces parties, en sorte que la surface d'assise de la colonne locomotrice est, par ce fait, augmentée dans une assez grande étendue, principalement dans le sens du diamètre antéro-postérieur, en arrière des rayons osseux. Cette disposition est favorable, à la fois, à la solidité et à l'élasticité de la colonne, car l'étendue de la surface par laquelle elle rencontre le sol, atténue l'énergie des percussions, en raison de la multiplicité des points de contact, d'autant, surtout, que c'est par l'intermédiaire de parties molles que l'ongle fait continuité à la colonne osseuse.

Le sabot contribue donc, par sa masse seule, indépendamment des propriétés qu'il tient de sa substance, à amoindrir les effets des commotions. Mais c'est surtout à l'arrangement mécanique des différentes parties qui le composent, qu'un rôle principal a été assigné, par les physiologistes, dans la fonction d'élasticité du membre.

Abordons cette importante question.

### 3° DE L'ARRANGEMENT MÉCANIQUE DES PARTIES COMPOSANTES DU SABOT COMME CONDITION D'ÉLASTICITÉ.

Nous avons fait connaître, dans l'anatomie, le mode d'agencement, entre elles, des différentes parties constituantes du sabot. Il nous faut rechercher quel est, dans les vues de la nature, le but de cette construction si complexe.

C'est ce que nous allons essayer dans les considérations qui vont suivre.

Nous diviserons ces considérations en deux parties. La première sera consacrée à l'exposé historique des différents systèmes qui ont été proposés jusqu'à aujourd'hui, pour expliquer l'élasticité de la boîte cornée. Dans la deuxième, nous formulerons notre manière de voir sur cette importante question.

**PREMIÈRE PARTIE. — Historique de l'élasticité du sabot.**

*Système de Lafosse père.* — Lafosse père, le premier des hippiatres, a émis l'opinion que le sabot jouissait d'une flexibilité propre ; mais, dans la pensée de cet auteur, cette flexibilité n'est qu'une propriété inhérente à la substance même de la corne, qui la rend apte à céder sous les pressions aux points où elles s'exercent, à s'adapter ainsi aux irrégularités du terrain et à servir d'appareil protecteur aux parties qu'elle enveloppe.

C'est ce qui résulte, très-explicitement, des passages suivants *de la nouvelle pratique de ferrer les chevaux.* (Paris 1754.)

« Les fers longs et forts d'éponge, aux pieds qui ont des talons
« bas, y est-il dit, les écrasent et les renversent, les foulent et font
« boiter le cheval, quoiqu'on relève l'éponge et qu'on voie du jour
« entre l'éponge et le talon en levant le pied. Mais dès qu'il *est à*
« *terre, le talon va chercher l'éponge parce que le sabot est flexible.* »

Et ailleurs : « On pense que les fortes éponges soulagent les ta-

« lons faibles, en ce que le corps du fer même se plie pour aller
« chercher le talon; dans cette idée, on relève l'éponge et on laisse
« un vide entre elle et le talon. Cependant tout le contraire arrive :
    « 1° *C'est le sabot qui, par sa flexibilité, va trouver l'éponge du*
« *fer qui ne plie jamais;*
    « 2° Plus l'éponge est épaisse et plus tôt le talon la rencontre. »

Dans un autre passage, Lafosse parle *du liant* et *du moelleux* de
la sole de corne, quand elle est épaisse, et de la *dureté* que lui donne
sa dessiccation quand elle est mince.

Et plus loin, il revient avec insistance sur ce point : « Les com-
« pressions si dangereuses qui causent l'inflammation ne seraient
« plus à craindre, si on laissait la sole de corne, les arcs-boutants et
« la fourchette dans leur entier. Par leur *liant*, leur épaisseur, leur
« *flexibilité*, leur contexture et le lieu qu'ils occupent, ils semblent
« *uniquement destinés, par la nature, à servir de défense à la sole*
« *charnue, comme en particulier la fourchette sert de coussinet au*
« *tendon d'Achille, le tout afin d'amortir le heurt d'un pavé, d'une*
« *pierre ou d'un chicot.* »

Mais c'est surtout dans les passages où il est question de la structure et des fonctions de la fourchette, que l'idée que Lafosse s'est
faite de la flexibilité de la corne, se dévoile plus clairement.

    « La fourchette, dit-il, est une corne *mollasse* et *compacte*..... de
« *la nature d'une éponge*..... elle doit porter à terre, autant pour la
« *facilité* que pour la sûreté du cheval dans sa marche..... elle est le
« point d'appui naturel du tendon fléchisseur.

    « ..... Le fer tronqué en éponges, faisant marcher le cheval sur
« la fourchette et en partie sur les talons ; celle-là se trouvant rapée
« par le frottement qu'elle éprouve sur la terre et sur le pavé, s'im-
« prime par le poids du corps dans les petites cavités et interstices
« qu'elle y rencontre.

    « Par sa *flexibilité*, elle en prend pour ainsi dire l'empreinte et le
« contour, de sorte que le pied portant en bien plus de parties qui se
« soulagent mutuellement, en multipliant le point d'appui, donne à
« l'animal plus d'adhérence au plan sur lequel il marche.

    « ..... La fourchette est une substance *matelassée, spongieuse,*
« *flexible*, qui, *par son ressort naturel, cède au poids du corps dans*
« *l'instant que le cheval appuie le pied contre le pavé et se remet*
« *promptement.* »

Ces dernières lignes sont très-explicites.

Évidemment, pour Lafosse, la flexibilité dont jouit la corne, est une propriété analogue à celle du caoutchouc, qui cède sous la pression et revient, quand elle cesse, à sa forme première.

Eh bien, il y a loin de cette manière de voir, à celle que Bracy Clark a si bien développée dans son remarquable traité sur l'organisation du pied du cheval.

Pour le savant vétérinaire anglais, l'élasticité est une propriété de toute la boîte cornée, qui résulte, non-seulement des qualités inhérentes à sa substance, mais surtout et principalement de l'arrangement mécanique de ses différentes parties constituantes. Dans la conception de Bracy Clark, le sabot est un véritable appareil mécanique, admirablement disposé pour réagir, à la manière d'un ressort élastique, sous l'effort des pressions, et compléter ainsi l'ensemble des rouages du système locomoteur.

Or, cette conception est de beaucoup supérieure à celle de Lafosse, en ce sens qu'elle est plus large et plus compréhensive, et qu'elle donne une idée plus suffisante de l'organisation du sabot et de ses fonctions.

Nous ne saurions mieux faire, pour montrer la différence qui les sépare, et aussi pour rendre à Bracy Clark la justice qui lui est due, que de présenter ici, en regard des idées de l'hippiatre français, l'exposé résumé de la théorie sur l'élasticité du vétérinaire anglais.

Pour être aussi exacts que possible, nous ferons, pour Bracy Clark, ce que nous avons fait pour Lafosse, nous reproduirons exactement ses propres expressions, que nous extrairons de la seconde édition de son livre, dont la traduction n'a pas été faite en France [1].

*Théorie de Bracy Clark sur l'élasticité du sabot.* — « L'élasti« cité, suivant Bracy Clark, est cette propriété précieuse (*inestima*« *ble*) qui permet au pied de s'adapter, en cédant, aux différents
« degrés de pression et d'efforts qu'il doit supporter ; qui le garan« tit contre la violence du choc et préserve le corps des réactions,
« des commotions, et de toutes les injures qui seraient résultées
« d'une trop grande solidité de l'extrémité du membre. Probable« ment aussi elle favorise le mouvement impulsif de l'animal, par le
« retour du pied à sa forme première après la distension. »

---

[1] *Hippodonomia, or the true structure, laws and economy of the horsefoot, etc;* par Bracy Clark, membre de l'Institut de France. 2ᵉ édition ; Londres, 1829.

Cette propriété, inhérente aux pieds de tous les animaux, Bracy Clark la retrouve aussi dans le sabot du cheval, mais à un degré inférieur, chose qui ne doit pas étonner, « si l'on fait attention, que « dans la construction de cet l'animal, se trouve résolu l'un des « problèmes les plus difficiles de la mécanique, à savoir : la faculté « donnée à un corps très-volumineux et très-lourd, de se mouvoir « avec un dégré extraordinaire de vitessse. »

Il fallait, pour que cette difficulté mécanique fût surmontée, que le pied du cheval trouvât, dans une enveloppe cornée d'une seule pièce, de telles conditions de solidité, qu'il n'y eût rien de perdu de l'action des puissances musculaires sur les leviers osseux.

C'est cette grande solidité du sabot qui a fait méconnaître pendant si longtemps la propriété élastique dont il jouit.

Pour la démontrer, Bracy Clark commence par décomposer le sabot en trois parties constituantes, chose qui, avant lui, n'avait pas encore été faite, et qu'il revendique avec justice comme son invention.

« Après les avoir considérées isolément, nous les examinerons en- « suite réunies, dit-il, afin de démontrer qu'elles forment, par leur « assemblage, non-seulement une boîte cornée destinée à protéger « le pied, comme on l'a considérée jusqu'à présent, mais encore « une magnifique machine possédant de remarquables propriétés, « et le pouvoir presque indéfini de céder sous le poids, faculté aussi « indispensable que celle de défendre et de protéger les parties. »

Comme nous ne nous proposons, par cet exposé du système de Bracy Clark, que de mettre en évidence les idées qu'il a émises sur l'élasticité du sabot, et de prouver qu'à lui seul revient l'honneur de sa découverte et de sa première démonstration, nous ne citerons ici que les passages de son ouvrage qui ont trait à cette propriété.

Si l'on voulait reproduire tout ce qui est remarquable dans le livre de cet auteur, il faudrait le traduire.

La propriété d'élasticité existe surtout, suivant Bracy Clark, dans les parties postérieures de l'ongle, sur lesquelles le poids est rejeté en vertu de l'inclinaison de la surface articulaire de la troisième phalange, et dont il détermine la dilatation et l'expansion en arrière.

Là, sont réunies toutes les conditions de l'élasticité.

D'abord, le sabot est comme fendu dans cette partie par le repli, en dedans de sa cavité, des extrémités convergentes de la paroi; « disposition méconnue par les anciens écrivains, qui n'ont en au- « cune idée de la grande simplicité et de la puissance de cet arran-

« gement mécanique d'une seule pièce, si digne d'exciter notre ad-
« miration pour le suprême architecte qui l'a conçu.

« Ces parties ainsi infléchies, ou les *barres* forment, en dedans de
« l'échancrure de la sole, une sorte de muraille intérieure qui, par
« sa projection hardie, protège la sole ou la fourchette contre la
« pression du terrain *qu'elles ne doivent pas supporter.*

« Elles sont inclinées en bas et en dehors, afin que toute pression
« exercée sur elles par le sol, les force à s'ouvrir et à s'écarter de la
« fourchette ; qu'elles suivent ainsi la dilatation générale de la mu-
« raille et des quartiers, et qu'elles préviennent de cette manière la
« compression trop forte et la contusion des parties sensibles.

« Enfin, on peut admettre, sans trop d'invraisemblance, que lors-
« que le jeune animal est dans une très-forte action, et qu'il s'élance
« en avant avec une vélocité presque égale à celle de l'oiseau qui
« vole, ces parties postérieures de la muraille du sabot cèdent sous
« l'impression de son poids, aussi librement que *les faibles branches*
« *de l'osier fléchissent sous le vent ;* et que, par leur retour sou-
« dain à leur première position, elles contribuent à ajouter à la ra-
« pidité du mouvement qui l'anime. »

Tel est, d'après Bracy Clark, l'usage des barres dans l'élasticité.
Voyons celui de la fourchette.

La fourchette, suivant lui, n'est pas destinée à supporter les pressions dans les conditions ordinaires de l'appui, et à agir sur les
barres pour en opérer la dilatation.

« A première vue, on serait porté à croire qu'elle correspond au
« coussin central du pied des animaux digités ; mais cette manière
« de voir n'est pas correcte, puisque le coussinet de la patte du chien
« et du chat est destiné à s'imprimer tout d'abord sur le sol, et à
« servir de point d'appui au corps dans les mouvements impulsifs
« *(is designed for a primary impression on the ground for the impul-*
« *sion of the animal),* tandis qu'il n'en est pas de même de la four-
« chette du cheval. Et, en effet, un animal d'un tel poids et destiné
« à se mouvoir avec une si grande légèreté, ne pouvait pas dépen-
« dre des parties molles pour sa première impulsion. Le peu de ré-
« sistance du point d'appui aurait certainement paralysé, sinon com-
« plétement détruit, les effets de la contraction musculaire. Il était
« donc nécessaire qu'il y eût des points de support plus solides, et
« cette condition est parfaitement remplie par la résistance et l'é-
« tendue de surface que présente le sabot. »

Bracy Clark revient plusieurs fois, et avec insistance, contre cette idée, que la fourchette est destinée à être comprimée dans l'appui du pied sur le sol, idée qui est la base principale de tout le système de Lafosse, et qui était si chère à Coleman.

Suivant lui, « la masse triangulaire de la fourchette fait l'office « d'une clef de voûte élastique au sommet d'une arche élastique elle- « même, communiquant dans quelques cas les mouvements à cette « arche, et la suivant dans tous ceux qu'elle subit. Sa base, en rai- « son de sa largeur et de sa masse, est la partie qui possède le plus « d'aptitude à se mouvoir, de conserve avec les barres; mais, vers le « centre du pied, elle devient moins mobile, parce qu'il y a là moins « de causes qui déterminent le mouvement. »

Cependant, la fourchette n'est pas exempte de toute pression. Sa position même sous le pied indique qu'elle est destinée à en suppor- ter; mais dans quelles limites? C'est ce que Bracy Clark établit de la manière suivante : « La partie inférieure du pied s'adapte, par sa « conformation, aux différents terrains sur lesquels elle doit poser. « Lorsque le cheval progresse sur un terrain dur, tel que le rocher « ou le pavé, c'est le bord inférieur de la muraille seul qui porte ; « corps dur contre corps dur (*hard to hard*). Mais, si le sol est plus « mou et pour ainsi dire brisé, tel que le sable ou le gravier, la mu- « raille s'enfonce un peu et de nouvelles parties servent à l'appui, « c'est le bord externe de la sole et les barres. Enfin, sur un sol « très-mou, comme celui d'une prairie ou d'un champ labouré, la « muraille s'enfonce plus profondément, le bord externe de la sole et « les barres pénètrent aussi, et un troisième ordre de parties con- « court à l'appui, savoir : le coussin de la fourchette d'abord, et sa « base ensuite ; ainsi, parties molles sont opposées à parties molles, « et aucun dommage ne peut être produit. »

Tel est, d'après Bracy Clark, l'ordre dans lequel la fourchette vient à l'appui. Il est contraire, suivant lui, aux saines idées de mé- canique de croire que ce corps qui constitue une sorte d'arche creuse renversée, formée d'une corne qui a presque la consistance du caout- chouc, soit susceptible d'exercer, sur les parties adjacentes d'une nature bien plus résistante, une pression suffisante pour en détermi- ner l'écartement. « Admettre une pareille idée, est tout aussi absurde « que de croire qu'il est possible de fendre un bloc de bois avec un « coin de pâte. »

La preuve que la fourchette ne vient à l'appui que dans l'ordre qu'il lui a assigné, Bracy Clark la tire de l'observation même du poser du pied dans l'état de nature.

Si l'on place sur une table unie le relief en plâtre d'un pied qui n'a jamais été ferré, et qui a usé naturellement, en le faisant poser par sa face plantaire, on voit que les branches de la fourchette demeurent élevées d'environ trois huitièmes de pouce au dessus du bord inférieur de la paroi, qui seul porte sur la table. Au point où la fourchette embrasse les angles d'inflexion, l'élévation est de plus d'un demi-pouce.

« Cette position retirée de la fourchette, dans la concavité de la « face plantaire, conduit forcément à cette conclusion qu'elle n'a « jamais été destinée à supporter ce degré considérable de pression « que quelques-uns ont admis.....

« Elle ne porte à terre qu'au moment où l'action du poids et de « l'effort est le plus énergique, alors que les côtés du pied sont « épanouis transversalement, jusqu'à la dernière limite qu'ils peu-« vent atteindre.....

« Il est donc clair que la fourchette n'est pas un coin qui force le « pied, mais que son usage, dans le vide des inflexions, est de per-« mettre au sabot de s'adapter aux différents degrés des pressions.et « des efforts qu'il doit supporter....,

« Ce n'est que dans les terres molles qu'elle sert à l'appui, de con-« cert avec les autres parties, ou encore pendant les exercices vio-« lents où elle vient, par intervalle, supporter une partie du poids. »

Suivant Bracy Clark, l'idée de Lafosse, sur l'usage de la fourchette, est un vieux non-sens français (*old french nonsense*), et le collége vétérinaire est bien répréhensible de l'avoir adoptée et de l'avoir prise pour base des abominables pratiques de ferrure qu'il a préconisées. (Allusion au fer patenté de Coleman.)

C'est ainsi que Bracy Clark parle du système de Lafosse, auquel on a prétendu qu'il avait emprunté ses idées sur l'élasticité.

Voyons maintenant l'usage qu'il attribue à la sole.

Elle représente une voûte interrompue dans son centre et dont le vide est rempli par la masse élastique de la fourchette, disposition qui lui ôte la force de résistance d'une voûte ordinaire, et lui permet de céder sous la pression, de concert avec les barres qui lui sont étroitement associées.

Lorsque cette voûte, rendue flexible par ce mécanisme, s'affaisse sous le poids qu'elle supporte, elle tend à s'étaler par sa circonférence et à repousser ainsi le bord de la paroi dans lequel elle est inscrite. C'est ainsi que toutes les parties du sabot combinent leurs actions pour produire le mouvement général d'élasticité du pied.

Telle est essentiellement la conception de Bracy Clark, sur l'élasticité, considérée comme le produit du mécanisme de la boîte cornée. Nous avons voulu l'exposer avec détail, afin de démontrer que la plus grande partie des idées qui circulent aujourd'hui sur ce point de physiologie, remontent à Bracy Clark, comme à leur source, et lui appartiennent en propre.

C'est donc à tort que l'on s'est efforcé de revendiquer, pour Lafosse père, en France et même en Angleterre, la première conception de l'élasticité du sabot. Quelle différence, cependant, entre la pensée de Lafosse et celle de Bracy Clark, comme on peut en juger par l'exposé comparatif que nous venons de faire de leurs livres.

Lafosse n'admet l'élasticité, ou pour prendre son expression, *la flexibilité*, que comme *une propriété de la substance cornée*, et il la fait résider essentiellement dans la fourchette, substance *matelassée, spongieuse, flexible, qui, par son ressort naturel, cède au poids du corps, dans l'instant que le cheval appuie le pied contre le pavé et se remet promptement*.

Bracy Clark, au contraire, loin de s'inspirer de Lafosse, rejette complétement son idée, qu'il considère comme un non-sens et comme la source des plus abominables cruautés (*abominable cruelties*), dont les chevaux sont victimes de la part des *frog-squeezing*. (Littéralement comprimeurs de fourchette) [1].

Dans le système de Bracy Clark, la fourchette ne doit pas subir la pression du sol au premier temps de l'appui. Plus élevée que le bord plantaire de la paroi, elle ne peut se mettre en contact avec le terrain, que lorsque le sabot s'est écarté sous la pression et que la sole et les barres, en s'affaissant, en ont produit l'abaissement. Ainsi, il existe une différence fondamentale entre les deux systèmes, à l'égard des usages de la fourchette.

Où se trouvent leurs points de ressemblance? Nulle part. Lafosse n'avait même pas pressenti que le sabot fût susceptible d'éprouver des mouvements alternatifs de dilatation et de resserrement. C'est Bracy Clark, évidemment, qui le premier, a découvert en lui cette

---

[1] Allusion au fer patenté de Coleman, dont le but est d'exercer toujours sur la fourchette une forte compression.

propriété élastique, et en a donné l'admirable démonstration dans son bel ouvrage. Il a donc raison de revendiquer pour lui, contre M. Girard, contre M. Goodwin, son compatriote, et contre l'auteur d'un *énorme* livre sur la maréchallerie [1], la découverte de ce principe de l'*élasticité du pied*, dont le nom même était inconnu avant lui, et qui, dit-il avec enthousiasme, « doit être à la physiologie du pied, ce « qu'a été à l'astronomie le principe de la gravitation, c'est-à-dire « qu'elle doit donner l'explication de presque tout ce qui, jusqu'à « présent, est resté obscur et inconnu. »  (Page 68.)

S'il fallait d'autres preuves que celles qui ressortent de cette démonstration, en faveur de la priorité que Bracy Clark réclame avec justice, on les trouverait dans le silence absolu sur cette question, des ouvrages antérieurs à la publication de la première édition du *Traité* de Bracy Clark, qui date de 1810, en Angleterre, et dont la traduction n'a paru en France qu'en 1817.

*Idée de Bourgelat sur les propriétés élastiques du sabot.* — Bourgelat est moins explicite encore que Lafosse, sur la *flexibilité* de la boîte cornée. Ce qu'il en dit se borne à quelques mots de son *Essai théorique et pratique sur la ferrure :* « Un volume justement propor-« tionné, dit-il dans un premier passage, une forme régulière, une « consistance solide et *néanmoins douée de souplesse,* un tissu « lisse et uni, sont, en général, les qualités qu'on y recherche (dans « le sabot), et qu'il doit présenter. » Et plus loin, en parlant des in-convénients que présente un ongle trop peu volumineux, « il dit que, « par son *inflexibilité*, par sa dureté et surtout par son rapproche-« ment des parties molles auxquelles il devrait servir de défense, il « occasionne en elles, en les comprimant, une douleur plus ou moins « vive. » Il y a bien, dans ces passages, comme un pressentiment de l'existence dans l'ongle d'une propriété qui lui permette de s'adapter aux pressions, et des dangers qui résultent de son absence. Mais il n'y a que cela. La démonstration manque, et Bourgelat même s'atta-che si peu à cette idée, qu'il n'en fait plus mention dans le restant de son ouvrage, bien que cependant quelques pages en soient consa-crées à l'exposition des moyens que la nature a mis en usage pour préserver les parties sensibles, contenues dans la boîte cornée, des effets d'une compression trop forte. Ces moyens, Bourgelat les énu-

---

[1] *A book, a very big book indeed.* — On devine que c'est à la volumineuse compilation de Jauze qu'il fait allusion.

mère et les expose avec sa profonde sagacité habituelle. Il démontre l'influence de l'obliquité du paturon, « qui doit diminuer nécessaire-« ment, et en grande partie, l'énormité du fardeau dont la pince « semblerait devoir être accablée. »

Il fait voir comment une partie du poids, que supporte la troisième phalange, doit être déversée sur le biseau par la saillie de l'éminence pyramidale ; « comment la juxta-position des feuillets de chair et de « corne, réciproquement reçus dans les sillons résultant de leurs in-« tervalles, suffit pour suspendre, en quelque façon, l'os du pied dans « la capacité du sabot, et pour résister à un poids immense ; » comment, enfin, dans la région des talons, destinée à supporter une partie plus considérable du fardeau, « la substance qui les forme, ainsi que « la fourchette, constitue une espèce de matelas puissant, qui, d'un « tissu d'ailleurs moins susceptible de sensibilité, sauve en cet en-« droit toute impression douloureuse, tandis que les cartilages laté-« raux se chargeant d'une partie de la masse, en diminuent néces-« sairement les effets. »

Mais c'est à cela que se borne ce que l'on peut appeler le système d'élasticité de Bourgelat. Le rôle du sabot n'y est même pas indiqué. Et cependant, s'il était vrai, comme on l'a avancé, au détriment de Bracy Clark, que Lafosse père eût déjà formulé, à cet égard, une pensée bien nette, Bourgelat qui écrivait après lui, aurait bien certainement fixé son attention sur ce point important de doctrine.

M. Girard, dans la préface de la troisième édition de son *Traité du pied* (1836), conteste à Bracy Clark sa prétention à la découverte de l'élasticité du sabot, et en attribue l'idée première, avec plus de patrio-tisme, pensons nous, que de justice, à Lafosse et à Bourgelat. « La-« fosse et Bourgelat n'ignoraient pas, dit-il, que le pied du cheval « jouit d'une certaine souplesse et d'une élasticité particulière ; il est « vrai qu'ils n'ont pas examiné cette propriété sous ses différents rap-« ports, mais ils en font mention dans plusieurs passages de leurs « écrits, où ils les produisent à l'appui de certains faits. »

Nous avons déjà démontré combien est peu fondée cette revendica-tion faite contre Bracy Clark, en faveur des premiers maîtres de l'art dans notre pays ; combien, au contraire, il y a de différence entre la doctrine de l'auteur anglais, et les quelques idées éparses que ren-ferment, sur le même sujet, les ouvrages des hippiatres français ses devanciers.

S'il nous fallait une nouvelle preuve à l'appui des droits de Bracy

Clark à une découverte qui doit lui demeurer incontestée, nous la trouverions dans les ouvrages de M. Girard lui-même.

La première édition du *Traité du pied,* qui a paru en 1813, ne fait aucunement mention de l'élasticité du sabot. Il y est dit seulement, page 32, et ce n'est là qu'une reproduction de la pensée de Lafosse, « que la fourchette est composée d'une corne *plus ou moins* « *flexible;* qu'elle concourt avec le bord inférieur de la paroi à l'ap- « pui, *modère les effets des percussions violentes,* empêche l'animal « de glisser sur le pavé mouillé et plombé, et sert spécialement au « toucher. »

Ça et là, dans la description du sabot, on rencontre encore les expressions de *souplesse* et de *flexibilité* pour qualifier les propriétés de la fourchette, et indiquer les différences de consistance entre la corne des membres postérieurs et celle des antérieurs; mais nulle part n'apparait l'idée de l'élasticité comme propriété inhérente à la boîte cornée et résultant de sa construction.

Pour rencontrer cette idée dans le *Traité du pied,* il faut la rechercher dans les éditions postérieures à la publication de l'ouvrage de Bracy Clark, et notamment dans la troisième. Là, elle se trouve très-explicitement formulée, d'après la doctrine de Bracy Clark lui-même.

Il demeure donc évident que Bracy Clark a eu le premier l'idée d'attribuer au sabot du cheval, une propriété d'élasticité complémentaire de l'admirable mécanisme des membres, dans lesquels la souplesse se trouve si parfaitement associée à la solidité.

Ce qui a été cause, sans doute, qu'on a contesté au célèbre vétérinaire anglais la priorité de sa conception, c'est que son système a, en soi, quelque chose de si simple et de si satisfaisant pour l'intelligence, qu'il s'est bien vite généralisé et naturalisé partout; c'est que les idées qui en font la base ont pris si rapidement un libre cours, qu'il a semblé à ceux qui les rencontraient toutes formulées dans leur esprit, qu'elles appartenaient de longue date au domaine commun.

Aussi, voit-on les auteurs, qui ont écrit après Bracy Clark, sur la matière qu'il a si richement éclairée, ne pas se faire scrupule de reproduire, *in extenso,* tout son système, sans même citer son nom, comme s'il y avait contre lui une sorte de droit de prescription qui permît de le dépouiller légalement.

Les compatriotes mêmes de Bracy Clark n'ont pas été justes envers lui. **M. W.-C. Spooner**, par exemple, auteur d'un ouvrage sur la *Structure du sabot,* lui a contesté, comme **M. Girard**, la priorité de ses idées sur l'élasticité. C'est à Lafosse aussi qu'il en attribue la première conception. « Lafosse (écrit **M. Spooner**, page 67) a dit, il « y a bien longtemps déjà que le pied du cheval s'épanouit et se res- « serre, et l'a comparé à une soucoupe qui s'aplatirait au moment « du poser sur la terre. Si donc, ajoute **M. Spooner**, le sabot pos- « sède une propriété d'expansion, à coup sûr, ce n'est pas là une « découverte moderne. (*It is, by no means, a modern discovery.*) »

Les prétentions de Bracy Clark, à la découverte de l'élasticité, ne sont donc pas fondées, suivant **M. Spooner** ; son principal titre est d'en avoir soutenu le principe par des arguments irrésistibles, lesquels **M. Spooner** reproduit presque textuellement dans son exposé des propriétés élastiques du sabot, sans indiquer à quel auteur il les emprunte.

Il en est de même de Youatt ; dans les quelques pages de son ouvrage sur le cheval (*on the horse*), consacrées à l'étude du sabot et de son élasticité, le nom de Bracy Clark n'est pas écrit une seule fois, mais ses idées sont souvent reproduites.

Quoiqu'il en soit de ces injustices et de ces négations, le nom de Bracy Clark restera définitivement attaché à la découverte des propriétés élastiques de la boîte cornée, et ses ouvrages, sur la physiologie du pied, marqués au cachet d'une si parfaite originalité, seront toujours considérés, par les hommes impartiaux, comme les premiers écrits qui aient jeté une véritable lumière sur un point de la science de l'organisation, demeuré, jusqu'à leur apparition, si obscur encore, malgré les travaux déjà entrepris pour l'éclairer.

*Théorie de M. Périer sur l'élasticité du sabot.* — Les idées de Bracy Clark, sur l'élasticité de l'ongle du cheval, étaient généralement adoptées en France, sans contestation, et servaient de base aux pratiques de la ferrure et à leur interprétation, lorque M. Périer, vétérinaire en premier au 2e carabiniers, fit paraître, en 1835, son ouvrage *sur les moyens d'avoir les meilleurs chevaux.*

La conception sur l'élasticité que renferme cet ouvrage, est presque en tous points le contrepied de celle de Bracy Clark.

Préoccupé de l'idée, que si la propriété dévolue au sabot de se dilater, sous l'influence des pressions intérieures, n'était pas contrebalancée par une force opposée, l'écartement de l'ongle pourrait être excessif, *et que son intimité,* avec les parties vives, aurait été compromise, M. Périer admet que le sabot du cheval possède la double faculté de se dilater d'abord, puis de se resserrer ensuite, au moment de l'appui complet, et que cette double faculté est mise en jeu par la même force, *le poids* transmis par les rayons osseux, lequel « devient « tour à tour force *dilatante* et force *contentive,* » suivant les points du sabot où il exerce sa pression.

Voici, d'après M. Périer, dans quel ordre se succèdent, et suivant quel mécanisme se produisent ces mouvements successifs de *dilatation* et de *resserrement* de l'ongle.

Lorsque le pied *pose* à terre par la pince, « le poids principal « s'exerce sur les parties antérieures de l'ongle ; il abaisse la por- « tion de la sole dont la voûte est pleine, d'où dérive au même ins- « tant l'écartement de ses branchés..... »

Lorsque l'*appui* s'effectue par toute l'étendue de la face plantaire, le poids tombant à plomb sur le centre des quartiers, pèse sur le centre de la sole, et commande alors le plus grand écartement.

Mais à ce point là se borne l'action du poids, agissant comme *force dilatante.* Dès que les pressions ont dépassé, en arrière, le centre des quartiers, et qu'elles viennent à s'exercer sur les parties postérieures de l'ongle, par le fait même de l'inclinaison des rayons osseux, le poids, tout à l'heure *force dilatante,* devient *force contentive.*

Voici comment M. Périer explique ce second effet.

La paroi, suivant lui, est naturellement oblique en avant des talons, de haut en bas et *de dehors en dedans,* et inclinée, de haut en bas et d'arrière en avant, au niveau du sommet de l'angle d'inflexion.

Cela posé, lorsque le poids exerce ses pressions à la face interne de cette partie de l'ongle, il doit avoir pour conséquence, d'une part, de repousser la paroi de dedans en dehors par sa partie supérieure, et, d'autre part et simultanément, de la concentrer de dehors en dedans par sa partie inférieure ; de même qu'en exerçant un effort dilatateur sur le bord supérieur d'un vase cylindrique, on tend à rétrécir son fond dans le même sens.

En se resserrant par en bas, la paroi refoule la sole vers la concavité de la face plantaire de l'os, applique plus exactement les talons des branches de la première en dedans des *talons du second,* et ainsi se trouve produite une sorte d'enclavement des branches de la sole entre les deux éminences rétrossales, qui ajoute encore à la puissance de l'action contentive.

Telle est essentiellement la conception de M. Périer, sur l'élasticité. On peut la résumer ainsi :

Le sabot jouit de la double propriété de se dilater et de se resserrer. Le poids du corps est la force qui met en jeu cette double propriété ; *force dilatante* depuis la pince jusqu'au centre des quartiers, le poids devient *force contentive* depuis cette même partie centrale des quartiers, jusqu'à l'extrémité des talons.

L'action contentive est produite par le refoulement, de dedans en dehors et en arrière, que produit la descente du poids dans la partie postérieure du sabot, et par le resserrement simultané que ce refoulement supérieur détermine vers les parties inférieures ; resserrement qui, en augmentant *le cintre longitudinal* de la sole, applique plus exactement les branches de la sole en dedans des talons de l'os, et donne ainsi une plus grande fixité à l'action contentive.

« Tel est, dit M. Périer, le mécanisme des mouvements de l'on-
« gle que le poids dirigé sur les mamelles et la pince prélude à sa
« dilatation, qu'il l'accomplit, lorsqu'il arrive sur les quartiers, et
« qu'il la restreint à mesure qu'il s'approche des talons ; prévoyance
« admirable qui, si elle tend à faire jouir les parties contenues dans
« le sabot des avantages qu'elles retirent de son écartement, a fait
« la plupart du temps débuter celui-ci dans les parties où l'ongle a
« le plus de force, l'a borné là où il est comme bifurqué, et n'en a
« permis le maximum qu'entre ces bornes et la résistance qu'offrent
« les premières.

« Telle est, enfin, la dispensation du poids, qu'à mesure que la
« pesanteur en est accrue, par la rapidité des allures, l'animal op-
« pose successivement au choc du terrain les parties de ses pieds les
« plus capables d'en modérer l'écartement. »

Ces dernières lignes (page 58) expriment complétement quelles étaient les préoccupations de M. Périer, lorsqu'il s'est ingénié à substituer à la théorie de Bracy Clark, si simple et si satisfaisante, la théorie nouvelle dont nous venons d'essayer de donner une idée, en la dépouillant de la multitude des détails dont son auteur l'a entourée dans son ouvrage, et qui en rendent à première lecture la conception assez difficile.

Il fallait, dans la pensée de M. Périer, que le sabot eût une limite à son écartement excessif, sans quoi les actions de la pesanteur, augmentées en intensité par le mouvement communiqué à la machine, auraient pu avoir pour conséquences son désengrenement d'avec les parties vives. De là, nous ne dirons pas la découverte, mais bien l'invention, faite par M. Périer, de cette force contentive que le poids met si à propos en jeu, au moment juste où son action dilatante pourrait devenir nuisible.

Cette théorie de M. Périer est sans doute ingénieuse, mais est-elle fondée? Nous ne le croyons pas.

D'abord, rien ne justifie l'idée principale qui lui sert de base, à savoir : que le sabot pourrait éprouver un trop grand écartement sous l'influence des pressions intérieures, si le poids n'agissait sur lui à la manière d'une force contentive. La propriété contentive du sabot est inhérente à lui-même ; elle résulte, tout à la fois, des qualités de sa substance, de l'intime union de ses différentes parties composantes et des conditions mêmes de sa structure, qui font qu'il tend d'autant plus à revenir sur lui-même, que l'effort dilatateur intérieur est plus puissant, de même que l'arc revient avec d'autant plus d'énergie à sa forme primitive qu'il a été infléchi avec plus de force. Inversement, c'est ce qui se passe dans le sabot; il revient avec d'autant plus de force à sa forme normale, qu'il a été davantage écarté par l'action dilatante. La force contentive du sabot n'est donc pas autre chose que l'élasticité qui résulte de sa forme même.

En second lieu, le rôle assigné par M. Périer aux talons de l'os du pied, comme instruments de l'action contentive, est impossible. Les *talons* de l'os du pied, c'est-à-dire les éminences rétrossales, ne se prolongent pas jusque dans les angles d'inflexion , ainsi que M. Périer semble l'admettre. Ce sont les cartilages latéraux, au milieu desquels les éminences rétrossales sont englobées, qui remplissent de leurs bulbes l'intérieur des angles d'inflexion, et s'appuient *sur le bout des branches de la sole.* Il n'est donc pas possible que ces parties flexibles et élastiques « pressent avec assez de force, de « haut en bas et de dehors en dedans, la surface inclinée des bouts « de la sole pour en opérer la concentration, » suivant les propres expressions de M. Périer, extraites d'un supplément inédit de son livre, page XIV.

Et puis, comment admettre, avec M. Périer, que les talons de la troisième phalange remplissent, pour ainsi dire, l'office de *harpons* destinés à fixer les deux branches de la sole rapprochées l'une de l'autre, pendant tout le temps de l'action contentive, lorsque l'on considère la surface non pas seulement unie, mais même renflée et saillante, que présente la face inférieure de la troisième phalange, dont la concavité est comblée par l'expansion du perforant et par l'épaisseur du coussinet plantaire.

Et puis encore, n'est-il pas contraire aux lois de la mécanique animale, telles qu'elles peuvent être établies d'après l'étude comparée des êtres, de supposer que les bases des colonnes de support deviennent d'autant plus dures, résistantes et inflexibles, que les actions qu'elles supportent nécessiteraient en elles des conditions plus développés de souplesse et d'élasticité? Cette concentration du sabot sous le poids du corps, cette rigidité plus grande que, par ce seul fait, il doit fatalement acquérir, ne sont-elles pas contradictoires avec tout cet ensemble de dispositions si ingénieusement combinées dans la construction des colonnes des membres pour amortir les réactions du terrain? James Turner a dit, dans son *Essai sur la maladie naviculaire,* que le redressement des barres sous le petit sésamoïde, et la voussure concomittante de la sole et de la fourchette, dans les pieds resserrés, représentaient *une sorte de rocher contre lequel plus de chevaux venaient se détruire qu'il ne se brise de vaisseaux contre les récifs de l'Océan.* Est-ce que la forme que devrait prendre le sabot, sous l'influence des pressions à chaque temps de l'appui, d'après la théorie de M. Périer, ne le constitue pas justement dans ces conditions de dureté et de résistance, si dangereuses pour les parties intérieures, que M. J. Turner signale, dans son style métaphorique, comme les causes principales de la maladie naviculaire ?

*A priori* donc, la théorie toute spéculative de M. Périer ne nous paraît pas résister à la discussion, mais elle a de plus contre elle les résultats de l'expérimentation directe qui l'infirment en tous points et qui prouvent que, sous l'influence des pressions intérieures, le sabot subit un écartement dans toute sa circonférence inférieure, mais bien plus marqué dans la région postérieure que partout ailleurs. Les expériences que nous relaterons tout à l'heure démontreront, en toute évidence, pensons-nous, la vérité de cette assertion.

En résumé, nous croyons que la théorie que M. Périer a développée sur l'élasticité du sabot du cheval, n'est pas l'expression fidèle des faits observés ou recherchés par l'expérimentation ; que ces faits, au contraire, l'infirment en tous points ou la contredisent. Cependant et malgré le défaut de fondement de cette doctrine, nous avons dû lui consacrer quelques développements, à cause d'abord de l'autorité du nom de son auteur, l'un des vétérinaires les plus recommandables dont notre profession puisse s'honorer ; et en second lieu, parce que, chose singulière, cette doctrine, qui pèche par la base, a cependant été pour M. Périer le point de départ des idées les plus justes et les mieux exposées sur les conditions de solidité et de résistance des colonnes de soutien que les membres représentent. Nous reviendrons, avec tous les développements qu'il comporte, sur ce point important, dans le chapitre que nous consacrerons plus loin à l'étude des aplombs.

*Expériences de M. John Gloag sur l'élasticité.* — La théorie sur l'élasticité du sabot, que Bracy Clark a exposée avec tant de lucidité dans sa podonomie, était restée jusqu'à présent à peu près inébranlée, malgré les efforts ingénieux qu'a tentés M. Périer pour y substituer une théorie nouvelle.

Cependant, dans ces derniers temps, un vétérinaire de l'armée anglaise, M. John Gloag, vient d'entreprendre contre le système de Bracy Clark une nouvelle attaque, qu'il nous paraît important d'exposer ici avec quelques détails, en raison des nombreuses expériences instituées par cet auteur pour arriver à sa démonstration [1].

La manière de M. Gloag est différente de celle de M. Périer. M. Périer n'a fait aucune expérience pour appuyer les assertions qu'il émet. Sa méthode est une méthode de déduction ; il expose comment il a conçu le mécanisme du sabot, conduit plutôt par ses réflexions que par l'observation directe.

M. John Gloag, au contraire, ne s'est proposé de soutenir aucune opinion particulière. Procédant d'après les principes de Bacon, il a entrepris des expériences dans le seul but d'interroger la nature et d'obtenir d'elle des renseignements qui l'éclairent. Voici le résumé de ces expériences :

Le premier point que M. J. Gloag voulait éclaircir était celui de savoir si la sole et la fourchette s'abaissent sous la pression, et si, en même temps, le sabot s'élargit par sa circonférence inférieure. A cet effet, il compara d'abord le contour du sabot levé avec celui qu'il présente lorsqu'il pose à terre et qu'il supporte toute la pression du corps, et il ne trouva aucune différence. Il appliqua sous le sabot un fer, dont les branches étaient réunies, au niveau de la pointe et du

<hr>

[1] *The Veterinarian*, mai 1849, p. 257 ; — juin 1849, p. 317 ; — juillet 1849, p. 377.

corps de la fourchette, par une lame métallique, sur la face supérieure de laquelle était étalée une couche de cire molle destinée à recevoir et à conserver toutes les empreintes ; et l'examen de cette cire, fait après que le cheval eut été exercé au trot, lui fit voir, au point correspondant au centre du sabot, c'est-à-dire au niveau de l'os naviculaire, une fente longitudinale, de la largeur du dos d'une lame de canif, produite par l'impression du corps de la fourchette.

La même expérience fut répétée, en plaçant la lame métallique destinée à recevoir les empreintes, en travers des branches de la fourchette, et la cire ne présenta aucune trace de pression.

Une couche de cire molle fut appliquée sur la *garniture* extérieure d'un fer bien ajusté ; le cheval fut exercé au trot, et la cire n'éprouva aucun déplacement de dedans en dehors.

Sur le pied d'un cheval boiteux à trois jambes, par suite d'une seime longitudinale en pince, un fer fut appliqué, muni sur chacune de ses branches d'une bride métallique, que l'on réunit et serra en pince, à l'aide d'un écrou, jusqu'à ce que les lèvres de la seime fussent mises en contact exact. Le cheval parut immédiatement soulagé et il continua à porter des fers semblables pendant plusieurs mois sans inconvénients.

Un sabot détaché à la couronne fut placé entre les deux mors d'un étau, la pression s'exerçant sur le sommet de l'os coronaire d'une part, et sur la face solaire de l'autre. Un lambeau de la paroi avait été enlevé sur un des quartiers pour mettre à nu le talon de l'os du pied. Le rapprochement des mors de l'étau ne fit éprouver à l'os aucun mouvement ; la base de la fourchette aussi resta immobile.

La même expérience, répétée sur un autre pied ferré à plat jusqu'aux talons, fit voir que la fourchette cédait peu à peu sous la pression au niveau de son corps. Sa descente, sous une pression *de deux tonnes,* fut d'environ un quart de pouce anglais. Quant à la sole et à la base de la fourchette, M. Gloag ne put saisir aucun mouvement. Une lame de fer avait été placée en travers des éponges, pour bien mesurer la descente si elle s'effectuait ; il ne s'en fit aucune.

Une expérience semblable fut faite sur un autre pied, dans le but de mesurer, à l'aide du compas, l'élargissement du sabot. La pression de l'étau fut portée jusqu'à la dernière limite de la résistance du pied, et l'élargissement ne fut que de l'épaisseur d'une carte à jouer.

Pour savoir si l'os du pied descend dans le sabot sous l'effort d'une pression, s'exerçant de haut en bas, un lambeau de paroi fut enlevé

en pince, et le pied placé entre les mors de l'étau qui furent rapprochés de manière à produire une pression énorme. Malgré cela, l'os
du pied resta immobile, et, chose remarquable, qui prouve bien que
le tissu velouté n'éprouve aucune compression , il suffit d'appliquer
le doigt sur la sole pour faire jaillir des vaisseaux du pied le sang que
l'énormité de la pression de l'étau était impuissante à exprimer.

Un pied dessolé, fût placé et comprimé entre les mors d'un étau,
sans qu'il ait été possible de reconnaître le plus petit mouvement d'a-
baissement de la surface veloutée.

Il n'y eut qu'au point correspondant à l'os naviculaire, que le corps
pyramidal fléchit sensiblement; son plus grand abaissement sous la
plus forte pression fut d'environ un quart de pouce.

La moitié de ce même pied scié dans le sens du diamètre antéro-
postérieur, suivant la direction de la lacune médiane de la fourchette,
fut placée dans l'étau, et dès que la pression des mors commença
à se faire sentir, on vit l'os de la couronne presser sur l'os du pied,
et à mesure que le premier s'abaissait en arrière et en bas, il pressait
sur l'os naviculaire qui descendait, en affaissant sous lui la partie
correspondante du coussinet plantaire, et repoussant, en dessous, le
corps de la fourchette dans l'étendue d'environ un quart de pouce.

L'os du pied paraissait parfaitement fixe, de même que la sole et
la base de la fourchette.

De cette première série d'expériences, M. Gloag conclut : que l'os
du pied demeure immobile dans la boîte cornée, que conséquemment
la sole ne supporte aucune pression et ne subit aucun abaissement
dans l'appui; que la muraille n'éprouve, non plus, aucun élargissement par sa circonférence inférieure, et que le seul effort produit par
la pression s'exerce, à l'aide du petit sésamoïde, au niveau du corps
de la fourchette, et a pour effet d'en déterminer l'abaissement dans
une certaine limite.

Mais n'y a-t-il que ce point du sabot où un mouvement visible se
produise sous l'influence du poids du corps? C'est ce que M. Gloag
recherche par de nouvelles expériences dont voici le résumé :

Un fer ordinaire bien ajusté, *prolongé en talons*, est appliqué avec
soin au pied antérieur gauche d'un cheval de carrosse. L'espace angulaire compris entre le prolongement des éponges du fer et les talons du pied jusqu'aux bulbes de ces talons, est rempli avec soin de
cire préparée, tandis que le pied est maintenu levé; la lame d'un canif huilé est alors passée entre les éponges du fer et la cire, afin de

ménager un espace étroit entre deux. L'idée était que *si le sabot s'a-baissait en arrière,* cet espace serait immédiatement effacé par la pression. Le cheval eut alors la liberté de poser son pied sur le sol, mais la fente de la cire ne disparut pas.

La même expérience fut faite sur un pied mort, placé entre les branches d'un étau, et la fente faite à la cire demeura aussi ouverte après la pression.

Pour savoir si ce ne serait pas la résistance opposée par les branches du fer conduites au delà des talons, qui mettrait obstacle à l'abaissement des talons en arrière, M. Gloag entreprit alors l'expérience suivante :

Le sabot fut coupé, à l'aide d'un trait de scie, à son bord inférieur, au niveau d'un quartier et dans le sens de la direction des feuillets; la pression de l'écrou fit alors abaisser le talon, au point que la fente faite dans la cire disparut à l'instant, preuve que si le sabot ne cède pas en arrière lorsqu'il est ferré, cela tient à l'obstacle même que le fer oppose à ce mouvement.

Pour confirmer ce résultat, M. Gloag fit appliquer, sous le pied d'un cheval de charrette, un fer à éponges fortement rabattues en dessous. Ce fer portait à sa face inférieure une mince barre métallique soudée à chaque éponge et placée en travers.

Aussitôt que le cheval eut la liberté de se reposer sur son pied, on put reconnaître très-visiblement *la descente du sabot en bas et en arrière* et même la sentir; et, à chaque mouvement de l'animal, cette action particulière du pied était visible et sensible.

Dans le but de mesurer l'étendue de ce mouvement, la face inférieure de la fourchette et des talons fut revêtue de cire préparée, la surface supérieure de la barre du fer ayant été au préalable huilée. Le cheval fut alors exercé, et l'on put reconnaître que les talons du sabot descendaient presque sur les éponges du fer, et que la fourchette venait en contact avec la barre transverse.

Sur le pied levé, les talons reprenaient leur position naturelle, et il y avait alors un espace entre la cire et la barre de presque un quart de pouce.

En introduisant à frottement une sorte de coin de fer dans l'espace intercepté entre l'éponge et le talon, on mettait obstacle à la descente du talon de ce côté; le talon libre seul effectuait la sienne, mais dans une moins grande étendue.

De semblables expériences répétées dans l'étau, sur des pieds morts, donnèrent les mêmes résultats.

M. Gloag en conclut que l'action naturelle du sabot est de *céder légèrement en bas et en arrière,* dans la direction de ses fibres, sous l'influence de la pression. Il cherche à soutenir cette manière de voir en l'appuyant, d'abord, sur ce fait d'observation journalière, que la face supérieure des vieux fers du cheval présente toujours, outre une surface brillante correspondante au bord inférieur de la paroi, une sorte d'impression régulière en talons, causée par une pression constante. «Ne se pourrait-il pas, dit à ce sujet M. Gloag, qu'au « lieu d'une expansion latérale, au moment où le pied du cheval pose « à terre, il se produisît, au point correspondant à cette impression « du fer, un léger resserrement, conséquence du gonflement des « parties supérieures du sabot. » Ce qui vient, suivant lui, à l'appui de cette opinion, «c'est que ce brillant du fer en talon procède tou-« jours du dehors vers le dedans. »

« Les praticiens savent tous, dit encore M. Gloag, qu'on obtient « un grand soulagement des boiteries, dans beaucoup de circon-« stances, en abattant simplement les talons ; témoin l'usage si ré-« pandu du fer à planche qui, ne pressant pas sur les talons, leur « permet un plus grand degré de liberté.

« Beaucoup de maréchaux réussissent à soulager un cheval boi-« teux par la ferrure, tandis que d'autres manquent toujours ce ré-« sultat, qui, la plupart du temps, n'est obtenu qu'en abattant les « talons et en donnant au fer de la largeur et de l'aisance. Ces cas « se présentent journellement. Combien y a-t-il de chevaux qui, « sensibles sur leurs pieds, après une ferrure nouvelle, marchent « franchement au bout de quelques jours ! Cela n'est-il pas dû à ce « que le fer porte d'abord trop exactement sur les talons, ce qui met « obstacle au mouvement de ces derniers ; mais bientôt l'usure du « talon et de la partie postérieure du quartier, conséquence du frot-« tement, restitue à l'animal son action naturelle et sa liberté de « mouvements, et la boiterie disparaît.

« Combien encore de chevaux sont soulagés par l'interposition « d'une plaque de cuir souple entre le fer et le pied, ou seulement « entre les éponges et les talons. Le drap et le feutre sont très-em-« ployés par les propriétaires de chevaux pour cet usage, et tous « portent témoignage des avantages qu'ils en retirent, lesquels ne « peuvent s'expliquer que par les principes qui viennent d'être ex-

« posés. Je crois que les praticiens demeureront d'accord avec moi
« sur ce point, qu'un fer qui porte fortement en talons, est préjudi-
« ciable dans l'usage général, bien qu'ils puissent différer sur l'ex-
« plication.

« Dans les chevaux légers, ce mouvement *en arrière et en bas* du
« sabot n'est pas très-sensible, mais il serait convenable que rien
« n'y mît jamais obstacle, quoiqu'il y ait de grandes difficultés prati-
« ques à ce qu'il soit conservé.

« D'autres preuves de l'existence de ce mouvement postérieur du
« sabot sont fournies par les pratiques journalières de la marécha-
« lerie ou de la chirurgie. Combien de fois n'arrive-t-on pas à soula-
« ger les animaux au début de la maladie naviculaire, en appliquant
« sous le pied un fer en croissant (*tip*) et autour de la couronne un
« vésicatoire ! Comment expliquer cette méthode de ferrure qui ex-
« pose des parties déjà meurtries à de nouvelles meurtrissures, si ce
« n'est par ce fait, qu'on restitue au sabot par l'usage du *croissant,*
« la faculté dont il jouit de céder un peu en arrière et en bas, et qu'on
« diminue ainsi l'effet du choc du pied sur le sol.

« Quels surprenants changements s'établissent dans les sabots
« des chevaux qui portent des fers en croissants ! Au bout de quel-
« ques mois, les pieds qui, avant l'usage de cette ferrure, étaient
« secs, durs, cassants, affectent, après, un aspect tout différent ; ils
« deviennent mous, élastiques et comme huileux lorsqu'on entame
« la corne. L'échauffement de la fourchette disparaît en même temps.
« Cela ne peut s'expliquer que par ce fait, que les différentes parties
« du pied ont été restituées à leurs actions normales.

« Comment comprendre encore que le sabot devienne plus large,
« à sa partie postérieure, par l'usage de certaines ferrures, si ce n'est
« par la liberté d'action laissée aux parties qui étaient avant con-
« damnées à l'immobilité. De même que le bras d'un homme, main-
« tenu immobile dans une écharpe, s'atrophie, et ne reprend son
« volume primitif que lorsque la liberté d'action est rendue aux
« muscles ; de même le sabot peut augmenter de largeur par l'usage
« du fer en croissant, de la ferrure unilatérale, par l'abattage des ta-
« lons, le fer à planches et les matériaux élastiques interposés entre le
« pied et le fer. Les fers en croissants et la mise en liberté de l'ani-
« mal sur une terre humide, effectuent bientôt, dans le volume des
« sabots, un changement qui ne tarde malheureusement pas à dis-

« paraître lorsque le cheval est soumis de nouveau aux conditions
« habituelles de la ferrure et de la stabulation. »

Après ces développements à l'appui de sa manière de voir sur le
mouvement propre du sabot, lequel consisterait dans une sorte de
renversement des talons en arrière et en bas, et non pas dans une dilatation latérale, M. Gloag cherche à appuyer sa démonstration sur
de nouvelles expériences.

Un fer portant en pince sur sa rive externe, une tige plate verticale,
fut appliqué sous le sabot d'un cheval. L'espace angulaire qui existait
entre le sabot et cette tige verticale, dont le sommet correspondait à la
couronne, fut rempli de cire préparée, la face du sabot et celle de la
tige ayant été au préalable huilées. Aucun mouvement ne s'effectua
entre la tige métallique et la cire, tant que les talons du sabot furent
en contact avec le fer. Mais dès que, par l'abattage de ces talons, la
liberté de se mouvoir en arrière et en bas, leur eut été restituée, on
vit se produire un mouvement de flexion du sabot en arrière, et la
cire se détacha de la tige métallique, dans l'étendue d'un quart de
pouce, au niveau de la couronne. Cet espace décroissait regulière-
ment de haut en bas. Nouvelle preuve que lorsque le sabot a la liberté de se renverser en arrière, c'est, en effet, ce mouvement qu'il
exécute.

La même expérience fut répétée avec un petit *fer en croissant* de
trois pouces environ, à la pince duquel fut écrouée une lame de fer
plate, s'élevant à angle droit devant le front du sabot. Ce croissant
fut appliqué sur la sole et enseveli à chaud dans la corne; on avait
eu soin de rogner un peu la paroi en pince afin que la tige verticale
conservât sa position perpendiculaire. Dès que le cheval posa à terre
son pied ainsi ferré, on vit, par le fait du renversement du sabot en
arrière, la cire appliquée sur sa face antérieure se détacher de la tige
verticale, et témoigner ainsi du mouvement éprouvé par le sabot par
suite de son renversement en arrière.

Telles sont les expériences nouvelles que M. Gloag vient de pu-
blier dans le *Veterinarian* (1849).

Voici, suivant lui, le résumé sommaire de ce qu'elles tendent à
prouver :

1° Qu'il n'y a pas d'expansion latérale appréciable des quartiers
du pied, à leur circonférence inférieure, dans aucune circonstance
de la ferrure; la seule expansion qui existe étant le résultat d'une
croissance graduelle;

2° Que lorsqu'un cheval est ferré avec un fer conduit également jusqu'aux talons, les actions qui se produisent dans le pied sont : *a.* une légère descente de la partie antérieure de la fourchette et des parties adjacentes de la sole de corne, à l'opposé de l'os naviculaire; *b.* une tuméfaction des tissus élastiques autour de la couronne, *c.* et un gonflement de l'appareil élastique de la partie postérieure et supérieure des talons, gonflement que détermine le renversement en arrière de l'os de la couronne, et qui a pour résultat d'épanouir les cartilages latéraux;

3° Que si la fourchette est mise en contact avec le sol, elle prend sa part de fonction en raison de son élasticité, et concourt par elle à garantir le pied du choc; et aussi que l'enveloppe périostique, de nature élastique qui recouvre la troisième phalange, remplit un rôle important d'amortissement, en permettant un léger mouvement de ressort de l'os du pied dans toutes les directions;

4° Que dans un cheval à l'état de nature ou ferré avec les talons abattus, un certain mouvement du pied vient s'ajouter aux précédents; à savoir : une légère déclinaison du sabot en arrière dans la direction de ses fibres, qui permet ainsi aux talons et à la base de la fourchette de descendre, ce qui, suivant **M. Gloag**, est l'action naturelle du pied à laquelle la ferrure met obstacle;

5° Que la descente de la base de la fourchette est entièrement sous la dépendance de celle des talons, et que, dans les conditions ordinaires de la ferrure, la base de la fourchette est fixe, ce qui met cet important organe entièrement hors d'usage; mais que la légère descente de la fourchette et des parties adjacentes de la sole, immédiatement au-dessous de l'os naviculaire, s'effectue dans toutes les circonstances de la ferrure;

6° Qu'il n'y a pas de descente appréciable de la sole de corne dans dans un pied modérément concave, ferré suivant les méthodes ordinaires, si ce n'est, peut être, de cette partie adjacente à la région antérieure de la fourchette sous l'os naviculaire, laquelle cède légèrement sous la pression. Mais que, avec un fer rabattu en éponges, ou lorsque le cheval est à l'état de nature, il y a une flexion en arrière et en bas de la sole de corne, en même temps que de toute la boîte cornée;

7° Qu'il n'y a pas de descente suffisante de la sole sensible sur la sole de corne, dans les circonstances ordinaires, pour empêcher la circulation du sang dans le pied;

8° Et que les feuillets sont presque, sinon complétement inélasti-
ques ; qu'ils sont mus facilement dans le sens de leur direction transversale, mais non longitudinalement, et que cette facilité de mouvements des feuillets provient probablement de la construction
particulière de la couverture élastique de la troisième phalange (le
*reticulum processigerum*).

Telles sont les conclusions que M. John Gloag a cru pouvoir formuler d'après ses expériences ; elles tendent, comme on peut en juger,
à la négation complète de la théorie de Bracy Clark sur l'élasticité du
sabot et à la restauration des idées simples de Lafosse sur cette *flexibilité* du sabot qui permet *aux talons, dès que le pied est à terre,
d'aller chercher l'éponge du fer qui ne plie jamais.*

Ces conclusions sont-elles irréfutables, et le système du célèbre
Clark doit-il être définitivement rangé au nombre de ces conceptions
ingénieuses, qui n'éclairent le champ de la physiologie que d'une
lueur trompeuse, et qui, tôt ou tard, finissent par s'évanouir devant
la lumière véritable et pure qu'irradie le flambeau de l'expérience ?

Avant de formuler notre opinion sur ce point, nous voulons exposer quelles sont les objections qui ont été faites au système de
M. Gloag par ses compatriotes.

Cette question de l'élasticité ou de l'expansion du sabot pendant
l'appui, est une de celles qui a soulevé le plus de discussions parmi
les vétérinaires anglais, depuis le commencement de ce siècle. Dé-
fendue avec une ardeur passionnée qui rappelle les luttes du moyen
âge sur les questions de scholastique, par James Clark, Osmer,
Saint-Bel, Moorcroft, Coleman, Goodwin, et surtout par Bracy
Clark, cette propriété d'expansibilité inhérente au sabot n'avait rencontré que de rares contradicteurs, dont les protestations étaient de-
meurées impuissantes à ébranler la foi dans une doctrine si profondément ancrée dans les esprits et si vigoureusement soutenue.

Aussi, on peut penser que le nouveau système de M. Gloag, qui ne
tend à rien moins qu'à réduire au néant cette doctrine si chère, et à
effacer d'un trait de plume ce principe fondamental de la physiologie
du pied, a dû rencontrer des antagonistes redoutables.

Le premier qui soit entré en lice pour rompre en visière avec
M. Gloag, est M. Arthur Cherry, vétérinaire distingué de Londres [1].
L'argumentation de M. Cherry a quelque chose de passionné et de

_______

[1] *The Veterinarian*, septembre 1849, p. 409.

personnel, qui témoigne de cette espèce d'irritation que l'homme éprouve toujours en présence des efforts tentés pour ébranler en lui de vieilles croyances. Aussi traite-t-il son adversaire avec un dédain superbe, bien malséant dans une discussion scientifique, et que l'on aurait peine à comprendre, si l'on ne savait toute l'importance qui se rattache en Angleterre à la physiologie du pied du cheval, en raison même des maladies si fréquentes de cette région, de la difficulté de les prévenir, de l'impossibilité, souvent insurmontable, d'y porter remède, et des pertes considérables que ces maladies entraînent si souvent. Ajoutons que l'art du maréchal a été en Angleterre singulièrement systématisé et dominé bien plus qu'en France, par l'influence des doctrines de physiologie, en sorte que jeter du discrédit sur ces doctrines, c'est infirmer la bonté des pratiques qui n'en étaient que l'application. De là, sans doute, cette sorte de colère dont la réfutation de M. Cherry porte l'empreinte. Cette réfutation ne porte, du reste, que sur les conclusions du travail de M. Gloag. « Examiner les expériences qu'il a faites sur les pieds morts, ce se-« rait, dit-il, perdre son temps et son papier, et insulter à ceux qui « ont quelque connaissance de la matière ou quelque aptitude à « réfléchir. » (*On insult to those who have any knowledge of the subject or any reflective powers.*)

La manière de M. Cherry, on le voit, est un peu cavalière. Cependant, au milieu de ces arguments *ab irato*, il en est quelques-uns que nous devons reproduire ici, parce qu'ils ont une valeur réelle dans la question importante que nous essayons d'éclaircir.

« Si, dit M. Cherry, il n'y a pas d'expansion latérale des quartiers « du pied, comment se fait-il qu'un cheval ne puisse marcher avec « un fer attaché par des clous, brochés de chaque côté, en quartiers?

« Pourquoi un fer qui ne repose pas sous le pied par une surface « unie, mais par un plan incliné de dehors en dedans, cause-t-il si « souvent des boiteries?

« Si la base de la fourchette n'était pas susceptible de s'abaisser « pendant l'appui, comment expliquer les boiteries qui sont si sou-« vent la conséquence de la rigidité et de l'épaisseur anormale des « glomes, et qui disparaissent par l'amincissement jusqu'à la rosée « de la corne de cette région.

« Les fissures des arcs-boutants ne sont-elles pas la preuve du « mouvement d'écartement qu'ils subissent?

« La preuve que la sole descend sous l'influence des pressions

« qu'elle subit, est donnée par la nécessité où l'on est dans la pra-
« tique de la ferrure, d'éviter toute pression sur cette partie. Cette
« descente peut n'être que d'un cinquantième ou d'un centième de
« pouce, mesure à peine appréciable pour nos sens, mais très-
« douloureusement appréciable pour l'animal, ainsi que l'expérience
« journalière en témoigne. »

Quant à ce fait, que les expériences de **M.** Gloag tendent à mettre
en relief, à savoir : que l'action principale du pied consiste dans un
mouvement de flexion en arrière et en bas, c'est, suivant **M.** Cherry,
un point de science si généralement connu et compris, qu'il ne pensait pas qu'il fût plus nécessaire de le démontrer, que de prouver que
les mâchoires sont faites pour s'ouvrir et se fermer. « Si, dit-il, l'é-
« cole de Coleman et de Bracy Clark n'avait pas fait tant de bruit
« avec l'expansion du pied, — pauvre bidet qu'on a poussé si à fond
« qu'il est entièrement fourbu depuis des années, — la connaissance
« simple et vraie des fonctions du pied n'aurait pas été si compléte-
« ment obscurcie. »

Suivant **M.** Cherry, « le pied est élastique dans toutes les direc-
« tions, si ce n'est dans le sens de la direction des fibres de la paroi.
« La propriété d'élasticité existe au plus haut degré à la couronne et
« plus spécialement dans la région des talons. Elle est moindre à la
« circonférence inférieure du sabot et nulle en pinces. »

Tel est l'argumentation de **M.** Cherry.

**M.** Gloag a rencontré, dans un autre de ses confrères, vétérinaire
à Londres, **M.** Reeve, un contradicteur plus sérieux [1].

*Expériences de M. Reeve sur l'élasticité.* — **M.** Reeve a cherché,
en effet, à combattre **M.** Gloag, non plus par des raisonnements seulement, comme **M.** Cherry, mais par des expériences directes, très-
ingénieusement conduites et pleines d'intérêt, comme on va en juger
par le résumé suivant :

Le but que voulait atteindre **M.** Reeve était de reconnaître si la
sole éprouvait un *mouvement de descente* et le sabot *une expansion
latérale* pendant l'appui.

Première expérience. — En conséquence, il fit choix d'un cheval
ayant les pieds bons et modérément concaves ;

Un fer fut préparé, percé de deux étampures sur la branche in-

_______________

[1] *The Veterinarian,* février 1850, p. 61.

terne, trois sur la branche externe et une en pince derrière le pinçon. La partie de sa face supérieure, destinée à être en rapport avec le bord inférieur de la paroi était parfaitement unie, de sorte que le fer portait uniformément dans toute son étendue, sans qu'il y eût le plus petit jeu entre les extrémités de ses branches et les talons.

Une barre étroite de fer, d'une épaisseur égale à celle du fer lui-même, fut solidement soudée de la rive interne d'une branche à l'autre, transversalement, en avant de la pointe de la fourchette.

Deux autres barres de fer, de même largeur et de même épaisseur, procédaient de la barre transverse au niveau de sa jonction avec le fer, et allaient se souder, de chaque côté, aux éponges. Ces dernières barres recouvraient la surface des branches de la sole.

Trois trous taraudés furent percés à travers chacune de ces barres, et de fortes chevilles métalliques très-acérées, d'un huitième de pouce de diamètre, furent adaptées pour être vissées dans ces ouvertures.

Tout étant ainsi préparé, le pied enveloppé, au préalable, d'un cataplasme, fut disposé à recevoir le fer. La face plantaire fut mise sur un niveau parfaitement droit, de la pince aux talons, la sole fut seulement parée, de manière que sa surface se présentât très-unie, mais sans grande diminution de son épaisseur, de peur d'infirmer le résultat à obtenir. Le fer fut alors fixé au pied avec des clous brochés haut.

Les choses ainsi disposées, chaque cheville, dont la pointe avait été trempée dans du goudron, fut vissée dans son trou, la pointe tournée vers la sole et venant affleurer sa surface sans la toucher.

De cette manière on avait disposé sous le sabot du cheval une sorte de herse renversée, fixée d'une manière si immuable, que si la plus légère descente de la sole s'effectuait, les pointes devaient la perforer et démontrer ainsi, non-seulement que la sole s'abaissait, mais encore dans quelle limite.

Le cheval fut d'abord exercé au petit pas dans la forge, et l'examen du pied fait immédiatement ne laissa voir l'indice d'aucune descente de la sole. On le mit alors, pendant quelques instants, au trot, puis au galop. Examen fait du pied, on reconnut que chaque cheville avait fait son trou. Il y en avait neuf très-visibles, et cependant chaque pointe était exactement à la même distance de la corne qu'avant l'expérience. La sole s'était donc abaissée et était revenue à sa position première.

Le fer fut retiré pour qu'on pût examiner avec soin l'extrémité des chevilles. Celles qui étaient situées de chaque côté du corps et de la pointe de la fourchette indiquaient une descente de presque un huitième de pouce, tandis que les chevilles de la barre transverse, en arrière de la pince, et celles qui étaient placées près des angles des talons, n'indiquaient pas une pénétration de plus d'un seizième de pouce.

Deuxième expérience. — Un fer ordinaire (à ajusture anglaise) fut forgé avec sa branche externe suffisamment couverte pour projeter en dehors de la muraille, depuis la pince jusqu'au talon, une *garniture* d'un demi-pouce de largeur. On souda sur le bord de cette garniture une plaque métallique inflexible, occupant toute la longueur de la branche du fer, épaisse d'un quart de pouce environ et haute d'un pouce. Cette plaque, parallèle à la paroi, limitait entre deux une sorte de rigole d'un demi-pouce de largeur.

Le fer portait six étampures, deux en pince et quatre à la branche interne. La branche externe, à laquelle la plaque était attachée, n'en avait pas.

La surface d'assise du fer sous le pied, était parfaitement plane de la pince aux talons.

Six trous taraudés furent forés, à travers la plaque, sur une ligne horizontale, au niveau du bord inférieur de la paroi. Ces trous avaient une direction convergente vers le centre du pied.

Au-dessus de cette première rangée, trois autres trous, en ligne horizontale, furent percés au niveau des talons.

Dans chacune de ces ouvertures furent adaptées des chevilles semblables à celles qui ont été décrites dans la première expérience.

Le fer ayant été solidement fixé sous le pied, chaque cheville fut vissée dans sa place, jusqu'à ce que sa pointe vînt affleurer la surface de la muraille. L'animal fut alors mis en action avec cette sorte de *herse latérale* attachée à son pied.

(M. Reeve aurait bien voulu faire l'expérience inverse avec la *herse* appliquée sur le quartier en dedans, mais cela ne lui fut pas possible, la grande saillie de l'appareil exposant trop l'animal à s'atteindre pendant les mouvements.)

Le résultat de cette expérience fut que chaque cheville avait fait sa piqûre, *celles des quartiers et des talons plus profondément que celles des parties antérieures.* L'étendue de la pénétration des premières était d'environ un seizième de pouce. La cheville supérieure des talons ne paraissait pas être entrée aussi profondément que celle qui lui correspondait plus inférieurement.

M. Reeve fait observer que le pied sur lequel il expérimenta, n'était pas dans des conditions favorables, attendu que la corne en était dure et peu élastique.

« Ces expériences, dit **M. Reeve**, démontrent qu'il y a une des-
« cente mesurable de la sole de corne, et conséquemment une pres-
« sion sur la sole sensible favorable à sa circulation, et, en second
« lieu, que le sabot éprouve, pendant les mouvements de l'animal,
« une certaine expansion latérale dans les régions des quartiers et
« des talons, au niveau de la circonférence inférieure de la paroi. »

Quant à cette flexion particulière des talons en arrière et en bas, que **M. Gloag** considère, d'après ses expériences, comme le seul mouvement naturel et possible du sabot, **M. Reeve** pense qu'il ne résulte que des circonstances exceptionnelles et anormales, dans lesquelles **M. Gloag** plaçait les pieds sur lesquels il expérimentait.

Sans doute, lorsque le talon du sabot ne rencontre pas sous lui un point d'appui qui le soutienne, comme lorsque la branche du fer est fortement rabattue en bas, l'action du poids du corps est suffisante pour faire fléchir les fibres de la paroi; mais, dans les conditions ordinaires de l'appui, ce résultat ne se produit pas. Faites marcher un cheval au grand trot, sur une terre argileuse ; prenez le moule de l'empreinte que son sabot nu a laissée sur cette terre, comparez-le à la forme du pied levé, et vous ne verrez aucune différence; preuve, suivant **M. Reeve**, que les talons ne se sont pas renversés en arrière pendant l'appui, comme **M. Gloag** d'admet.

**M. Gloag** répéta les expériences de Reeve, mais en les modifiant un peu dans l'application [1].

Ayant remarqué que le fer à *herse renversée*, conseillé par **M. Reeve**, pour les expériences sur la face plantaire, ne permettait que difficilement d'apercevoir l'extrémité des chevilles; craignant, d'autre part, que la trop grande portée de la barre transversale ne lui laissât du jeu au moment de l'appui, il fit confectionner un premier fer plein, très-large en couverture (1 pouce $^5/_8$), présentant une surface d'assise de niveau depuis la pince jusqu'aux talons ; légèrement ajusté pour éviter toute pression sur la sole, et afin aussi de permettre de voir plus facilement la pointe des chevilles.

Six chevilles acérées, d'un peu plus d'un huitième de pouce de diamètre, furent vissées à travers la couverture du fer tout près de

[1] *The Veterinarian*, mars 1850, p. 130.

sa rive interne. Ce fer était muni de huit étampures, disposées à la manière habituelle, ce qui permettait de le fixer du côté que l'on désirait. Il avait 5 pouces $\frac{1}{2}$ de large.

Un deuxième fer, de forme ordinaire, parfaitement plat à sa face supérieure, présentant un pouce de couverture, traversé de sept étampures, quatre sur la branche externe et trois sur l'interne, fut muni d'une forte barre transversale soudée à ses deux branches, au niveau de la partie antérieure de la fourchette. Une cheville métallique fut écrouée à travers cette barre de chaque côté de la pointe de la fourchette.

Ce fer avait 5 pouces $\frac{1}{4}$ de large.

Quant au fer à *herse latérale,* M. Gloag le fit confectionner exactement d'après la description que M. Reeve en a donnée.

Dans l'application de ces fers sous les pieds, M. Gloag observa les précautions suivantes : la sole fut conservée aussi épaisse que possible ; on se contenta de la polir. La muraille fut parée de niveau avec la sole. On eut soin d'appliquer le fer à chaud pour le mettre en coaptation exacte de surface avec la corne. Les clous furent brochés et rivés solidement. On eut la précaution de disposer à l'avance, dans leur longueur voulue, les chevilles qui devaient être vissées dans le fer. Le sabot ne subit aucune préparation préalable.

Pour l'application du fer à herse latérale, M. Gloag eut la précaution de faire râper, polir et huiler le quartier opposé à la herse, afin que la plus légère empreinte y fût plus visible. Les chevilles furent disposées très-régulièrement dans leurs trous, et afin d'éviter le moindre contact avec la corne, au moment où on les vissait, une mince lame d'étain fut interposée entre leurs points et la surface de la corne.

Ces précautions prises, les animaux soumis à l'expérimentation furent exercés sur la terre sèche, au trot et au galop, pendant quelques minutes.

Les expériences que rapporte M. Gloag, sont au nombre de onze, en voici le résumé :

Première expérience. — Forte jument à large poitrine, un peu cagneuse. Pieds forts et modérément concaves. Le fer à *herse latérale* fut appliqué sur son pied droit, avec quatre clous en dedans et deux en dehors vers la pince.

Les chevilles supérieures avaient toutes touché la corne, les postérieures, opposées aux talons, plus que les antérieures. La profondeur de pénétration des premières était peut-être de $^1/_{40}$ de pouce, tandis que la marque des dernières n'était qu'un éraillement. A bien considérer ces marques, on ne voyait pas de piqûres, à proprement parler, mais bien des espèces d'égratignures, dirigées de haut en bas. Les chevilles de derrière avaient laissé pour empreintes une place comme triturée, plus large que leurs pointes, ce que M. Gloag attribue au léger mouvement de flexion, en arrière et en bas, que le talon avait éprouvé pendant l'action.

Deuxième expérience. — La même jument. Le fer à herse renversée (n° 1) est appliqué sur son pied gauche, et fixé par quatre clous en dehors et trois en dedans. L'examen le plus minutieux de la sole ne put faire voir aucune marque à sa surface.

Troisième expérience. — La même jument. La première expérience fut répétée sur le pied droit. Il n'y eut pas de différence notable dans les résultats, si ce n'est que les empreintes furent confinées aux deux chevilles supérieures et postérieures. Elles occupaient la même étendue que la première fois.

Quatrième expérience. — Forte jument à pieds plats. Le *fer à herse* (n° 2) fut appliqué sous son pied gauche et fixé avec quatre clous en dehors et deux en dedans.

Résultat. — Avant d'enlever le fer, on dévissa chaque cheville pour examiner avec soin la sole, qui ne portait aucune empreinte. Le fer fut alors détaché sans qu'on pût reconnaître aucune marque. Mais le maréchal ayant mouillé la corne avec son doigt, fit apercevoir une piqûre dont la profondeur parut égale à l'épaisseur d'une feuille de papier. « Je fus surpris, dit M. Gloag, de ne pas voir un « abaissement plus considérable de la sole dans la région centrale « du pied, le seul point où je m'attendais à le rencontrer d'après « mes expériences ; et je dois avouer que quelque profondes que « fussent mes convictions sur la nullité de tout mouvement d'abais- « sement de la sole, cependant je n'étais pas sans inquiétude sur les « résultats, en voyant un cheval si lourd, pesant de tout son poids « sur une herse de piquants aigus. »

Cinquième expérience. — Lourde jument aux pieds plats. Le fer à *herse latérale* fut appliqué sous son pied droit.

Résultat. — En arrière, au niveau de la cheville la plus supérieure, il existait une empreinte avec les apparences indiquées plus haut. Les autres marques n'étaient que des éraillements à peine visibles, correspondant tous à la rangée supérieure.

**M. Gloag** attribue la marque laissée sur les talons, à ce que le fer, qui n'était fixe que par sa branche interne, laissait un peu de jeu au talon, lequel, en s'abaissant en arrière, était venu se confond e contre la cheville correspondante.

Sixième expérience. — La même jument. Le fer à herse (n° 1) fut appliqué sur son pied gauche et fixé avec six clous, quatre en dehors et deux en pince en dedans. Aucune cheville ne marqua son empreinte.

Septième expérience. — La même jument. Sur le même pied, le fer à herse (n° 2) fut fixé avec le même nombre de clous, brochés dans les mêmes étampures. Aucune empreinte.

Huitième expérience. — Gros cheval de charrette avec de bons pieds modérément concaves, à corne épaisse. Le fer à herse (n° 1), construit dans de plus grandes proportions avec une couverture relativement plus large, fut appliqué au pied droit et fixé par deux clous en dehors et quatre en dedans. Aucune pointe ne pénétra dans la sole.

Neuvième expérience. — Le même cheval. Le fer à herse latérale fut appliqué à son pied gauche.

Résultat. — Les deux chevilles supérieures et postérieures avaient produit un éraillement de haut en bas, d'une profondeur à peine mesurable.

M. Gloag pense que cet éraillement est dû à ce que le fer, n'étant fixé que d'un côté, avait un peu de jeu ; en le faisant mouvoir avec la main, on voyait que l'éraillement correspondait à l'extrémité des pointes.

Dixième expérience. — La même jument que dans l'expérience première. Le fer fut appliqué sur le pied droit. Même résultat.

Onzième expérience. — Beau cheval de charrette avec de bons pieds un peu plats, à corne épaisse. Application du fer à herse latérale. Aucune marque.

On voit que les résultats des expériences de M. Gloag ne sont pas identiques à ceux que M. Reeve a obtenus.

D'où vient cette différence? M. Reeve en trouve la raison dans les modifications que M. Gloag a apportées aux procédés d'expérimentation. M. Reeve se servait d'un fer à ajusture anglaise, qui ne porte à plat que sur le bord inférieur de la paroi et laisse à la sole toute liberté de mouvement. M. Gloag a fait usage d'un fer plat ou seulement un peu ajusté, prenant son appui non-seulement sur la paroi, mais encore sur la circonférence de la sole et maintenu par l'application à chaud, en coaptation parfaite avec une large étendue de la surface solaire. De là l'obstacle opposé à la descente de la sole. « Pour apprécier la valeur d'une expérience, dit M. Reeve, il faut « la répéter à la lettre, et c'est ce que M. Gloag n'a pas fait. » D'où M. Reeve conclut que les résultats obtenus n'infirment en rien ceux qui lui sont propres.

Quant aux expériences de M. Gloag, sur l'expansion latérale, M. Reeve trouve que la manière dont elles ont été exécutées prouve que leur auteur s'est fait une idée tout à fait exagérée du dégré de dilatation que le sabot éprouve dans ce que l'on appelle son expansion latérale.

Pour faire apprécier dans quelle limite, infiniment petite, cette dilatation s'effectue, M. Reeve a recours à une démonstration géométrique fort élégante [1].

« Soit, dit-il, un sabot de 5 pouces de large ayant une sole, dont « la concavité mesure un $^1/_2$ pouce, et qui s'abaisse de $^1/_{10}$ de pouce « au moment de l'appui.

« Si l'on représente une coupe transverse d'un sabot de cette di- « mension, en laisant un espace vide pour la place occupée par la « fourchette, laquelle est supposée « avoir 1 pouce de largeur, on voit, « par cette figure, que la coupe de « la sole représente l'hypothénuse « d'un triangle rectangle, dont la « base serait de 2 pouces et la hau- « teur d'un $^1/_2$ pouce.

« Ceci étant posé, l'augmentation d'étendue qu'éprouve chaque « base, sous l'influence de la descente de la sole, doit donner une « approximation très-exacte du degré de l'expansion.

« Admettons que la descente de la sole soit de $^1/_{10}$ de pouce, la « hauteur du triangle sera réduite, par ce fait, de $^5/_{10}$ à $^4/_{10}$ de pouce. « La question est à présent de savoir de combien chaque base a « augmenté?

« D'après le 47$^{me}$ problème du I$^{er}$ livre d'Euclide, la somme des « carrés de la base et de la hauteur d'un triangle rectangle, est égale

---

[1] *The Veterinarian,* (avril 1850, p. 198.)

« au carré de l'hypothénuse. Donc, $2^2 + 0,5^2 = 4^p,25$ représen-
« tent le carré de la ligne indiquée par la coupe de la sole.

« De là suit que lorsque la sole est descendue au point que la hauteur
« du triangle est réduite de $0^p,5$ à $0^p,4$, la formule $\sqrt{4^p,25 - 0^p,16}$,
« doit donner la largeur de la base. Soit, $2^p,022$, somme qui, dou-
« blée, car il y a un triangle de chaque côté, donne $4^p,044$, ou une
« augmentation de 0,044 de pouce, qui est la mesure de l'expansion
« causée par la descente de la sole, c'est-à-dire un peu plus que la
« vingt-cinquième partie d'un pouce.

« En voyant, dit M. Reeve, combien est petit le degré de l'expan-
« sion latérale du sabot, M. Gloag comprendra les motifs qui m'ont
« porté à mettre immédiatement en rapport l'extrémité des chevilles
« avec la corne, au lieu de laisser entre deux un intervalle comme
« dans ses expériences. Et cependant, malgré la mince lame d'étain
« qu'il a interposée entre la corne et l'extrémité des chevilles métal-
« liques, il a encore obtenu des empreintes de $^1/_{40}$ de pouce de pro-
« fondeur avec des éraillements de la corne ! »

Voilà donc à quoi se réduirait cette propriété d'expansibilité du
sabot, sur laquelle nos voisins ont tant discuté depuis cinquante ans.
Moins d'une demi-ligne pour le diamètre transversal à la partie postérieure ! Un quart de ligne pour chaque côté ! On pouvait, du reste,
pressentir, en réfléchissant à la construction du pied, que le mouvement d'expansion de l'ongle ne devait se produire que dans ces
limites infiniment restreintes qu'indique le calcul, puisque, s'il existe,
il doit être nécessairement borné au jeu que permet l'élasticité des
lames podophylleuses dans leur sens transversal et celle du réticulum
qui leur est sous-jacent.

Mais cette expansibilité du sabot existe-t-elle réellement, même
dans ces limites si étroites où l'expérimentation directe et l'induction
physiologique veulent qu'elle soit renfermée? Nous devons à cet
égard formuler notre opinion. La question a plus qu'une importance théorique. N'est-ce pas sur le principe de la dilatation du sabot
que se trouvent basées quelques-unes des pratiques les plus essentielles de la ferrure?

**DEUXIÈME PARTIE. — De la propriété d'élasticité considérée dans le sabot.**

Cette propriété d'élasticité est-elle, comme l'a admis Bracy Clark,
une conséquence de l'arrangement mécanique des différentes parties
constituantes du sabot; ou bien ne serait-elle, comme le pensait La-

fosse, qu'une qualité de la substance cornée, inhérente à elle et non dépendante de la construction spéciale de l'ongle ?

Abordons cette question difficile et obscure encore, malgré les investigations si multipliées poursuivies dans le but de la résoudre.

Il nous faut rechercher d'abord si la disposition même des différentes parties constituantes du sabot n'indique pas, à elle seule, le but de leur assemblage dans l'ordre où on les rencontre. La nature est toujours si admirablement prévoyante dans ses plans et dans leur exécution, qu'il suffit souvent du simple aspect objectif des instruments de la vie pour deviner leurs fonctions ; et réciproquement, telle est l'étroitesse des rapports qui existent entre les conditions de la structure et le but à remplir, que la connaissance de la fonction conduit souvent l'observateur à l'interprétation de la disposition organique.

Or, ne semble-t-il pas ressortir, à première vue, de la construction même de la boîte cornée, qu'elle n'est pas destinée à demeurer immutable dans sa forme. Si telles eussent été, en effet, les vues de la nature, si le sabot avait dû offrir une résistance insurmontable à tous les efforts intérieurs, n'eût-il pas été préférable que *la muraille*, celle de toutes les parties constituantes de l'ongle qui présente le plus de solidité, eût formé un cylindre parfaitement continu à lui-même dans toute sa circonférence.

Il n'en est rien, cependant. Au contraire, par le mécanisme de la brisure postérieure de ce cylindre de la muraille et de l'inflexion centripète des barres, le sabot se trouve divisé, pour ainsi dire, dans sa partie postérieure, en deux moitiés, réunies l'une à l'autre par une substance plus souple, celle de la fourchette, qui remplit le vide laissé entre les extrémités rentrantes de la paroi : première et forte présomption pour admettre que la partie postérieure de l'ongle est susceptible d'une certaine mobilité.

En outre, dans ses conditions normales de forme et de structure, le sabot ne pose sur le sol, au premier temps de l'appui, que par le bord inférieur de la paroi jusqu'aux arcs-boutants inclusivement, et par la marge périphérique de la sole. La fourchette, les barres et le centre de la sole restent élevés au-dessus du terrain, de près de 1 centimètre dans la partie centrale de l'ongle, et d'un 1/2 centimètre environ en arrière.

Ces rapports de contact de la surface plantaire avec le sol, n'autorisent-ils pas à conjecturer, que le vide, laissé sous la région cen-

trale du pied, a pour but d'en permettre l'abaissement lorsque l'effort
de la pression augmente dans l'intérieur du sabot ?

Ce ne sont là, sans doute, que des conjectures qui naissent dans
l'esprit de l'observateur, à la vue de la disposition matérielle de l'ongle ; mais ces conjectures doivent, ce nous semble, se transformer en
certitudes, lorsque l'on considère les phénomènes qui se produisent
dans un sabot fendu longitudinalement aux régions de la pince ou
des quartiers. Au moment de l'appui de l'ongle sur les parties postérieures, on voit les lèvres de la fente qu'il porte se rapprocher très-
exactement dans toute leur longueur, et s'écarter, au contraire, lorsque le pied quitte le sol. Quelle meilleure preuve veut-on de la
possibilité de l'écartement des deux moitiés du sabot dans sa région
postérieure ? N'est-ce pas là un phénomène identique à celui que présenterait un arc dont les fibres superficielles, brisées au centre de
leur convexité, s'écarteraient dans le temps de la flexion, et se rap-
procheraient exactement lorsque l'arc se redresserait ?

Cette preuve de l'expansion possible de l'ongle, que fournit l'observation journalière, trouve, du reste, sa confirmation dans les résultats des ingénieuses recherches de M. Reeve. Malgré les dénéga-
tions de M. Gloag, il demeure démontré, ce nous semble, par les
expériences du premier, que le sabot éprouve, au moment de l'appui, un mouvement de dilatation, bien peu sensible sans doute, mais
suffisant, cependant, pour qu'il prenne et conserve l'empreinte des
pointes de fer qui ne faisaient qu'affleurer sa surface avant le poser.

Enfin, nous donnerons comme dernière preuve de la dilatabilité de
l'ongle du cheval, les phénomènes que l'on détermine à volonté, en
soumettant des pieds fraîchement détachés du cadavre à des efforts
de pression, transmis à l'intérieur de l'ongle par la même voie et
suivant la même direction que dans l'état physiologique.

Si, par exemple, on détache l'extrémité d'un membre par un
coup de scie donné sur la diaphyse de la première phalange, et
si on place ce pied coupé entre les mors d'un étau de grandes dimensions, l'un des mors s'appuyant sur la troncature de la première
phalange, et l'autre sur la face plantaire du sabot au niveau environ
de la moitié des quartiers, on verra, à mesure que les mors de l'étau
seront rapprochés, d'abord le biseau se gonfler sur toute la périphérie de l'ongle, mais surtout au niveau des glômes ; puis la lacune médiane et les deux lacunes latérales s'élargir d'une manière sensible à
l'œil et au toucher ; puis, enfin, le sabot revenir sur lui-même, en

vertu de sa propre élasticité, lorsque l'effort de la pression aura cessé.

Il est facile de mesurer, dans ces expériences, le degré de la dilatation que le sabot a éprouvée, en marquant avec un instrument, de chaque côté, dans la corne des talons, un point de repère, et mesurant avec un compas la distance qui sépare ces points l'un de l'autre, avant, pendant et après l'expérience.

On voit, d'une manière certaine, à l'aide de ces mensurations, que le sabot se dilate en même temps par son bord supérieur et par son bord inférieur ; que la dilatation supérieure est plus considérable que l'inférieure, lorsque, sous l'influence de la pression, les phalanges se renversent en arrière, et compriment la masse des bulbes du coussinet plantaire ; mais que la dilatation inférieure l'emporte sur la supérieure, lorsque la deuxième phalange reste en position perpendiculaire sur la troisième.

Du reste, comme bien on le pense, cette dilatation s'effectue dans des limites variables, suivant la forme des pieds, la force, la consistance, l'épaisseur et la longueur de la corne ; suivant aussi, cela va de soi, l'énergie des pressions. Nous l'avons vue varier entre 1 millimètre et 1 et 2 centimètres ; mais nous nous hâtons de dire que cette dilatation extrême ne peut s'obtenir qu'à l'aide de pressions énormes qui broient les os, déchirent et meurtrissent les tissus, et dépassent conséquemment de beaucoup les phénomènes de l'état physiologique, quelles que soient la masse du cheval et la quantité de mouvement dont on la suppose animée. Sous une pression modérée, égale approximativement à celle que supportent les pieds dans les conditions normales de l'appui, la dilatation que subit le sabot est très-peu sensible, et ne se mesure que par des millimètres. Ces expériences nous semblent concluantes à démontrer que le sabot du cheval est susceptible d'une expansion très-restreinte mais réelle.

Il ne faut pas objecter contre leurs résultats, qu'on ne doit par établir de parité entre les phénomènes de la vie et ceux qui peuvent se produire après la mort. Le sabot étant un corps inerte, un appareil mécanique, doit se comporter de la même manière, sous l'influence des pressions dirigées en dedans de sa cavité, que ces pressions soient transmises par la masse du corps vivant ou par un tout autre poids.

Nous n'invoquerons pas, comme témoignage à l'appui de la propriété d'expansion de l'ongle, cette empreinte polie et brillante que porte toujours, sur sa face supérieure, le vieux fer, au moment où on le détache du pied. A première vue, cette surface brillante pourrait être attribuée au mouvement du sabot sur son fer, et être considérée comme la preuve de l'élasticité plus grande dans les parties postérieures de l'ongle, car la partie polie du fer va toujours en s'élargissant depuis la pince jusqu'aux points correspondant aux arcs-boutants.

Mais cette interprétation n'est pas la bonne.

La marque brillante que présente le vieux fer sur sa face supérieure, indique exactement par quels points il se trouve en rapport avec la corne, et n'est autre chose que la conséquence de la collision qui s'effectue toujours entre deux, malgré la solidité des moyens d'attache, à chaque pression du pied sur le sol. La preuve, c'est que, si on applique sous le sabot un fer plat sans ajusture, sa surface supérieure sera polie dans une bien plus grande étendue, partout où s'établira le contact; et si, dans les conditions ordinaires de la ferrure, c'est surtout à l'extrémité des branches du fer que la marque de frottement est le plus large, cela tient, d'une part, à ce que, au niveau des arcs-boutants, le sabot appuie sur le fer par une plus grande surface, et, d'autre part, au plus grand jeu de ressort que permet aux branches de ce fer la dissémination des étampures dans la région antérieure de l'ongle.

Cette empreinte brillante du sabot sur son fer n'est donc pas une preuve de la faculté de l'expansion de l'ongle; au contraire, elle peut être invoquée comme une démonstration de la limite excessivement restreinte dans laquelle cette expansion peut s'effectuer. En effet, si l'on compare, par la mensuration, les diamètres transverses du sabot à ceux de la figure ovalaire que son empreinte a laissée sur le vieux fer, on voit qu'il y a entre eux la plus parfaite égalité dans tous les points correspondants, et que le bord externe de cette empreinte est exactement coïncident avec la marge extérieure de la paroi. Ce qui prouve que le jeu d'élasticité du pied, si imperceptible dans l'état naturel, est à peu près annulé dans les conditions ordinaires de la ferrure.

Cependant, pour limité que ce soit le champ dans lequel peut se produire le mouvement d'expansion de l'ongle, ce mouvement n'en est pas moins réel, ainsi que cela nous semble ressortir de la démonstration que nous venons de donner.

La force qui met en jeu cette expansibilité du sabot est la pression qu'exerce dans sa cavité intérieure la troisième phalange chargée de tout le poids que lui ont transmis les rayons supérieurs.

Lorsque la troisième phalange subit, au moment de l'appui du membre sur le sol, la pression de la deuxième, elle tend, avons-nous dit, à exécuter un double mouvement dans l'intérieur du sabot : l'un de descente en ligne oblique en avant, suivant la direction des feuillets ; l'autre de bascule en arrière en ligne oblique, parallèle à la direction de son plan articulaire.

Le premier de ces mouvements, borné par la résistance élastique des feuillets de chair, engrénés avec les feuillets de corne, et par l'obstacle que lui oppose le tampon cutidural, n'exerce qu'un effort dilatateur à peine sensible, limité à la région du biseau, dont la corne molle et flexible est susceptible de céder un peu à la pression intérieure du bourrelet. De là ce gonflement de la couronne qu'on observe dans les expériences avec l'étau.

Mais le second mouvement qui s'effectue dans un champ plus vaste que le premier, en raison de la souplesse du coussinet plantaire dont les couches s'affaissent sous la pression, est surtout celui qui peut mettre en jeu cette élasticité dont l'ongle est doué.

En effet, lorsque la phalange *s'enfonce,* pour ainsi dire, sous le poids qu'elle supporte dans la cavité intérieure du sabot, elle tend à en opérer la dilatation, *dans une limite excessivement restreinte,* d'abord par l'effort qu'exercent, sur son bord supérieur en arrière, les deux projections fibro-cartilagineuses qui la surmontent, lesquelles cèdent un peu sous l'effort et se resserrent en vertu de leur flexibilité propre, mais sont douées cependant d'une suffisante fermeté à un certain degré de pression, pour forcer le bord flexible du biseau à céder à son tour sous leur action propre : double mouvement de ressort qui est un des éléments principaux de l'élasticité dans la partie postérieure du pied.

En second lieu, le coussinet plantaire, en s'affaissant sous le poids des phalanges, tend à récupérer, par son expansion latérale, l'espace qu'il perd en hauteur, comme fait une cire qui s'étale en s'écrasant, et à opérer ainsi, en dedans des plaques cartilagineuses qui l'encadrent, un effort dilatateur qu'elles transmettent aux parties postérieures de l'ongle, deuxième cause de l'expansion du sabot.

Enfin, lorsque ce même coussinet plantaire est réduit, par la pression qu'il subit, à sa plus petite épaisseur, il devient susceptible de transmettre lui-même la charge qu'il supporte aux parties qui lui sont sous-jacentes.

C'est alors que la sole, les barres et la fourchette entrent en jeu, comme appareils d'élasticité.

La sole et les barres fonctionnent, dans ce mécanisme, comme des ressorts très-tendus, dans lesquels la solidité prédomine sur l'élasticité et dont les mouvements sont parconséquent très-limités.

Ainsi, par exemple, lorsque les pressions supérieures aboutissent sur la voûte de la sole, à laquelle elles sont transmises par le petit sésamoïde qui marque sur elle profondément son empreinte, cette voûte qui, dans les conditions normales de conformation du sabot, ne porte jamais sur le terrain par sa face inférieure, s'affaisse, sous leur effort, à un degré toujours très-limité, mais variable toutefois suivant l'énergie de l'impulsion communiquée à la machine ; simultanément, ses deux branches s'écartent, sa circonférence s'élargit proportionnellement à son abaissement central et le bord inférieur de la paroi qui la circonscrit et lui fait continuité, éprouve un mouvement de repoussement de dedans en dehors, exactement correspondant au degré d'affaissement que la sole a subi dans sa partie centrale.

Le mécanisme du mouvement des barres est analogue à celui de la sole, qui leur est intimement soudé et avec laquelle elles font corps.

Convergentes l'une vers l'autre par leur bord supérieur et par leur extrémité antérieure, les barres sont disposées de telle façon, par le fait de cette double obliquité, que lorsqu'une pression s'exerce sur elles de haut en bas, elles tendent, en s'affaissant, à devenir de plus en plus horizontales par leur face inférieure, c'est à dire à se rapprocher l'une de l'autre par leur bord supérieur, et à s'en écarter par leur bord inférieur.

Or, de ces deux mouvements en sens inverse, le premier, celui de concentration, est limité et arrêté par la résistance élastique que lui oppose la fourchette, interposée entre les bords supérieurs des barres auxquelles elle fait continuité ; tandis que le second, le mouvement excentrique ou d'écartement de leur bord inférieur, se communique aux angles d'inflexion et tend à en produire l'expansion latérale, de concert avec les branches de la sole, dont l'effort dilatateur, correspondant à l'affaissement de sa voûte, s'exerce au même moment en dedans de la partie postérieure des quartiers.

C'est ainsi que la sole et les barres, en s'affaissant dans une très-petite limite sous la pression qui leur est transmise, tendent à produire une légère expansion de l'ongle.

La fourchette contribue aussi pour sa part à ce résultat.

Lorsque le corps pyramidal, qu'elle loge dans la cavité longitudinale de sa face supérieure, est fortement comprimé, comme cela arrive, au moment où la masse entière du corps n'a d'appui que sur un seul membre, il tend alors, en vertu de sa propre expansibilité, à élargir l'espace qui le renferme. La fourchette, expansible elle-même, se prête à ce mouvement qu'elle communique au bord supérieur des barres, lesquelles le transmettent, par la continuité de leurs fibres, à leur bord inférieur et aux arcs-boutants ; et, ainsi s'ajoute, dans la partie postérieure du pied, un nouvel effort dilatateur à ceux qui résultent des actions simultanées de la sole et des barres.

Ce mouvement d'expansion de la fourchette est porté à son plus haut degré, alors que la pression s'exerce en plein sur le sommet de son arète, comme cela a lieu dans les allures rapides. Refoulée, pour ainsi dire, de haut en bas, l'arète de la fourchette tend à s'effacer ainsi que la lacune médiane dont elle est le relief intérieur ; les glômes repoussés latéralement par cette sorte d'épanouissement de l'éminence qui les sépare, exercent sur les arcs-boutants, auxquels ils sont attenants, une pression de dedans en dehors, qui porte l'expansion latérale du sabot à la limite la plus extrême qu'elle soit susceptible d'atteindre.

Tel n'est pas le seul rôle de la fourchette dans l'élasticité. Les pressions qu'elle supporte tendent à la rapprocher du sol dont elle est séparée par un vide dans les conditions ordinaires de l'appui, et lorsqu'elle l'a atteint, elle fonctionne encore comme appareil d'amortissement, en vertu de la consistance élastique de la corne qui la forme. Sa projection saillante, dans la concavité de la sole, fait alors l'office, au dessous du pied, d'une sorte de tampon inerte qui, interposé entre les parties vives et la terre, contribue à atténuer les efforts des chocs, de concert avec le coussinet plantaire dont la fourchette n'est, pour ainsi dire, que le complément extérieur.

Quant au jeu spécial des talons dans l'élasticité de l'ongle, nous croyons que M. Gloag l'a un peu exagéré.

Sans doute, cette région du pied jouit d'une plus grande souplesse que toutes les autres. Ayant exclusivement pour base les bulbes du cartilage et du coussinet plantaire que revêt supérieurement la corne flexible des glômes et des plaques arciformes du périople, les talons peuvent se prêter avec facilité aux pressions transmises à l'intérieur de l'ongle et se renverser un *peu* en arrière lorsque ces pressions sont excessives, comme dans les allures les plus précipitées. C'est ce que confirment les résultats des expériences faites avec l'étau. Mais si le renversement des talons en arrière est rendu facile par le peu de résistance qu'oppose à l'expansion des bulbes la corne des glômes du périople, il n'en est plus de même de la flexion en bas, à quoi met obstacle la résistance considérable des angles d'inflexion dans l'intérieur desquels repose la base des bulbes. Cette résistance est telle, que nous n'avons jamais vu, dans l'étau, le talon du sabot s'abaisser au-dessous du niveau du plan inférieur du pied, bien que cependant la pression des mors de l'étau ne s'exerçât que dans un point circonscrit.

A ce dernier égard, l'idée de M. Gloag ne nous paraît donc pas complétement juste. Sans doute, lorsque l'on a diminué par l'amincissement la résistance des arcs-boutants, et ménagé un vide entre les talons et la face supérieure des éponges du fer, il peut se produire un léger mouvement d'abaissement de ces parties ; mais ce sont là des circonstances exceptionnelles. Dans l'état normal de force et d'appui de l'ongle, ce fait ne nous paraît pas se produire.

Il résulte des développements dans lesquels nous venons d'entrer :

1° Que le sabot, considéré dans son ensemble, n'est pas *complétement immuable* dans sa forme ; qu'il peut, dans une certaine limite très-restreinte, il est vrai, mais réelle, se prêter à l'effort des pressions intérieures et revenir, quand elles cessent, à sa forme primitive, ce qui constitue ce que l'on a appellé son *élasticité ;*

2° Que cette élasticité est surtout manifeste dans la partie postérieure de l'ongle, là où l'enveloppe résistante de la paroi est interrompue dans sa continuité et remplacée par la corne plus flexible des glômes de la fourchette et des plaques arciformes du périople ;

3° Qu'elle est mise en jeu, au moment de l'appui, par la somme des pressions que les phalanges transmettent à l'intérieur de la boîte cornée ;

4° Que la dilatation qui résulte de ces pressions accumulées se manifeste :

*a*. Tout autour du bord supérieur de l'ongle, dont le biseau fléchit un peu sous l'effort du bourrelet ;

*b*. D'une manière plus sensible, au niveau des bulbes des cartilages et du coussinet plantaire, qui exercent un effort dilatateur sur les glômes de la fourchette et les replis arqués du périople, et en déterminent le renversement en arrière;

*c.* Et, en dernier lieu, vers la circonférence inférieure de la paroi, à la région postérieure des quartiers et au niveau des talons, où l'écartement est le résultat des actions combinées de la sole, des barres et de la fourchette, qui tendent à produire un mouvement excentrique, en s'affaissant sous le poids qui les comprime.

Ce mouvement excentrique ou de dilatation est d'autant plus marqué, que l'effort des pressions s'exerce davantage sur les parties postérieures de l'ongle. Ainsi, par exemple, il est porté à la dernière limite qu'il peut atteindre, dans les allures les plus rapides de l'animal, au moment où ses phalanges couchées en arrière, en position presque horizontale par le fait de l'extrême fermeture en avant de l'articulation du boulet, refoulent les bulbes renflés du coussinet plantaire entre les deux plaques cartilagineuses, et pèsent, de tout le poids dont elles sont chargées, sur le sommet de l'arête de la fourchette, en sorte que, par cette heureuse disposition mécanique, la puissance de ressort du sabot se proportionne d'elle-même, pour ainsi dire, à l'énergie des efforts qu'il doit supporter.

En exposant cette théorie de l'élasticité du sabot, nous nous sommes inspiré, on a pu le voir, des idées principales que Bracy Clark a formulées sur ce point si important de la physiologie du pied du cheval, mais nous nous sommes efforcé de les dépouiller de tout ce qu'elles présentent d'exagéré dans l'exposé qu'en a fait ce célèbre vétérinaire.

Dans la conception de Bracy Clark, en effet, l'élasticité du sabot est une propriété si évidente et qui frappe si immédiatement les sens, qu'elle ne saurait, suivant lui, être mieux comparée *qu'à la souplesse des branches flexibles de l'osier;* idée fausse par son exagération même, et contre laquelle on ne saurait trop prémunir, parce qu'elle est une de celles qui ont exercé l'influence la plus fâcheuse sur la pratique de la ferrure. N'est-ce pas en vue de la conservation de ce qu'il croyait être dans l'ongle une véritable faculté d'expansion, que Bracy Clark lui-même a dépensé tant d'efforts d'argent et d'intelligence, pour rendre usuellement applicable aux pieds du cheval le fer à charnière simple ou multiple. Les différents fers à patente de Coleman, invention malheureuse s'il en fut, ne sont-ils pas le produit de la même préoccupation excessive, et tant d'autres conceptions du même ordre, dont l'histoire sera mieux placée ailleurs. Mais c'est surtout dans les manœuvres pratiquées sur l'ongle lui-même qu'on reconnaît la pernicieuse influence de ces doctrines exagérées. N'est-ce pas elles, en effet, qui ont conduit à la pratique déplorable de diminuer, jusqu'à mince pellicule, l'épaisseur des barres, ces sortes d'étais disposés par la nature pour mettre obstacle au retrait de l'ongle sur lui-même? N'est-ce pas d'elles que dérivent, en ligne directe, l'opération d'amincir jusqu'à la rosée l'extrémité des branches de la sole, dans l'intérieur des angles d'inflexion ; celle d'abattre les talons pour diminuer d'autant la résistance qu'ils opposeraient, d'après la théorie, à la dilatabilité de l'ongle; et cette pratique insensée, si souvent mise en usage, cependant, d'ouvrir les talons, c'est-à-dire de rompre avec l'extrémité du *drawing knife* la continuité des arcs-boutants, pour donner à la partie postérieure de l'ongle plus de souplesse et d'élasticité? Autant d'opérations déplorables dans leurs résultats qui vont contre le but qu'elles se proposent d'atteindre, car, en diminuant la résistance du cylindre du sabot, dans sa partie postérieure, elles ne tendent à rien moins qu'à en déterminer le resserrement.

Combien était mieux inspiré notre Lafosse, lorsqu'il conseillait de laisser aux talons leur hauteur et toute leur force de résistance pour conserver au pied toutes ses propriétés.

C'est que, en effet, ces régions de l'ongle que l'ancienne maréchalerie a si heureusement désignées sous le nom d'arcs-boutants (*arcus pulsans,* arc qui pousse), ne sauraient avoir trop de solidité pour s'opposer au mouvement de retrait que la boîte cornée, en vertu de sa forme et des qualités de sa substance, tend incessamment à éprouver sur elle-même : témoin ce resserrement inévitable qu'elle subit lorsqu'elle est séparée des parties qu'elle renferme, et dépouillée par l'évaporation des liquides qui l'imprègnent, resserrement si puissant, que même, en remplissant le sabot de plâtre et l'étayant en dedans avec des poutres de fer, on ne peut arriver à y mettre complétement obstacle.

L'art du maréchal doit se proposer pour but à atteindre, de conserver au sabot l'intégrité de sa forme si essentiellement liée à celle de sa fonction. Ce résultat, on l'obtiendra en laissant toute leur force de résistance aux barres et aux arcs-boutants, et non pas, en réduisant leur épaisseur par des amincissements inconsidérés, pour tâcher d'augmenter, dans la boîte cornée, les conditions de sa *souplesse* et de sa *flexibilité ;* propriétés qui ne lui sont inhérentes à des degrés extrêmes de développement, que dans les rêves des physiologistes, mais qui, en réalité, n'existent que dans une très-petite mesure.

Ainsi, et nous insistons sur ce point, parce qu'il est capital, ce que l'on appelle la dilatabilité du sabot, son expansibilité, son élasticité, doit se réduire à ce fait, qu'il n'est pas absolument immutable dans ses dimensions; que sa rigidité n'est pas telle qu'il ne puisse se prêter à l'expansion des parties intérieures , mais, dans des limites si restreintes, que le mouvement qu'il subit est à peine perceptible à nos moyens d'exploration.

Ce n'est donc pas dans le sabot, considéré comme appareil mécanique, que réside la plus grande puissance élastique de l'extrémité du membre, mais bien dans les parties que le sabot renferme : dans la cutidure, dans les membranes d'enveloppes de la phalange, et surtout et principalement dans ses prolongements cartilagineux et dans son coussinet plantaire.

Ce sont ces parties qui, en vertu des propriétés dont elles jouissent de s'étendre, de se resserrer et de s'épanouir, changent de forme sous l'influence des pressions, et laissent s'amortir et s'éteindre, dans la souplesse de leur substance, les derniers effets des chocs.

La compressibilité dont elles sont douées, qui leur permet de se réduire si facilement à un plus petit volume, ne rendait pas nécessaire que le sabot se prêtât dans une grande étendue à leur action expansive.

La construction toute particulière du pied de l'âne et du mulet donne bien la démonstration de la fonction principale que remplissent, dans l'élasticité, les parties flexibles contenues dans la boîte cornée.

Chez ces animaux, le sabot est complétement *inexpansible*. Il est si étroit, si haut et si fort en talons, si profond dans sa sole, si résistant dans ses barres et ses arcs-boutants, si épais, si rigide, qu'il n'est pas admissible qu'il puisse se prêter au plus petit mouvement de dilatation intérieure, et cependant cette conformation de l'enveloppe cornée du pied ne met aucune gêne à la liberté des mouvements. C'est que son inflexibilité est contrebalancée par le grand développement relatif du coussinet plantaire et des cartilages latéraux qui se projettent, en arrière de la troisième phalange, dans une étendue beaucoup plus considérable que dans le cheval, et augmentent ainsi de beaucoup la partie élastique de la première assise phalangienne.

En résumé, les phénomènes essentiels de l'élasticité de la région digitale se passent dans la cavité même de la boîte cornée.

Cette boîte ne concourt à leur production que dans une très-petite mesure, puisque le mouvement d'expansion latérale dont elle est le siége ne peut se produire que dans les limites excessivement restreintes que lui impose fatalement l'élasticité si bornée des lames podophylleuses et de leur réticulum sous-jacent.

Au delà de ces limites, l'expansion de l'ongle ne pourrait s'effectuer sans en déterminer le désengrènement.

Certaines formes de bleimes *ascendantes,* le long des lames kéraphylleuses, ne reconnaissent peut-être pas d'autres causes qu'un effort très-puissant de dilatation extrême que le sabot a subi dans un temps donné?

C'est ce que nous apprécierons au chapitre de la pathologie [1].

§ III.

### DES APLOMBS CONSIDÉRÉS DANS LA RÉGION DU PIED.

Après avoir étudié, dans les paragraphes précédents, les conditions générales de la structure du pied, et cherché à faire apprécier le merveilleux mode de fonctionnement des différentes parties qui le composent, comme appareils producteurs, tout à la fois, de la force et de l'élasticité, il nous faut maintenant consacrer quelques développements à la considération des rapports de longueur et de direction des rayons phalangiens, avec ceux des régions métacarpiennes ou métatarsiennes ; rapports de l'harmonie et de la régularité, desquels dépend la production de la plus grande somme des effets utiles de la part du mécanisme du pied, avec le moins de déperdition pos-

[1] Le tirage de la feuille qui précède celle-ci était fait, lorsque nous avons entendu M. Reynal donner communication à la Société nationale et centrale de médecine vétérinaire, dans sa séance du 9 mai 1851, d'une série d'expériences qu'il avait faites, pendant qu'il servait comme vétérinaire militaire, dans le but de reconnaitre suivant quel mode et dans quelle étendue se produisait le mouvement d'élasticité du sabot, admis par Bracy Clark. Ces expériences ont quelque analogie avec celles de M. Reeve que nous avons relatées plus haut, et leur sont antérieures, puisqu'elles datent de 1845 ; mais comme elles sont restées jusqu'à ce jour inédites, nous n'avons pu en faire mention ailleurs que dans cette note. Elles tendraient, d'après M. Reynal, à démontrer que la dilatation du sabot à sa circonférence plantaire est complétement nulle.

sible des forces. C'est là une question d'une importance supérieure dans l'application.

Il n'entre pas dans le plan de ce travail d'étudier toutes les lignes d'aplomb des colonnes locomotrices. Nous rappellerons seulement qu'il faut entendre, sous ce nom, des lignes perpendiculaires, conduites de certains points d'élection des régions supérieures vers le sol, lignes imaginaires auxquelles l'observateur compare la direction des membres d'un animal, et qui lui permettent d'apprécier si cette direction est telle, que le poids du corps soit réparti sur les rayons articulaires, dans les conditions les plus favorables pour la solidité du soutien et la libre exécution des mouvements.

Dans la région du pied du cheval, l'aplomb ne peut être considéré comme régulier, qu'autant que les rayons du métacarpe ou du métatarse, dans la station immobile, suivent une direction parfaitement perpendiculaire au sol et se réunissent à la première phalange, en formant avec elle un angle obtus de 135 à 140 degrés environ, ce qui suppose que le sabot rencontre la terre sous un angle variable entre 45 et 40 degrés [1].

C'est dans ces conditions de perpendicularité absolue du rayon du canon et d'inclinaison des phalanges sur ce rayon et sur le sol, que la répartition du poids du corps se trouve le plus régulièrement faite sur les os et sur les soupentes élastiques qui leur sont annexées; c'est dans ces conditions aussi que l'action musculaire

[1] La figure ci-jointe fait comprendre que telle doit être, en effet, la mesure relative des angles du boulet et du pied sur le sol.

Soit A B le canon perpendiculaire et B C le levier phalangien. Il est évident que, si l'on admet que l'angle B C D, formé par la rencontre du pied avec le sol, est égal à 45 degrés, l'angle A B C doit égaler 135, cet angle étant la somme d'un angle droit A B C' et d'un autre angle C' B C = B C D, comme la construction l'indique. Mais il doit être bien entendu que cette démonstration géométrique ne peut pas être prise à sa lettre rigoureuse. En fait d'angles formés par les rayons osseux, il y a tant de variations individuelles, qu'on ne doit admettre que des mesures approximatives de leur ouverture.

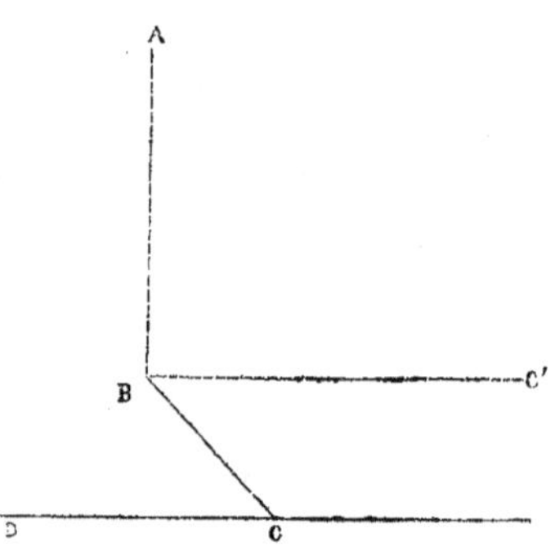

s'effectue avec le plus d'avantage pour la production du mouvement, et que les ressorts articulaires fonctionnent avec le plus de sûreté.

Il est facile de comprendre, en effet, à première vue et sans autre démonstration que l'aspect simplement objectif des parties, que si les rayons phalangiens affectent sous le canon une direction qui se rapproche de la perpendiculaire, le bénéfice de l'angularité du boulet, comme instrument d'élasticité, se trouvera proportionnellement annulé, puisque, dans de telles conditions, la plus grande somme du poids du corps sera supportée par les assises osseuses, et que les soupentes élastiques, représentées par le ligament suspenseur et les tendons fléchisseurs, n'agiront plus que comme moyens de contention ou comme cordes de transmission du mouvement.

Si, d'autre part, les phalanges sont trop obliques sur le sol et sous le canon, un effet inverse se produira. Par le fait même de la trop grande obliquité de la surface de rapport de la première phalange avec le rayon métacarpien ou métatarsien, une plus grande masse du poids du corps tendra, en effet, à être déversée sur les grands sésamoïdes et sur les appareils funiculaires qui les suspendent et les soutiennent : répartition nuisible, qui diminue les conditions de la résistance des ressorts, en exagérant celles de leur souplesse, et aboutit infailliblement à en causer la destruction.

On peut donner une démonstration géométrique de cette proposition, en empruntant à Bourgelat, l'une des ingénieuses idées qu'il a exposées dans son *Traité de ferrure*.

« Soit à présent, dit Bourgelat, le sabot de l'animal envisagé
« comme l'extrémité d'un levier résultant de l'os du paturon et de la
« couronne : le point d'appui sera sous le canon, dans la direction
« de l'axe de cette partie ; le bras accordé à la résistance se trouvera
« dans la portion du paturon, dépassant en arrière cette ligne de di-
« rection, ainsi que dans les os sésamoïdes ; celui de la puissance,
« enfin, aura toute la longueur restante du paturon et toute celle de
« la couronne et du pied jusqu'à la pince. Ce que nous entendons
« par la puissance, ne peut être autre chose que la réaction du sol
« contre le poids de l'animal, et nous supposons ici les articulations
« du pied avec la couronne, et de la couronne avec le paturon, dans
« le moment d'inflexibilité que produirait la tension du tendon.

« Dans cet état, et hors de la station du cheval, il est évident que
« le poids de la machine sollicitera sans cesse la diminution de l'an-
« gle, qui a lieu au boulet entre l'avant du canon et le dessus du

« paturon, et que la seule force qui pourra s'opposer à ce que cet
« angle soit de plus en plus resserré, n'agira que par le tendon aidé
« du bras terminé par les os sésamoïdes [1]. »

Représentons par une figure cette ingénieuse pensée, pour la
rendre plus frappante et en compléter la démonstration.

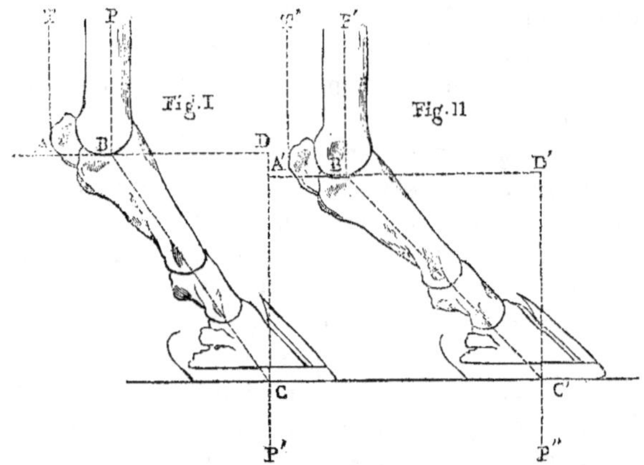


Soit, dans la figure Ire ci-jointe, le profil de la région du pied depuis le milieu du métacarpe.

La ligne brisée A B C, représente le levier fictif qu'admet Bourgelat; B est le point d'appui de ce levier, sous le rayon du canon, au
centre de l'articulation métacarpo-phalangienne; AB est le bras de
levier de la résistance, représentée par les tendons qui glissent sur
la surface postérieure des sésamoïdes, et B C est le bras de levier de la
puissance représentée par la réaction du sol contre le poids du
corps, ou, en d'autres termes, la réaction étant égale à l'action, B C
peut être considéré comme le bras de levier du poids du corps lui-
même faisant antagonisme aux tendons.

Or, dans un levier brisé, la mesure de la longueur des bras est
donnée par la perpendiculaire abaissée d'un point de la direction de la
force sur le point d'appui. Dans la Figure Ire, B D est donc la longueur
réelle du bras de levier B C, et comme le poids du corps est tenu en
équilibre en B par la résistance des tendons et par celle du sol, il y a
conséquemment équilibre entre la force T A (celle des tendons) agissant en A sur A B, et la force r'C ( celle du sol) agissant en C sur C B.
Ce que l'on peut formuler géométriquement, en disant que T A $\times$ A B

<hr>

[1] Bourgelat, *Essai théorique et pratique sur la ferrure;* Paris, an XII, p. 156.

= r′c $\times$ db. (db étant égal à cb comme nous venons de l'établir.)

Ceci posé, il devient évident, par le seul examen de la Figure II, que lorsque « *le poids de la machine* sollicite la diminution de l'angle « qui a lieu au boulet, entre l'avant du canon et le dessus du patu- « ron, » la force ta a à lutter contre un antagonisme de plus en plus puissant, puisque, à mesure que l'angle pbc se ferme, la longueur du bras de levier db augmente proportionnellement, comme la con- struction de la Figure II le démontre évidemment. Il faut donc, pour que le poids du corps reste en équilibre en b′, que l'intensité d'action de ta soit augmentée aussi proportionnellement même à l'augmentation de force que donne à p″c′ l'allongement de son bras de levier; d'où il résulte, en d'autres termes, que les tendons ont d'autant plus à sup- porter et à faire résistance comme appareils de suspension, que l'an- gle métacarpo ou métatarso-phalangien tend plus à se fermer.

Cette première démonstration conduit à bien comprendre que « si « le bras de levier de la puissance (cb ou c′b′ dans les Figures I « et II) est exagéré contre nature, comme dans les chevaux long- « jointés, par exemple, ces mêmes tendons seront distendus par « une force bien plus considérable, puisque l'excès de ce bras sur « celui de la résistance sera plus grand, et *vice versâ*, dans les che- « vaux court-jointés [1]. »

Faisons ressortir la vérité de cette proposition par une figure.

Soit la Figure III, dans la- quelle se trouvent mises en parallèle pour frapper, par la comparaison, les disposi- tions et les directions les plus différentes des régions pha- langiennes, à savoir : d'une part, la brièveté et la recti- tude de leurs rayons, et, d'au- tre part, leur longueur et leur inclinaison. Il demeure évi- dent, par la seule inspection de cette figure, que le bras de levier de la force r′c (la réac- tion du sol) opposée à celle des tendons ta, s'est consi-

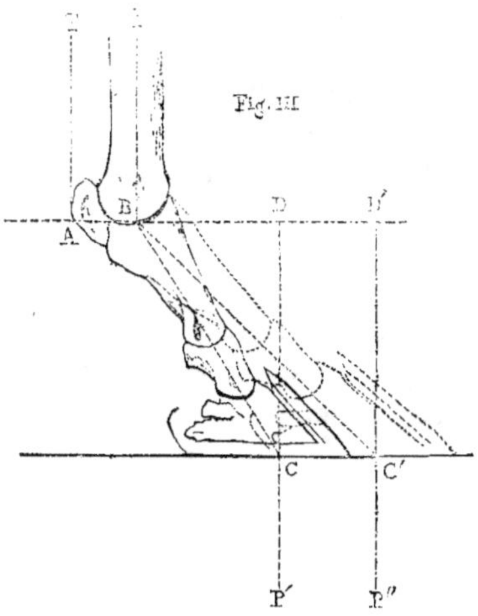

_____________
[1] Bourgelat, *loco citato*, p. 158.

dérablement accrue à mesure que les phalanges se sont allongées et se sont inclinées davantage, puisque ce bras de levier B D, dans le premier cas, est devenu B D′ dans le second, c'est-à-dire qu'il a doublé ; exagération de puissance énorme contre laquelle les tendons ne peuvent faire antagonisme, qu'avec un bras de levier invariable A B, et qui accumule sur eux une somme d'efforts auxquels ils sont souvent incapables de résister, comme nous le démontrerons dans la pathologie.

Ainsi, à longueur égale des phalanges, la plus grande inclinaison sur le rayon du canon augmente considérablement le bras de levier de la force à laquelle les tendons font antagonisme ; et, quand les phalanges ont une longueur exagérée, comme dans les chevaux dits long-jointés, les tendons ont alors à lutter contre une force bien plus puissante encore. Dans ce cas, la grande longueur réelle des rayons phalangiens et leur grande inclinaison, qui en est une conséquence forcée, donnent au bras de levier de cette force une étendue très-considérable, relativement à celle du bras de levier toujours invariable dans ses dimensions que représente l'axe des grands sésamoïdes.

Mais ce n'est pas seulement lorsque les rayons phalangiens ont une longueur exagérée, que le levier qu'ils forment par leur ensemble peut avoir de trop grandes dimensions, relativement au bras de levier des sésamoïdes et à la force des tendons qui s'y attachent. Dans un cheval, d'ailleurs harmoniquement conformé, et dont les rayons du pied ont une direction parfaitement régulière, le bras de levier phalangien peut acquérir une longueur anormale, par le fait, soit de l'accroissement exagéré de la totalité du sabot, soit de la trop grande longueur de la pince relativement au peu d'élévation des talons, soit, enfin, des modifications que la forme, l'épaisseur et l'étendue du fer, considéré dans son ensemble ou dans quelques-unes de ses parties, peuvent imprimer à l'assiette du pied sur le sol.

On peut faire ressortir la vérité de ces propositions par une démonstration graphique, comme dans les théorèmes précédents.

Soit, en effet, Figure IV, le profil de la région du pied avec l'enveloppe cornée qui entoure la troisième phalange.

La ligne A B C est le levier de Bourgelat, et B D représente la longueur du bras de levier de la puissance qui s'applique en C, pour faire équilibre à celle des tendons appliquée en A. Supposons maintenant que l'angle P B C, qui mesure l'ouverture du boulet, demeure invariable, et que, par le fait d'un accroissement exagéré, le sabot M N O soit devenu M N′ O′; l'extrémité du le-

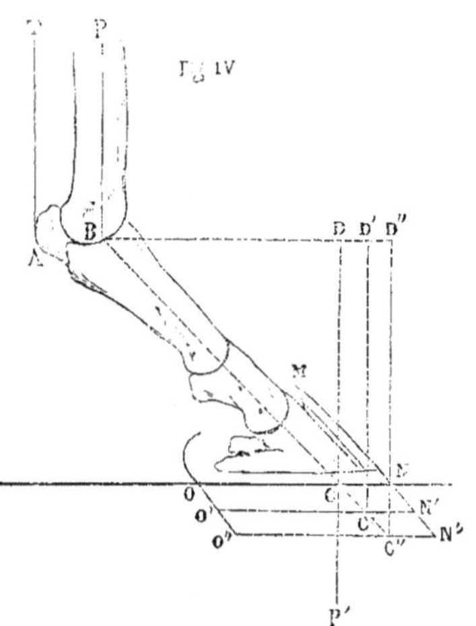

vier B C va se placer en C′, et B D va devenir B D′. De même, si le sabot vient en O″ N″, C′ se placera en C″, et B D′ deviendra B D″, et toujours ainsi, la puissance du bras de levier de la force antagoniste des tendons augmentant à mesure que le sabot s'accroît.

Mais la supposition que nous avons faite de l'immutabilité de l'angle du boulet est toute gratuite.

Il est évident qu'à mesure que le boulet s'accroît, l'effort exercé sur les tendons, devenant de plus en plus considérable, ceux-ci cèdent, l'angle du boulet se ferme davantage, et la plus grande inclinaison qu'acquièrent les phalanges vient augmenter encore, comme cela est démontré Figure II, la longueur du bras de levier inférieur, et conséquemment l'intensité de la force qui s'y attache.

Un effet analogue est produit lorsque la partie antérieure du sabot ayant, du reste, sa longueur normale, on diminue considérablement la hauteur des talons, car le défaut de hauteur de cette région a pour effet de déterminer une inclinaison plus forcée des phalanges sur le boulet, et conséquemment une augmentation de longueur du levier qu'elles représentent. Supposons, par exemple, que la hauteur C D que mesurent les talons, dans la Figure V, soit réduite à C′ D′, l'angle A B C tendra, par ce fait, à se fermer et à devenir A′ B′ C′, ce qui convertira B D en B′ D′, c'est-à-dire augmentera considérablement la longueur du bras de levier de la force antagoniste des tendons.

Fig. V.

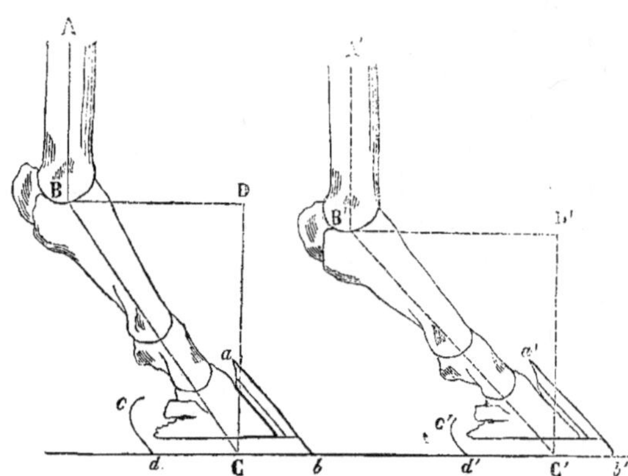

Même effet sera produit si on applique sous le sabot un fer plus épais en pince qu'en talons, ou prolongé au delà de la limite de la paroi en avant, car le bras de levier phalangien se trouvera augmenté dans l'un et l'autre cas par le fait, et de la plus grande inclinaison des phalanges sur le boulet, et de l'addition au sabot du processus de fer, qui augmente matériellement sa longueur.

Inversement, lorsque par suite d'une usure anormale ou des procédés de la ferrure, la pince sera raccourcie, et que les talons auront acquis une grande hauteur réelle ou artificielle, les phalanges tendront à prendre, sous le canon, une direction qui se rapprochera de plus en plus de la ligne verticale, et le levier qu'elles représentent sera proportionnellement diminué jusqu'à ce que, par la verticalité complète, il soit complétement annulé; la transmission du poids au sol s'opèrant dans ce cas, exclusivement par la continuité des os, et les tendons ne fonctionnant plus comme appareils de suspension.

Enfin, si l'assiette du sabot sur le sol est rendue irrégulière par l'inégalité des hauteurs de ses parties latérales, il est facile de comprendre que les ligaments d'union des rayons articulaires subiront une traction d'autant plus forte, que l'inclinaison des surfaces articulaires, dans un sens ou dans l'autre, fera déverser sur l'un ou sur l'autre côté, une plus grande somme de pressions.

Il ressort des considérations dans lesquelles nous venons d'entrer, que l'ouverture de l'angle articulaire du boulet se trouve étroitement dépendante de la longueur, de la direction et de l'assiette du sabot sur le sol, puisque suivant les dimensions de l'ongle et les hauteurs relatives de ses parties, le levier phalangien tend à devenir plus ou moins oblique sous le rayon perpendiculaire du métacarpe. C'est donc de l'assiette du sabot sur le sol et de la normalité de ses proportions, que dépend, dans l'articulation du boulet, la répartition harmonique du poids du corps sur les os qui doivent le transmettre au sol par leur continuité, et sur les tendons qui doivent le suspendre et en annuler l'action par le jeu de leur élasticité ; répartition dont la justesse est essentielle à la conservation des membres dans leurs aplombs et dans leur intégrité, car, suivant qu'une plus grande somme de la masse du corps sera irrégulièrement déversée ou sur les os, ou sur les tendons, les tendons ou les os, les premiers, surtout, pourront être insuffisants pour cet excès de support, et ainsi se trouveront compromises les conditions, soit de souplesse, soit de résistance, dont l'heureuse association font du membre du cheval un appareil si parfaitement construit pour la production de la force et l'annulation des réactions.

Dans l'état de nature, le sabot du cheval est maintenu dans une longueur régulière et toujours égale par les déperditions constantes que lui font éprouver les frottements de la marche ; et, conséquemment, la répartition du poids du corps se fait toujours dans l'articulation du boulet, suivant les conditions normales de sa structure et les nécessités de sa fonction, car jamais le levier phalangien n'éprouve d'allongement exagéré par la présence d'un excès de corne à l'extrémité du sabot.

Mais, dans l'état de domesticité, il n'en est plus de même ; l'usure régulière du sabot est presque constamment empêchée par l'interposition d'un fer entre la corne et le sol. Le sabot éprouve, en conséquence, un allongement continuel que ne suffit pas à compenser la diminution lente de l'épaisseur du fer par le frottement ; et pour peu que quelque temps s'écoule avant qu'un nouveau fer soit appliqué sous le pied, et que l'intervention du maréchal ait fait disparaître l'excédant de corne que le sabot a acquis, l'articulation du boulet ne tarde pas à ressentir les effets des actions plus violentes qu'exerce sur elle la force antagoniste des tendons, à l'aide d'un levier plus puissant. De là cette gêne, d'abord, de la locomotion, puis cette hésitation de l'appui, puis cette douleur réelle de la région des tendons manifestée par la claudication, puis, en fin de compte, ces altérations de la structure des cordes tendineuses, ces déviations si complètes des aplombs des rayons phalangiens, ces allures irrégulières, inégales, raccourcies, empêchées, qui deviennent si souvent le triste apanage des chevaux fatigués et ruinés sur leurs membres, par suite d'une répartition trop constamment inégale du poids du corps sur l'appareil tendineux du boulet.

La connaissance de cette étroite relation, entre l'articulation du boulet et l'assiette du pied sur le sol, est un fait considérable qui domine tout l'art du maréchal, et sert de base aux différentes méthodes orthopédiques employées pour remédier aux défauts d'aplomb des membres du cheval et aux irrégularités de la locomotion ; mais nous devons nous borner aujourd'hui à ce simple énoncé. Nous reviendrons sur ce sujet au chapitre de la pathologie.

<hr>

## CHAPITRE III.

# DE L'INNERVATION DANS LE PIED.

—

L'appareil de l'innervation est très-développé dans la région digitale. Analogues aux artères par leur nombre, par leur situation, par leurs divisions multiples, par le lacis anastomotique qu'ils forment sur les faces antérieure et postérieure des phalanges et par leur mode de distribution dernière dans l'épaisseur des membranes tégumentaires, les nerfs latéraux des phalanges, ou nerfs plantaires, complètent la riche organisation de la région digitale, et ajoutent à la puissance végétative, dont elle est douée, une faculté nouvelle, LA SENSIBILITÉ TACTILE.

Le siége principal de cette sensibilité est l'appareil des membranes tégumentaires phalangiennes, dépendance et continuité de l'enveloppe tégumentaire générale, à laquelle est dévolue la fonction de mettre l'organisme entier en relation avec le monde extérieur. Seulement, dans cette région, la constance et la continuité des rapports de contact avec le sol exigeaient que la faculté tactile y fût très-développée, et que, conséquemment, les instruments propres de cette faculté, c'est-à-dire les papilles, eussent une perfection d'organisation correspondante. C'est ce qui arrive en effet.

Renflée en manière de corniche circulaire autour de l'extrémité supérieure de la troisième phalange ;

Plissée longitudinalement sur la face antérieure de cet os, de façon à acquérir une étendue superficielle sept à huit fois plus considérable, que celle qu'elle aurait mesurée si elle n'eût formé qu'une surface unie ;

Étalée comme un tomentum épais sur la face plantaire du doigt, la membrane sous-ongulée présente à la superficie de son renflement supérieur, sur toute l'étendue de sa partie plantaire et à l'extrémité inférieure des feuillets multiples que constituent les plis de sa face antérieure, un riche gazon de houppes vasculaires et nerveuses qui s'élèvent de sa trame, nombreuses comme les filaments du velours.

Ce sont les papilles ou villo-papilles auxquelles aboutissent les divisions extrêmes des nerfs plantaires.

Engainées dans des étuis propres de la substance cornée, elles vont pour ainsi dire à travers l'épaisseur de cette enveloppe au-devant des sensations, et contre balancent ainsi tout à la fois par leur nombre, par leur masse, par leur longueur, par leur volume, et surtout par la somme de sensibilité exquise dont elles sont douées, leur situation défavorable sous le plastron de corne qui les revêt et qui rendrait obtuse leur faculté sensoriale, si cet antagonisme de dispositions n'existait pas.

Ces papilles sont les instruments de la faculté tactile dans la région digitale ; faculté très-développée, malgré l'épaisseur de la corne ; car, en général, dans l'organisation, elle est, non pas en raison inverse de l'épaisseur du système épidermoïde, mais bien en raison directe du développement des papilles et de l'abondance des nerfs qui s'y distribuent ; et la région digitale ne fait pas exception à cette règle.

Tel n'est pas, il est vrai, le rôle donné aux papilles du pied du cheval par les auteurs qui ont déjà traité de cette question. On les considère comme des organes essentiels de la sécrétion de la corne ; mais, en leur assignant une fonction sensoriale, nous avons pour nous d'abord l'analogie.

Les papilles du doigt du cheval ne correspondent-elles pas par leur situation, par leur disposition, et, à part leur volume exagéré, par leur forme même, aux papilles, si remarquablement développées du reste, des extrémités du doigt de l'homme, dont la fonction comme instruments du toucher est si manifeste? Ces papilles digitales du cheval ne sont-elles pas encore les analogues des renflements papillaires sous la patte du chien et sous les doigts des oiseaux, de ceux surtout qui, tels que le perroquet et les oiseaux de proie, se servent de leurs pattes comme d'instruments de préhension et de toucher ?

Pourquoi dans le cheval le système papillaire du doigt aurait-il un usage différent de celui qui est assigné au même appareil dans les autres animaux?

Et puis, à supposer que cette démonstration par l'analogie ne parût pas suffisante, la situation même des prolongements papillaires du doigt ne dit-elle pas leurs usages? Où les rencontre-t-on?

Sur le bourrelet d'abord, c'est-à-dire au sommet des fibres pariétaires, à l'opposé de celle des extrémités de ces fibres qui est en rapport avec le sol, en sorte qu'elles se trouvent immédiatement sous l'influence des sensations qui leur sont transmises du sol par la continuité des fibres de la paroi. Qu'on n'objecte pas contre cet usage, que nous supposons aux papilles du bourrelet, l'épaisseur et surtout la longueur de la corne qui les sépare des objets qui doivent les impressionner. Cette disposition est fréquente dans l'organisation des êtres, et bien des exemples puisés dans l'histoire naturelle prouvent que la pulpe nerveuse conserve une exquise sensibilité, malgré l'épaisseur de son revêtement extérieur. Ainsi, les dents sont sensibles à un contact même très-léger, malgré la couche épaisse de substance éburnée qui sépare leur pulpe intérieure du corps qui l'impressionne ; ainsi, les instruments les plus délicats du toucher, dans un grand nombre d'animaux, sont les longs poils qui hérissent leurs lèvres : tiges inertes et flexibles, interposées entre les corps extérieurs et la pulpe sensible dans laquelle elles sont comme implantées ; et, pour prendre un exemple qui ait quelque analogie avec le sujet que nous traitons, le bec du canard donne à l'animal des notions tactiles très-minutieuses, grâce à un faisceau considérable de la cinquième paire, qui, d'après Dugès, s'épanouit à la mâchoire supérieure, à l'origine du bec, entre l'os et la corne.

Ce n'est donc pas forcer la vraisemblance que d'admettre que, malgré leur situation éloignée du sol, les papilles du *bourrelet* sont les organes de la sensibilité tactile.

Quant aux papilles qui hérissent l'extrémité inférieure des lames podophylleuses et la surface du tissu velouté, il semble que leur fonction ressorte de leur position même.

Celles du tissu podophylleux pénètrent un peu en divergeant dans toute la circonférence du bord inférieur de la paroi, afin d'accumuler pour ainsi dire la faculté sensitive dans toute la partie de l'ongle qui, par sa position et sa forme, était destinée à subir la première le contact du terrain ; celles du tissu velouté distribuent la même propriété à la surface solaire, afin que, partout où s'établit le contact, l'animal en ait conscience pour la sûreté de son assiette sur le sol et la solidité de son équilibre dans les mouvements.

L'usage que nous assignons aux prolongements papillaires des membranes tégumentaires du doigt nous paraît donc évidemment démontré.

Est-ce à dire que la sensibilité tactile appartient exclusivement à ces organes dans cette région? Non. Les papilles digitales ne sont, pour ainsi parler, que des appendices de l'appareil nerveux des membranes tégumentaires, des sortes de processus destinés à pénétrer la corne et à faire participer ce corps inerte à la propriété sensoriale dont ils sont doués, si l'on peut dire, à l'excès. Mais les membranes qui les supportent sont elles-mêmes très-sensibles, et le tissu podophylleux, qui n'affecte la forme papillaire qu'à l'extrémité de ses lames, jouit d'une sensibilité très développée dans toute son étendue. Ses processus lamelleux peuvent être considérés aussi comme des dépendances de l'appareil général de la sensibilité tactile dans la région du doigt, et comme destinés, à la manière des papilles elles-mêmes, à pénétrer la corne, pour diminuer en quelque sorte son épaisseur sans atténuer sa solidité, et placer plus directement le tissu nerveux sous le contact du corps qui doit l'impressionner.

La sensibilité exquise des papilles et des processus lamelleux du tissu feuilleté est, du reste, rendue évidente dans une foule de circonstances qui témoignent en faveur de notre manière de voir. Ainsi, l'animal manifeste toujours une très-vive douleur lorsque, avec l'instrument tranchant, on excise, à la surface du bourrelet, des pellicules de la corne traversée par des prolongements papillaires; ainsi, rien n'est douloureux pour le cheval comme le pincement de quelques lamelles du tissu feuilleté entre les lèvres d'une fissure longitudinale de la paroi ; enfin, la cautérisation par le fer rouge à travers l'épaisseur de la corne des extrémités papillaires qui la pénètrent, comme cela arrive quelquefois dans l'opération de la ferrure à chaud, est toujours très-douloureuse et cause quelquefois des accidents inflammatoires très-redoutables.

La faculté sensitive n'est pas bornée exclusivement aux membranes enveloppantes du doigt ; ses autres parties constituantes la possèdent, à un degré moindre il est vrai, mais suffisamment développé pour que, dans les différents mouvements de sa machine, et dans ses différentes attitudes, l'animal ait conscience des pressions que supportent les os et les coussins d'amortissement qui leur sont annexés, et aussi des tractions que subissent les tendons et les ligaments. Cette sensibilité des différents tissus de la région digitale, plus ou moins développée ou obtuse, suivant l'ordre des systèmes auxquels ils appartiennent, peut être préjugée d'après la distribution même des divisions terminales des nerfs plantaires.

Il y a, par exemple, des rameaux destinés aux cartilages latéraux ; d'autres aux bulbes du coussinet plantaire ; d'autres à la trame fibreuse du corps pyramidal, aux plexus artériels et veineux, au tissu osseux lui-même, car l'artère plantaire ne pénètre dans les foramens postérieurs de la troisième phalange qu'enlacée par un plexus nerveux à filaments très-ténus. Toutes ces parties traversées par des nerfs jouissent donc d'une sensibilité propre, sensibilité obscure dans l'état normal, mais qui éclate en pleine évidence dans les conditions pathologiques. Combien douloureuses sont, par exemple, et souvent à l'excès, les caries de la troisième phalange, de l'aponévrose plantaire, des ligaments articulaires, ou les inflammations des gaînes synoviales articulaires ou tendineuses ?

Toutes les parties composantes du doigt sont donc sensibles à leur manière ; mais la sensibilité, pour ainsi dire, accumulée dans les enloppes tégumentaires est rendue si parfaite par la disposition de leur appareil papillaire qu'on peut considérer ces membranes comme un organe particulier du toucher.

Cette sensibilité, dévolue d'une manière si spéciale à l'extrémité des membres du cheval, à travers l'épaisseur de la masse cornée qui l'enveloppe, était nécessaire pour permettre à l'animal de graduer, dans les différentes allures, la percussion de son pied sur le sol ; de calculer au moment du poser l'assiette de sa face solaire ; et de disposer les rayons osseux de ses colonnes de soutien dans les rapports les plus favorables à l'amortissement du choc.

C'est, en effet, grâce à cette sensibilité digitale que l'animal a conscience des qualités du terrain sur lequel il se meut, et qu'il y conserve son équilibre aux différentes allures, quels que soient la forme de ce terrain, sa consistance, ses inégalités et les obstacles dont il est hérissé. Guidé par son instinct, régulateur certain des attitudes que doit prendre le membre pour venir au soutien de la machine dans les différents mouvements, il prévoit à l'avance, grâce à la sensibilité tactile de ses doigts, dans quelle attitude il doit rencontrer le terrain pour la plus grande solidité de son appui.

Du reste, ces mouvements automatiques involontaires, si merveilleusement combinés pour leurs fins, dont la sensibilité de la région digitale est une des conditions essentielles, nous pouvons parfaitement nous faire une idée des rapports qui les rattachent à cette sensibilité même, en réfléchissant à nos propres mouvements et à la manière dont ils se produisent. Instinctivement, sans que nous en ayons bien conscience et sans qu'il soit nécessaire que la volonté y participe, dans nos différents mouvements de progression, l'impulsion de la masse du corps sur le membre qui vient à l'appui pour la soutenir est modérée et ralentie par une action admirablement combinée des muscles du tronc et de ceux du membre qui pose encore sur le sol ; en sorte que, lorsque le poser doit se faire dans une excavation du terrain, la masse du corps descend, non pas obéissant aux lois de la gravitation, mais soutenue et ralentie dans sa tendance vers la terre par les muscles qui s'attachent au pivot de l'autre membre.

D'où résulte un amortissement du choc dont les avantages nous sont bien démontrés par l'ébranlement douloureux que nous éprouvons dans tout le corps lorsque, n'ayant pas calculé la profondeur d'un trou qui se trouve sous nos pas, ou la hauteur d'une marche à franchir, nous atteignons le terrain en tombant sur le membre prêt à l'appui.

Bien certainement que, sans la sensibilité du pied, nous ne pourrions pas avoir conscience aussi exactement de la distance qui nous sépare du sol, et mesurer avec autant de précision l'espace à franchir.

Eh bien, il en est de même du cheval, dont le principe régulateur fonctionne d'après les mêmes lois. Instinctivement, et quelle que soit la rapidité du mouvement imprimé à sa machine si pesante, le cheval n'atteint pas le sol comme une masse inerte.

Dans les mouvements où il ne perd pas terre, sa chute sur le membre qui vient à l'appui est ralentie par l'action combinée des muscles du tronc synergiquement liés à ceux des membres qui sont encore au soutien ; et, dans les allures où la machine lancée dans l'es-

17

pace ne progresse que par bonds successifs, les actions de la pesanteur, qui s'exercent alors avec une énergie augmentée de toute la force d'impulsion, sont merveilleusement amorties par les attitudes que prennent les membres au moment du poser, attitudes de la régularité desquelles la sensibilé tactile du pied est le principe fondamental.

C'est grâce à cette sensibilité de ses pieds que, quelle que soit la vitesse du mouvement imprimée à sa machine (et souvent elle est excessive, comme dans les courses), le cheval conserve un équilibre si solide dans son instabilité.

Croit-on, par exemple, que, sans cette propriété de ses doigts cornés, le cheval des montagnes aurait cette sûreté de jambes qui lui permet de longer le bord des abîmes sans danger pour lui et pour son cavalier?

Croit-on que le hunter anglais, lancé sur la trace des *fox-hounds,* pourrait dans sa course impétueuse franchir avec tant de sûreté les obstacles qui se hérissent devant lui, s'il n'avait pas à l'extrémité de ses doigts un appareil du toucher qui lui donnât conscience du terrain duquel il s'élance, et de celui sur lequel il retombe?

Et le cheval aveugle, qui lève haut les membres antérieurs à chacun de ses pas et qui semble, ainsi, sonder du pied l'espace avant de s'y lancer, comme l'aveugle fait de son bâton, ne donne-t-il pas la preuve de l'usage dévolu à la sensibilité digitale dans la progression?

Buffon a dit dans son magnifique langage que le chien *voyait* par le nez, tant la finesse de l'odorat lui sert de guide sûr pour suivre la piste de l'animal qu'il poursuit. On peut, en empruntant l'expression du grand naturaliste, dire des chevaux aveugles qu'ils voient par les pieds, tant la sensibilité tactile de cette région donne encore de sûreté à leurs pas.

Du reste, s'il était besoin d'une démonstration expérimentale de la nécessité que les doigts cornés du cheval soient doués d'une sensibilité très-développée, on la trouverait dans les conséquences de l'opération de la *névrotomie plantaire.*

Lorsqu'il existe dans le sabot du cheval une douleur persistante et irrémédiable, qu'accuse incessamment une claudication tellement marquée que l'animal est devenu impropre à tout service, on se décide quelquefois à pallier le mal, qu'on est impuissant à guérir, en éteignant la sensibilité dans le pied par la section avec perte de sub-

stance des nerfs qui la lui distribuent ; opération dont nous traiterons avec détail en son lieu.

Qu'arrive-t-il alors? C'est que l'animal dont les extrémités digitales
sont ainsi destituées de la propriété de sentir ne SAIT plus proportionner l'énergie des percussions de son pied sur le sol à la force de
résistance des parties qui le constituent ; d'une part, parce qu'il n'a
plus aussi exactement conscience de la distance qui sépare son pied
levé du terrain sur lequel il doit être posé ; et d'autre part, parce qu'il
n'est plus prévenu par la sensation de l'intensité de la *percussion*.
Le sabot est alors à l'extrémité des rayons osseux comme une sorte
de masse inerte, indépendante du système sensible, que l'animal
lance dans l'espace et heurte contre les corps qui recouvrent le sol,
sans prévoyance de ce qui peut arriver, sans conscience de ce qui
est..... et telle peut être dans ces conditions la conséquence des percussions *non calculées* et non mesurées du sabot contre le terrain,
qu'il n'est pas absolument rare de voir, à la suite d'allures précipitées et prolongées, les chevaux névrotomisés perdre dans leurs li-
tières leurs sabots désunis des parties vives flétries et ramollies par la
gangrène.

La preuve qu'il y a nécessité de l'intervention de percussions sans
mesures pour que ces accidents gangréneux se manifestent, c'est
qu'on ne les voit le plus souvent survenir que sur les chevaux em-
ployés aux rapides allures, et que les animaux utilisés exclusivement au pas, après l'opération, en sont ordinairement exempts.

Mais on peut dire que ces chutes des ongles, consécutives quelquefois à la névrotomie plantaire *complète,* sont principalement causées par l'extinction de la force nerveuse, laquelle préside aux actions
végétatives des tissus.

Sans entrer ici dans la discussion complète de cette question, qui
sera mieux traitée, et plus à sa place, dans une autre partie de ce
travail, nous dirons que cette manière d'interpréter les phénomènes
a quelque chose de trop absolu. Sans doute, les nerfs du pied qui
enlacent de leurs fibres terminales les dernières artérioles, doivent
exercer une influence sur les actions végétatives des tissus de cette
région ; mais cette influence n'est pas *unique,* et elle n'est pas à ce
point essentielle que les tissus demeurent définitivement destitués de
toute faculté de nutrition lorsque l'action de ces nerfs vient à être détruite.

Interrompez par une résection, même considérable, la continuité des deux nerfs plantaires avant leur première bifurcation, c'est-à-dire au-dessus du boulet, et cette résection ne mettra pas obstacle aux manifestations des actions végétatives ; les tissus entamés travailleront à leur réparation avec autant d'activité et les fonctions sécrétoires des enveloppes kératogènes continueront à s'effectuer aussi complètes et aussi rapides.

Ces phénomènes de nutrition et de sécrétion, dont la région digitale continue à être le siége après la destruction des nerfs sensitifs, ne peuvent s'expliquer qu'en admettant la présence, dans les tuniques artérielles, de fibres grises ou organiques qui communiqueraient aux tissus la force végétative, c'est-à-dire la puissance d'affinité qui les rend aptes à se combiner avec le fluide organisable.

Les artères, dans cette hypothèse, seraient chargées de transmettre aux tissus tout à la fois l'élément matériel de leur composition et la force en vertu de laquelle ils s'en emparent.

L'extinction de la sensibilité tactile des doigts peut donc être considérée comme la cause primitive des accidents gangréneux que l'on voit quelquefois apparaître d'une manière pour ainsi dire foudroyante à la suite de la névrotomie plantaire.

Il en est de même des exostoses des phalanges, des ruptures des tendons et des fractures des os, dont on a observé des exemples consécutivement à la névrotomie.

L'animal paralysé dans ses pieds, et privé des sensations qui devraient s'élever des parties paralysées, ne sait plus proportionner l'énergie de la contraction de ses muscles à la résistance des tendons devenus insensibles auxquels leur effort est transmis, et à la solidité des os insensibles eux-mêmes sur lesquels ces tendons s'insèrent, et l'on voit alors ces parties céder comme des corps inertes sous les efforts disproportionnés qu'elles subissent.

Une autre conséquence de l'opération de la névrotomie, c'est l'incertitude de l'équilibre de la machine, surtout dans les mouvements rapides.

L'animal, n'étant plus prévenu à temps par le toucher du sol de l'assiette de son membre, ne *sait* plus prévoir si les rayons de ses colonnes de soutien actuellement à l'appui sont disposés dans les conditions géométriques nécessaires pour la solidité du soutien de la masse du corps. De là résulte que ces colonnes défaillantes se dérobent sous les pressions et entraînent la chute de l'animal, et que les articulations s'altèrent par le fait des efforts qu'elles subissent dans de fausses conditions d'aplomb.

On évite en grande partie ces conséquences fatales d'une névrotomie plantaire *complète* qui prive le pied totalement de sa faculté sensoriale, en ne coupant que les divisions des nerfs qui distribuent la sensibilité aux régions du pied où le mal est reconnu avoir son siége, et en laissant toutes les autres parties en relation avec le centre régulateur par leurs cordons nerveux. La fraction de sensibilité tutélaire laissée par cette opération partielle à la région du doigt suffit pour que l'animal sache encore faire son appui avec prévoyance et éviter ainsi les effets de percussions désorganisatrices.

Ainsi perfectionnée, l'opération de la névrotomie est susceptible de rendre de grands services, en permettant encore, pendant quelques années, l'utilisation d'animaux devenus complétement impropres à tout travail, par le fait des souffrances continuelles qu'ils éprouvent dans la région du sabot; et telle est même, dans quelques cas heureux, la perfection des résultats qu'elle peut donner, qu'on trouve dans les annales des steeple-chases, des exemples de *hunters* partiellement *énervés* et qui, malgré cela, ont pu suffire à leurs rudes exercices avec sûreté pour eux-mêmes et pour leurs cavaliers. Mais nous reviendrons sur cet important sujet dans un chapitre spécial.

Il nous semble ressortir de ce rapide exposé que la sensibilité dont les extrémités digitées du cheval sont douées à un si haut degré est la condition fondamentale de la solidité de ses attitudes et de la sûreté de ses mouvements, sûreté si parfaite malgré l'instabilité de son équilibre.

Le pathologiste sait mettre à profit cette sensibilité si développée du pied du cheval pour mesurer, d'après ses degrés mêmes, la gravité des lésions dissimulées dans la profondeur de la boîte cornée.

Le grand art dans la prognose des maladies inflammatoires des animaux consiste à peser toujours à sa juste valeur la douleur dont elle est l'un des symptômes principaux, et à lui assigner son vrai sens, en la considérant comme l'expression fidèle de la gravité des lésions, et comme le signe indicateur univoque de l'opportunité de l'intervention active du chirurgien.

C'est surtout à l'égard des maladies inflammatoires des tissus sous-ongulés que ces principes de diagnostic doivent trouver leur application.

Là, l'inflammation doit être combattue avec activité dès qu'on la voit poindre, en raison de la sensibilité exquise des parties dans l'état normal et de l'extrême douleur qui s'y développe dès qu'elles sont enflammées.

Si cette inflammation méconnue ou mal appréciée dans sa cause et dans ses progrès est abandonnée à elle-même, il suffit d'une ou deux fois vingt-quatre heures pour que les tissus sous-ongulés rendus turgescents par le fluxus inflammatoire, et comprimés par l'enveloppe épaisse et inflexible de la boîte cornée, meurent frappés de gangrène dans une vaste étendue, et qu'ainsi des accidents souvent irrémédiables et toujours très-difficilement réparables soient la conséquence de l'explosion de l'inflammation dans cette sorte de *castellum* corné, si parfaitement adapté dans les conditions normales à la protection des parties sensibles qu'il renferme, mais cause fréquente de leur destruction par la résistance insurmontable qu'il oppose à leur gonflement dans les conditions pathologiques. Nous consacrerons, du reste, à cette importante question tous les développements qu'elle comporte au chapitre de *la prognose* des maladies du pied [1].

---

CHAPITRE IV.

# DES SÉCRÉTIONS DU PIED.

—

Il nous reste maintenant, pour achever l'histoire physiologique du pied du cheval, à étudier les fonctions spéciales qui président à la génération et à la conservation de l'enveloppe cornée protectrice des extrémités phalangiennes.

---

[1] Ce chapitre de notre travail était publié dans le *Recueil de médecine vétérinaire*, après la lecture que nous en avons faite à l'Académie nationale de médecine dans sa séance du 14 mai 1850, lorsque nous avons eu connaissance que le savant M. Percivall avait exprimé, dans son *Traité des boiteries*, des idées analogues aux nôtres. Nous nous faisons un plaisir de reproduire ici le passage de ce traité qui a rapport à ce sujet.

« On ne peut mettre en doute, dit M. Percivall, que le cheval ait *la sensation* « du terrain sur lequel il marche, et que cette sensation soit le principe régu- « lateur de son action : principe en vertu duquel il harmonise ses mouvements « de manière à rendre les percussions du sol moins dures et moins fatigantes « pour lui, et conséquemment aussi pour son cavalier. Suivant la nature du

Avant de commencer cette étude, nous nous faisons un devoir
de déclarer que la plupart des expériences rapportées dans cette
partie de notre travail sur le mode de formation de la corne, appartiennent à M. Renault, directeur actuel de l'École d'Alfort. Bien
que ses recherches sur ce point important de physiologie n'aient
jamais reçu, par lui, une publicité directe, il est de notoriété, parmi
ses nombreux élèves et parmi ses collègues, que les connaissances
bien arrêtées qui ont cours aujourd'hui sur la *sécrétion cornée* sont
dues aux travaux de ce savant maître. Nous devions à la justice de
restituer à M. Renault dans ce livre, à la collaboration duquel il devait concourir si ses occupations administratives le lui eussent permis, une part qui lui revient si légitimement.

§ I<sup>er</sup>.

### DE LA SÉCRÉTION KÉRATOGÈNE.

Le sabot, appareil inerte, interposé entre le sol sur lequel l'animal repose et les extrémités de ses membres qu'il revêt et protège,
devait réunir en lui tout à la fois les conditions de dureté, de résistance, de ténacité de substance, de fixité d'adhérence aux parties
qu'il enveloppe, de souplesse et d'élasticité, en vertu desquelles il
peut servir de base aux colonnes de sustentation, de point d'appui
aux leviers locomoteurs et d'appareil élastique pour amortir la violence des chocs. Nous avons vu, dans les chapitres précédents,
comment ce problème complexe était résolu par la construction
même du sabot et ses modes particuliers d'adhérence aux parties
qu'il recouvre. Mais il fallait pour que le bénéfice de la réunion de ces
conditions si complexes demeurât acquis à l'animal pendant toute la
durée de son existence, que le sabot possédât en outre la propriété

« sol et l'énergie des mouvements, la foulée des membres détermine une cer-
« taine impression sur les nerfs du pied. Or, ces nerfs, en remontant vers le
« sensorium, rencontrent dans leur trajet des nerfs moteurs auxquels ils s'a-
« nastomosent, et il doit en résulter que les mouvements auxquels ces der-
« niers président doivent, par l'intermédiaire de la volonté, être plus ou moins
« influencés, suivant l'énergie des impressions que les premiers ont éprou-
« vées. Ces impressions font défaut, dans la région du pied, chez les sujets
« névrotomisés; aussi lancent-ils leurs membres en avant, hardiment et sans
« crainte, et percutent-ils le sol avec leurs sabots comme avec un bloc inerte,
« ce qui imprime à toute la machine un mouvement de saccade fatigant égale-
« ment pour le cheval et pour le cavalier. »
( Percivall, On lameness in the horse, p. 190.)

de résister incessamment à l'action des frottements qui tendent à en opérer une détrition et une usure continuelles. Or, cette propriété de résistance ne pouvait pas résulter uniquement de l'agrégation particulière des molécules de la substance cornée. Il n'y a pas de corps, dans la nature, si dur soit-il et si tenace dans sa composition, qu'un frottement continuel ne finisse par désagréger et détruire.

Il fallait donc, en outre, que la source d'où la corne du sabot émane, fût toujours active, afin que sans cesse des molécules nouvelles fussent poussées en avant pour présenter une résistance toujours renouvelée à l'action toujours continuée des frottements extérieurs.

Telle est, en effet, la fonction qui appartient aux parties vivantes que le sabot revêt de son épaisse enveloppe.

Elles jouissent de la propriété de régénérer incessamment sa substance, de même que la peau, les follicules pileux, et, dans un certain ordre d'animaux, les follicules dentaires contrebalancent par une sécrétion continue la continuité des déperditions des substances sécrétées.

C'est cette fonction spéciale de sécrétion de substance cornée, propre à quelques-unes des parties composantes du pied, que nous nous proposons d'étudier dans ce paragraphe.

I. *La membrane tégumentaire sous-ongulée est l'organe spécial de la sécrétion de la corne qui l'enveloppe, de même que la peau est l'appareil sécréteur spécial de l'épiderme qui la revêt.*

Cette première proposition reçoit une démonstration journalière, soit dans les expériences chirurgicales, soit dans celles que physiologiquement on peut instituer pour la mettre en évidence. Que si on arrache, en effet, un lambeau de la boîte cornée, soit sur la cutidure, soit sur le tissu podophylleux, soit sur la membrane veloutée, on verra, au bout de deux jours, suinter à la surface du tissu dénudé une couche de substance concrète , molle et douce au toucher, de consistance comme caséeuse, en apparence amorphe, de couleur généralement jaune ou grise, suivant le lieu où l'opération est tentée, qui ne tarde pas à former un revêtement protecteur *solide* sur toute la surface du tissu dépouillé et à reconstituer la continuité *intérieure* de la boîte cornée en réparant en partie sa brèche *extérieure.*

Cette substance concrescible, qu'exhale à sa surface le tissu sous-ongulé dénudé, est une matière cornée, fluide *à l'état naissant* au moment où elle sort de la trame du tissu qui la rêvet, qui acquiert immédiatement une consistance pâteuse dès qu'elle est étalée à la surface de la membrane génératrice, puis se concrète davantage, puis se fige enfin dans sa forme définitive en se moulant par sa face interne sur la forme des tissus qu'elle revêt, de manière à en reproduire exactement l'empreinte.

Toujours et dans tous les cas on obtient le même résultat, si la membrane sous-ongulée est parfaitement normale et conserve l'intégrité de sa texture, malgré l'action irritante que l'opération produit nécessairement.

C'est ainsi que l'on voit se reproduire l'épiderme, lorsque la peau en est dépouillée par une action vésicante qui n'a pas altéré profondément sa texture ; c'est ainsi que le poil renaît du fond de son bulbe, lorsque son follicule générateur est intact, ou encore que la plume de l'oiseau repousse après son arrachement, si son follicule n'a pas été détruit. C'est ainsi même que, d'après les expériences de Oudet, ou voit chez les rongeurs une nouvelle dent se reformer dans l'alvéole de l'incisive arrachée, lorsque le follicule sécréteur a été ménagé avec précaution dans cette opération délicate.

Tous ces phénomènes sont du même ordre et s'interprètent l'un par l'autre.

*Le sabot est donc le produit concret de la sécrétion de la membrane tégumentaire sous-ongulée.*

Mais cette membrane ne présente pas dans toutes ses parties les mêmes caractères extérieurs et une structure anatomique complétement identique.

La cutidure diffère, dans son aspect et dans sa texture, de la membrane podophylleuse, et elle se rapproche par les apparences extérieures de la membrane veloutée. Ces différences dans les conditions matérielles n'en impliquent-elles pas d'analogues dans les fonctions, et chacune des parties distinctes de la membrane sous-ongulée n'a-t-elle pas un rôle spécial à remplir dans la sécrétion cornée?

C'est à l'expérimentation à nous fournir la solution de ces questions.

Pour procéder à ces recherches, il faut, suivant la méthode adoptée par M. Renault, lorsqu'il occupait la chaire de clinique à Alfort, étudier isolément l'action sécrétoire de chacune des parties distinctes de la membrane sous-ongulée.

Considérons donc successivement toutes ces parties dans l'ordre où elles se présentent de haut en bas.

II. Les premières dans cet ordre sont le *bourrelet périoplique* et le *sillon coronaire* sous-jacent qui le sépare du bourrelet principal.

Quel est leur rôle spécial dans la sécrétion cornée?

Il est facile de l'assigner par une expérience bien simple. Arrachez avec un lambeau de la paroi la partie correspondante du périople qui lui est intimement unie, et vous verrez la surface du *bourrelet* et du *sillon* périopliques se couvrir d'une couche de matière concrescible qui se surajoutera à celle que laissera exsuder la surface du bourrelet proprement dit, et s'unira intimement à elle. Avec les progrès du temps, cette matière formera à la surface de la tumeur cornée du bourrelet une couche grise ou noire, très-dure quand elle est desséchée, mais susceptible de prendre une teinte grise ardoisée et de devenir molle et spongieuse lorsqu'elle est soumise à l'action de l'humidité, comme il arrive, par exemple, dans le cas de plaies suppurantes. Cette matière c'est le périople régénéré. Détruisez au-dessus du bourrelet principal le tissu du *sillon* et du *bourrelet périopliques* et cette sécrétion surajoutée à la corne de la paroi ne se produira pas.

Détruisez le bourrelet principal en laissant intact ces deux derniers organes, et vous verrez le périople seul sortir du fond de son sillon, tandis que le travail des granulations bourgeonneuses réparera la perte de substance faite à la cutidure.

Enfin, si laissant les deux bourrelets intacts, vous vous contentez seulement de détruire le fond du *sillon coronaire périoplique*, vous pourrez obtenir, isolées l'une de l'autre, la corne du périople et celle de la paroi recouvertes, l'une par l'autre, comme deux tuiles sur un toit, mais sans adhérences.

Ce résultat, qu'on obtient artificiellement par l'expérimentation, se produit spontanément dans quelques cas morbides. Ainsi, dans cette affection ulcéreuse chronique de l'origine de l'ongle, que l'on désigne sous le nom singulier de *crapaudine,* il arrive quelquefois que l'ulcère, en s'établissant dans le sillon coronaire, disjoint à leur naissance les deux cornes périoplique et pariétaire et les fait pousser isolées l'une de l'autre.

Dans le crapaud encore, c'est un fait assez commun de voir en talons les angles d'inflexion de la paroi revêtus de deux plaques de cornes complétement séparées, qui ne sont autre chose que les glômes de la fourchette désunies de la paroi par une ulcération interposée entre les organes de sécrétion.

Ainsi donc, *le bourrelet et le sillon coronaire périopliques sont les organes spéciaux de la sécrétion du périople.*

III. Soit maintenant à reconnaître le rôle spécial de la cutidure dans la sécrétion cornée.

Pour cela, enlevez par arrachement à l'origine de l'ongle, dans une certaine étendue circulaire, un lambeau de la paroi, exactement limité inférieurement à la marge inférieure du bourrelet, de manière à ne mettre à nu que la surface de ce renflement cutané. Vous verrez, au bout de vingt-quatre heures, les papilles dénudées disparaître sous une couche d'une matière jaune, ou grise, laquelle, en se concrétant, rétablira si bien la continuité du sabot avec lui-même, qu'en l'examinant au bout de quinze jours, *par sa face interne,* sur un pied détaché par macération, on distingue à peine quelque différence d'aspect sur la corne, à l'endroit où la brèche a été faite.

Voilà une nouvelle preuve de la puissance sécrétoire du bourrelet. Mais cette expérience ne nous donne pas encore la démonstration de son rôle spécial dans la formation de la boîte cornée. Cette mince couche de corne qui a rempli la brèche faite à la paroi, n'a pas encore acquis des caractères suffisamment prononcés pour qu'on puisse dire au juste quelle est sa texture et à quelle partie du sabot normal elle ressemble.

Il faut donc, pour obtenir de cette expérience une démonstration plus concluante, attendre un plus long temps, afin que cette couche de corne, formée à la surface du bourrelet, se soit épaissie par une plus forte pousse et ait revêtu des caractères plus tranchés.

Au bout d'un mois, la corne de nouvelle formation, à l'endroit de la brèche, y constitue une tumeur exubérante qui déborde le niveau du sabot normal, irrégulière à sa surface, très-résistante dans sa couche corticale, au point que l'instrument tranchant l'attaque avec peine, et mesurant 1 centimètre environ en largeur depuis la limite de la peau jusqu'à son bord inférieur. Examinée sur un pied macéré, cette tumeur n'existe qu'à la superficie ; en dedans, le sabot est parfaitement régulier ; sa cavité cutigérale présente sur tout son contour une dépression uniforme.

En pratiquant, à l'aide d'une scie, une coupe verticale dans la paroi à l'endroit de la corne de nouvelle formation, on reconnaît que la texture de cette corne est *fibreuse*, comme dans la paroi normale, avec cette différence que ses *fibres,* au lieu de suivre une direction rectiligne depuis leur point d'émergence à la surface du bourrelet, décrivent une ligne fortement onduleuse, dont la convexité fait saillie en avant.

A part cette différence dans l'aspect extérieur de sa coupe, cette corne nouvelle est identique à celle de la paroi normale sous le rapport de sa couleur, de sa consistance et de ses propriétés chimiques et physiques.

Plus tard, lorsque trois ou quatre mois se sont écoulés, cette tumeur cornée qui faisait saillie à l'origine de l'ongle est descendue de 3 à 4 centimètres environ et en occupe le milieu. Elle forme toujours la même exubérance à sa partie inférieure, mais elle va en décroissant insensiblement de hauteur jusqu'au bord supérieur du sabot où elle disparaît. L'ongle a repris à son origine la régularité de son contour. En dedans du sabot macéré, la paroi *présente le même aspect feuilleté* à l'endroit de la brèche que partout ailleurs; *il n'y a aucune irrégularité* au niveau du kéracèle extérieur. Sur une coupe verticale, les fibres de la paroi ont repris leur direction rectiligne à leur point d'émergence, mais elles vont toujours en obliquant un peu en avant à mesure qu'elles descendent, et arrivées au niveau de la projection de la tumeur, elles décrivent cette forte courbe onduleuse que nous venons de signaler.

Au bout de sept à huit mois enfin, le kéracèle extérieur est descendu au niveau du bord inférieur de la paroi; la surface extérieure du sabot a repris l'uniformité presque parfaite de son contour, et sa cavité intérieure est parfaitement uniforme. Une coupe verticale faite à l'endroit de la brèche, ne laisse voir dans la direction des fibres qu'un peu plus d'obliquité en avant, au niveau du bord inférieur du sabot.

La conclusion à tirer de l'exposé de cette première expérience, *c'est que la corne, d'apparence fibreuse, que nous avons reconnue constituer la plus grande masse de la paroi, émane du bourrelet lui-même; que le bourrelet est conséquemment l'organe principal de la sécrétion de la paroi du sabot.*

Mais la paroi n'est pas formée seulement par la masse compacte de ses fibres longitudinales; à sa face interne, elle présente une disposition lamelleuse toute particulière et une structure différente de celle qui appartient à la plus grande masse de sa substance.

Le bourrelet seul est-il capable de lui donner cette forme *complète,* ou bien n'est-il pas nécessaire de l'intervention d'un autre appareil de sécrétion pour que la paroi se modèle dans la forme qui lui est propre lorsqu'elle est complétement achevée.

C'est à l'expérimentation qu'il faut encore demander la solution de cette question.

Dans l'expérience précédente, on voit bien que le bourrelet concourt à la formation de la paroi, mais on ne distingue pas nettement encore quelle est sa part exclusive dans ce concours. Il faut donc étudier son action, complétement isolée de celle des parties qui lui sont annexées.

Dans ce but, arrachez sur un sabot un lambeau de la paroi, depuis le bas jusqu'en haut, de manière à mettre complétement à nu la surface du bourrelet et du tissu podophylleux dans une étendue correspondante en largeur; puis séparez par une incision transverse le bourrelet du tissu podophylleux et enlevez toute la couche de ce dernier jusqu'à l'os, afin de pouvoir étudier isolément l'action sécrétoire du premier.

Au bout de quelques jours vous verrez exsuder, à la surface du bourrelet, la couche de corne concrète qui doit remplacer le sabot ébréché, pendant que, simultanément, s'opérera à la surface de l'os le travail de granulation, à l'aide duquel doit se réparer la perte de substance du tissu podophylleux.

Cette corne de nouvelle formation, identique dans son aspect et dans ses caractères *extérieurs* à celle que nous avons vue se former dans les mêmes conditions de la première expérience, constituera de même, au bout d'un mois, à l'origine de l'ongle, une tumeur exubérante très-dure, irrégulière à sa surface et comme sillonnée de petits reliefs superposés immédiatement au-dessous de la peau.

Après la macération, le sabot soumis à cette expérience laisse voir sa gouttière cutigérale parfaitement rétablie dans sa continuité et dans sa forme, par l'espèce de jetée que représente entre les deux côtés de sa brèche la pousse de nouvelle corne. Mais au-dessous de cette pousse la brèche existe aussi large et aussi complète qu'au moment de l'opération, le tissu podophylleux détruit n'ayant pu apporter son contingent à la réparation.

Au bout de trois ou quatre mois, pendant lesquels on aura dû veiller à détruire incessamment le travail de cicatrice dont le tissu podophylleux est le siége, afin 'de prévenir son intervention dans la sécrétion cornée, le kéracèle du biseau sera descendu de 3 à 4 centimètres environ, formant en dehors du niveau du sabot une exubérance plus saillante que dans la première expérience, et présentant, comme caractère physique, une excessive sécheresse et une dureté comme pierreuse de toute sa substance, que les instruments tranchants ont de la peine à entamer même avec l'aide d'un marteau. La surface externe de cette corne de nouvelle formation est sèche, dépolie, souvent fendillée longitudinalement, et laisse voir plus nettement dessinée sa structure d'apparence fibrillaire. Sa surface interne, étudiée après arrachement ou macération, ne montre aucun vestige de la disposition lamelleuse particulière à la face interne de la boîte cornée normale. Elle est concave, irrégulière, rugueuse au toucher, et laisse apparaître plus nettement encore que la surface externe la charpente fibreuse de la corne.

Enfin, quand la descente de la corne nouvelle s'est opérée jusqu'en bas, ce qui demande de sept à huit mois, suivant les sujets, la continuité du cylindre de la paroi est rétablie dans toute son étendue, mais la corne qui occupe le lieu de la brèche diffère de la corne normale adjacente par sa plus grande saillie, l'irrégularité de sa surface fendillée longitudinalement, sillonnée de cercles transversaux, rugueuse au toucher, sèche, dépouillée de vernis.

A sa face interne, cette corne ne présente une disposition régulière qu'au niveau du biseau où la cavité cutigérale est régulièrement formée ; mais au-dessous, le tissu kéraphylleux manque complétement, depuis le haut jusque en bas ; et à l'endroit de la jonction du bord inférieur de la paroi avec la sole, il existe une solution de continuité de la boîte cornée par défaut de soudure de ces parties entre elles.

Les résultats donnés par l'expérience que nous venons de rapporter se produisent souvent spontanément dans la pratique, lorsque à la suite de blessures ou de maladies, comme le crapaud, par exemple, le tissu podophylleux a été détruit, transformé dans sa texture ou modifié dans ses fonctions, et qu'il ne concourt plus ou qu'imparfaitement à la formation de la paroi ; l'action sécrétoire du bourrelet s'opérant alors isolément ou à peu près, la corne qui en émane se présente avec les caractères de forme extérieure et de structure que nous venons d'indiquer.

Cette expérience démontre, de concert avec les faits pratiques, d'une part, que l'action du bourrelet, isolée de celle du tissu podophylleux, ne peut pas engendrer une paroi complète, achevée dans sa structure et douée de toutes le qualités inhérentes à la paroi normale ; et, d'autre part, que sans la participation de la membrane podophylleuse, la structure lamelleuse de la face interne de cette partie de l'ongle ne peut être obtenue.

Une nouvelle preuve que cette participation est nécessaire pour que la paroi soit *parfaite*, c'est que, si au lieu de détruire le tissu podophylleux, comme dans l'expérience précédente, on le laisse intact, le sabot peut, au bout du temps voulu, récupérer si exactement sa forme extérieure et *intérieure* et ses qualités primitives, qu'il n'est pas possible de reconnaître en lui le moindre vestige de l'altération qu'il a subie.

*Ainsi donc, le bourrelet est l'organe sécréteur de la corne à structure d'apparence fibreuse, qui constitue la plus grande masse de la paroi,* mais il ne sécrète que cette corne. Celle qui forme le tissu kéraphylleux ne peut être produite sans la participation active du tissu podophylleux, et celle du périople naît d'un organe spécial de sécrétion, le *bourrelet* et le *sillon coronaire périopliques*.

Cette première analyse expérimentale nous indique déjà les rôles qui appartiennent, dans la sécrétion de l'enveloppe cornée, aux deux bourrelets et au sillon qui les sépare, et elle nous démontre aussi la nécessité de l'intervention de l'action podophylleuse pour que la paroi du sabot soit complète dans sa forme.

IV. Mais quelle est au juste la part du tissu podophylleux dans cette intervention ? Dans quelles limites concourt-il à la formation de la muraille de l'ongle ? Quel contingent matériel, enfin, apporte-t-il à cette formation ?

C'est ce qu'il s'agit de rechercher en étudiant son action isolée de celle du bourrelet.

Lorsque vous arrachez un lambeau de la muraille, depuis le bas du sabot jusqu'au haut, en laissant intacts les tissus sous-jacents, au bout d'un mois ces tissus sont déjà revêtus d'une corne si concrète et si solide, que l'animal peut marcher sans souffrance et reprendre son service. Mais le sabot ainsi réparé n'est pas encore un sabot normal. Examiné après macération, il présente *à sa face interne* une disposition parfaitement régulière ; la boîte cornée est *complète* et exactement fermée par en bas. Le tissu kéraphylleux règne sans discontinuité sur toute sa circonférence intérieure, et la gouttière cutigérale est régulièrement continue à elle-même. Rien, à première vue, ne fait soupçonner, lorsqu'on examine ce sabot *par sa face interne*, l'altération qu'il vient d'éprouver. Mais si on l'interpose entre l'œil et la lumière, on est frappé de la plus grande transparence de ses parois à l'endroit de la brèche : premier indice que la corne n'a pas, à ce point, son épaisseur.

Effectivement, examiné du côté de sa face externe, le sabot laisse voir, dans toute l'étendue de la brèche qu'il a subie, une dépression profonde qui témoigne que la couche de corne de nouvelle formation, n'a pas une épaisseur suffisante pour se mettre de niveau avec la paroi ancienne.

Attendez trois, quatre ou cinq mois, cette dépression restera toujours visible, quoique à un moindre degré, à la partie inférieure du sabot ; elle disparaîtra seulement à la partie supérieure par la pousse progressive de la corne du bourrelet, et ne s'évanouira, enfin, que lorsque la pousse du bourrelet aura atteint la limite inférieure de l'ongle.

D'où vient cette corne qui forme au tissu podophylleux un revêtement *provisoire*, en attendant que se soit achevée la réparation complète toujours très-lente de l'ongle ? Évidemment du tissu podophylleux lui-même. La preuve, c'est que si, après avoir arraché un lambeau de la paroi, vous détruisez à fond le tissu du bourrelet, de manière à l'anéantir complétement, le tissu podophylleux ne se revêtira pas moins d'un plastron complet de corne, mince d'abord et comme pellucide, mais qui s'épaissira peu à peu au point d'acquérir, au bout de quelques mois, une épaisseur égale à la moitié de celle de la corne pariétale normale.

Examiné après macération, le sabot sur lequel cette expérience a été faite présente un appareil *kéraphylleux* complet et uniforme ; mais la gouttière cutigérale fait défaut à l'endroit de la brèche. La face externe de la corne qui remplace la paroi normale ne présente pas la même régularité que sa face interne ; au lieu d'être unie, lisse et vernie, comme dans les conditions naturelles, elle est inégale, raboteuse et squammeuse ; on en détache facilement des plaques comme sur une sole épaisse. La corne de cette *fausse* paroi présente aussi sur sa coupe une disposition fibreuse mais différente, dans la direction de ses fibres, de celle de la paroi véritable. Dans cette dernière, les fibres ont une direction oblique de haut en bas, perpendiculaire à la surface dont elles émanent. Dans la première, les fibres perpendiculaires aussi à leur surface d'émergence affectent conséquemment une direction horizontale.

Jamais cette paroi provisoire n'acquiert la forme, l'épaisseur, la consistance, en un mot, les qualités propres à celle qui est formée avec le concours du bourrelet, quelle que soit, du reste, la longueur du temps écoulé depuis l'origine de sa formation.

Arrivée à une certaine épaisseur, elle se sèche, éclate et se détache par écaille.

Cette expérience forme le pendant de celle dans laquelle nous avons vu le bourrelet fonctionner seul, indépendamment du tissu podophylleux, et elle conduit à des conclusions analogues.

Elle prouve évidemment, d'une part, que le tissu podophylleux est préposé à une sécrétion spéciale, celle de l'appareil kéraphylleux qui le recouvre, et qui, dans de certaines conditions exceptionnelles, peut acquérir une épaisseur considérable et remplacer provisoirement la paroi normale ; et, d'autre part, que sans l'action connexe et simultanée du bourrelet, il est impuissant à engendrer une paroi qui soit achevée dans sa forme, sa structure et ses qualités, de même qu'inversement le bourrelet, sans l'action connexe et simultanée du tissu podophylleux, ne peut donner naissance qu'à une paroi imparfaite.

Mais ce serait se faire une idée fausse de la part qui revient au tissu podophylleux dans la formation de la paroi normale, que de considérer sa sécrétion comme aussi active et aussi féconde dans l'état physiologique que dans les conditions accidentelles où il est placé, à la suite d'un arrachement d'une partie de l'ongle.

Dans l'état normal, la sécrétion du tissu podophylleux s'opère d'une manière constante et uniforme, mais dans des limites extraordinairement restreintes.

Remarquez, en effet, comme premier argument à l'appui de cette proposition, qu'il n'y a pas une très-grande différence de poids, d'épaisseur et de volume entre un lambeau de paroi sécrété par l'action exclusive du bourrelet et un autre lambeau de même étendue superficielle, pris sur une région exactement correspondante de l'ongle, qui serait le produit de l'action combinée et normale du bourrelet et du tissu podophylleux : preuve que la couche de corne qu'ajoute ce dernier tissu à la face interne de la paroi cutidurale, n'a pas une très-grande épaisseur.

D'autre part, pour démontrer combien l'action sécrétoire du tissu podophylleux augmente dans les conditions pathologiques, faites l'expérience suivante : arrachez un lambeau de la muraille, depuis le bas de l'ongle jusqu'en haut, puis séparez la cutidure du tissu podophylleux par une incision transverse, conduite suivant la direction de la zone coronaire inférieure, et introduisez, comme l'a fait M. Renault, au-dessous de la cutidure, une lamelle de plomb qui la sépare mécaniquement du tissu feuilleté et s'oppose à la fusion des produits de leur sécrétion respective. Avec le temps on obtiendra, par ce procédé, une paroi dédoublée, la corne cutidurale opérant son avalure par dessus la corne podophylleuse, mais sans se souder à elle, comme cela peut être observé, du reste, dans certaines conditions patholoques, telles que la fourbure chronique. Qu'est-ce autre chose, par exemple, que le phénomène qu'on désigne sous le nom de *fourmilière,* si ce n'est un dédoublement de la paroi produit spontanément par un mécanisme analogue ? Eh bien, si lorsque se sera opérée l'avalure de la corne cutidurale, on vient à comparer, sous le rapport du poids et de l'épaisseur, la masse totale des deux plans de corne superposés avec celle du lambeau qui leur correspond par son siége et son étendue, on trouvera que la première excède considérablement la seconde : preuve que le tissu podophylleux fonctionne d'une manière plus active, comme organe de sécrétion, lorsqu'il n'est pas revêtu par la corne qui émane du bourrelet.

On peut donc dire que la faculté sécrétoire du tissu podophylleux reste, pour ainsi dire, à l'état virtuel dans les conditions physiologiques, et qu'elle ne se manifeste, dans toute sa puissance et dans toute son activité, que dans certaines circonstances exceptionnelles, comme, par exemple, à la suite de l'arrachement d'une partie ou de la totalité de l'ongle, ou bien encore dans le cas de congestion ou d'inflammation de son appareil vasculaire. Nous verrons, au chapitre de la physiologie pathologique, combien l'intervention de cette faculté sécrétoire exagérée d'une manière insolite, peut entraîner de conséquences funestes, si l'on ne parvient pas à la contenir dans ses limites normales par un traitement approprié et employé à temps.

Cette sorte d'inertie sécrétoire du tissu podophylleux dans les conditions physiologiques, n'est pas, du reste, un fait exceptionnel dans l'organisation.

Les autres sécrétions concrètes de la peau, celle des poils, de l'épiderme et des appendices cornés, présentent des phénomènes du même ordre. Ainsi, la pousse des poils est arrêtée ou tout au moins excessivement ralentie, lorsqu'ils sont arrivés à une certaine longueur ; elle reprend, au contraire, après leur excision, avec une nouvelle activité. De même pour l'épiderme, son renouvellement ne s'opère dans l'état physiologique que d'une manière excessivement lente, lente comme ses déperditions ; mais lorsqu'il y a nécessité d'une réparation rapide, comme à la suite, par exemple, d'une vésication superficielle, qui n'a fait que détacher l'épiderme sans détruire le corps papillaire, la sécrétion *kératogène* de la peau est singulièrement suractivée, et l'on voit l'épiderme se former en couches épaisses qui se détachent longtemps par larges écailles, jusqu'à ce qu'enfin la sécrétion épidermique soit rentrée dans les limites normales. N'est-ce pas là un phénomène de même ordre que celui qui se produit à la surface du tissu podophylleux, lorsque l'enveloppe *épidermique* épaisse qui le revêt en est détachée par une action violente?

V. Ces points établis, une question se présente à résoudre, c'est celle de savoir comment les cornes cutidurale et podophylleuse se soudent ensemble pour former la masse complète de la paroi ?

Évidemment, la soudure de ces deux cornes ne peut s'effectuer qu'à la condition qu'elles se rencontrent à l'état naissant, c'est-à-dire avant qu'elles aient eu le temps de se concréter. C'est, du reste, la condition indispensable pour que le sabot soit formé partout continu à lui-même. Isolez le bourrelet périoplique de la cutidure, par une légère perte de substance, et les deux cornes qui en émanent se concrètant avant de se réunir, pousseront désormais isolées, comme il arrive dans le crapaud ou dans le mal d'âne.

Séparez la cutidure du tissu podophylleux, et il se formera une véritable fourmilière, comme dans l'expérience rapportée plus haut. Qu'il existe une solution de continuité entre la membrane veloutée et le tissu podophilleux, et la sole restera disjointe du bord inférieur de la paroi, comme cela se voit si souvent à la suite de certaines altérations chroniques du tissu feuilleté. Divisez le bourrelet dans une étendue longitudinale, par une simple incision avec perte de substance pelliculaire, et la corne qui émanera d'une des lèvres de l'incision, ne pouvant pas rencontrer avant sa concrétion celle de la lèvre opposée, le sabot poussera fendu. C'est par une cause du même ordre que les seimes s'entretiennent une fois produites.

La condition indispensable, donc, de la continuité de la boîte cornée dans toutes ses parties, c'est que, à leurs points de jonction, les différents départements de l'appareil kératogène combinent leurs produits avant qu'ils soient solidifiés.

Cette combinaison entre le produit de la sécrétion du bourrelet et celui du tissu podophylleux, s'effectue à l'origine même des feuillets de chair, immédiatement au-dessous de la zone coronaire inférieure. C'est au moment où la corne est exhalée à la surface de cette zone, qu'elle se soude avec celle qui suinte, si l'on peut dire, du fond des sillons podophylleux, et qu'elle forme corps avec elle. Cette soudure établie, à mesure que l'ongle effectue son avalure, obéissant à la force *à tergo* qui le pousse incessamment, les lames kéraphylleuses, très-étroites au moment de leur naissance en raison du peu de profondeur des sillons qui leur servent de matrices, s'engagent dans la cavité de ces sillons par une sorte de glissement insensible et s'accroissent en largeur, à mesure qu'elles descendent, par addition de molécules nouvelles vers leur bord libre, jusqu'à ce que cette largeur soit exactement égale à celle des feuillets de chair entre lesquels elles sont intercalées.

Une fois acquise cette dimension, à quelques millimètres au-dessous de leur point d'origine, les lames kéraphylleuses, chose remarquable, restent invariables dans leur forme et dans leur largeur, et opèrent, sans éprouver de changement, leur lente avalure dans les sillons qui les renferment, bien que, au fond de ces sillons, la source dont elles émanent soit toujours active et en puissance d'ajouter des molécules *solides* nouvelles à celles qui les constituent; les accidents pathologiques ne le démontrent que trop. Mais dans l'état physiologique, cette source ne laisse exhaler, et encore en quantité à peine appréciable, qu'une matière onctueuse, sorte de corne fluide *non actuellement solidifiable*, qui, en baignant incessamment les lames kéraphylleuses, les maintient dans un état de demi-concrétion, en vertu duquel elles sont toujours aptes à se souder avec les nouvelles couches de corne concrescible déposées à leur surface; c'est ainsi, par exemple, que dans l'état physiologique elles contractent adhérence, au terme de leur avalure, avec la circonférence de la sole, et se soudent avec elle d'une manière si intime, que six mois de macération ne suffisent pas pour les séparer; c'est ainsi que, dans les conditions pathologiques, elles constituent les kéraphyllocèles ou les kéracèles de la fourbure, en se soudant avec les bouffées de corne solidifiable qu'exhale le tissu podophylleux sous l'influence d'une irritation sécrétoire momentanée.

Cet état de fluidité permanente du produit de la sécrétion podophylleuse, dans l'état physiologique, était une condition indispensable pour que la boîte cornée conservât une capacité intérieure exactement proportionnée aux dimensions des parties qu'elle doit contenir.

Supposez, par exemple, qu'au fur et à mesure que l'ongle fait son avalure, par l'impulsion de la corne nouvelle que le bourrelet ajoute incessamment à la corne anciennement sécrétée, le tissu podophylleux ait fonctionné de même, n'est-il pas évident que la capacité intérieure de la boîte cornée aurait été comblée, avant l'achèvement de l'avalure, par l'addition incessante de couches de nouvelle corne en dedans de la paroi ; et que les tissus internes auraient subi, dans l'intérieur de cette boîte, de plus en plus rétrécie, une compression analogue à celle qu'éprouve le follicule de la dent de l'homme dans l'intérieur de la cavité dentaire qu'il remplit à la longue du produit de sa propre sécrétion. Or, ce qui n'est ici qu'une supposition ne devient-il pas souvent une malheureuse réalité dans certains cas de fourbure très-aiguë? Ne voit-on pas alors la sécrétion podophylleuse, exagérée outre mesure, pousser devant elle une masse de matière cornée concrète, qui s'ajoute à la face interne de la paroi, l'épaissit, diminue d'autant la capacité intérieure de la boîte cornée, écrase par sa compression l'os du pied et les membranes qui le recouvrent et finit par en déterminer l'atrophie, de même que la matière calcaire accumulée dans la cavité de la racine dentaire, écrase son follicule générateur et finit aussi par le réduire à un mince filet?

Où trouver une meilleure preuve de la nécessité que la sécrétion podophylleuse demeure, pour ainsi dire, en réserve dans l'état physiologique, prête à agir pour les besoins d'une réparation urgente, comme dans le cas d'arrachement de l'ongle ; mais ne donnant naissance, dans les conditions normales, qu'à une matière fluide, qui lubréfie le fond des cannelures podophylleuses, y facilite le glissement insensible de l'avalure, et maintient les lames kéraphylleuses qu'elle pénètre, dans cet état de consistance moelleuse, si nécessaire pour l'innocuité des rapports de l'enveloppe cornée avec les parties si délicatement sensibles qu'elle revêt.

Ce n'est pas seulement, du reste, dans la région du sabot que l'appareil kératogène présente la disposition particulière que nous venons de signaler. On la retrouve encore dans toute l'étendue du tégument extérieur. Qu'est-ce, en effet, que ce que l'on appelle le corps muqueux de Malpighi, si ce n'est une immense nappe sous-épidermique, de matière concrescible, demi-fluide, prête à se solidifier instantanément en épiderme, lorsque les besoins de la régénération l'exigent, et s'y substituant à la longue dans les circonstances ordinaires au fur et à mesure que les déperditions le réclament. Ce n'est pas, pensons-nous, forcer les analogies que d'établir ce rapprochement.

La conclusion générale à tirer de l'ensemble des développements dans lesquels nous venons d'entrer, *c'est que la paroi est le produit combiné de trois appareils sécréteurs spéciaux : le bourrelet périoplique, le bourrelet principal et le tissu podophylleux. Les deux premiers, préposés à la sécrétion de la bande périoplique et de la masse principale des fibres pariétaires, le troisième donnant naissance exclusivement à la corne lamellée de la face interne du sabot.*

Il nous reste maintenant à étudier la fonction kératogène dans la membrane qui forme le revêtement de la face inférieure de la troisième phalange et de son appareil fibro-cartilagineux complémentaire, autrement dit dans la *membrane veloutée.*

**VI.** *La membrane veloutée est l'organe sécréteur exclusif de la partie du sabot que l'on appelle la* SOLE, *et elle concourt avec les parties du bourrelet périoplique, qui ceignent les bulbes cartilagineux, à la formation de la fourchette.*

La première partie de cette proposition est démontrée journellement par les expériences chirurgicales ou physiologiques. Arrachez, sur un pied vivant, partie ou totalité de la sole, et vous verrez au bout de vingt-quatre heures le tissu velouté mis à nu, se revêtir, dans toute son étendue, d'une couche très-mince de matière concrète qui constituera, à sa surface, une espèce de fausse membrane pelliculeuse, laquelle, en se concrétant et en s'épaississant, ne tardera pas à prendre la forme, la consistance et la couleur de la corne normale.

Au bout de huit jours, cette sole, de nouvelle formation, aura déjà une épaisseur suffisante pour servir de plastron protecteur au tissu qui l'a engendrée, et après un mois elle aura presque récupéré son épaisseur normale.

Examinée à cette époque, sur le sabot détaché des parties molles par la macération, la sole régénérée ne présente aucune modification dans son aspect et dans sa texture. Comme la sole normale, elle laisse voir, à sa face supérieure, les ouvertures béantes des canaux dans lesquels pénètrent les papilles sous-ongulées; comme elle, elle montre sur sa coupe perpendiculaire la disposition linéaire qui dénonce sa texture fibreuse en apparence et en réalité canaliculée. Seulement, les *fibres* cornées n'ont pas une direction aussi rectiligne dans la corne nouvelle que dans l'ancienne, elles sont comme ondulées.

En outre, cette corne a une teinte générale jaunâtre due à l'infiltration de la sérosité du sang dans ses pores. C'est par ces caractères différentiels, peu durables, du reste, qu'elle se distingue de la corne de sécrétion régulière.

Cette expérience démontre évidemment que *le tissu velouté solaire jouit, comme le bourrelet auquel il ressemble, du reste, par son aspect extérieur et par sa texture, de la propriété de sécréter la corne qui le revêt.*

A son point de réunion avec le tissu podophylleux sur toute la circonférence de l'os du pied, le tissu velouté combine le produit de sa sécrétion, *à l'état naissant,* avec les lames kéraphylleuses, au moment où, poussées par la force de l'avalure, elles sortent molles et demi-concrètes des sillons podophylleux. De cette combinaison résulte cette forte soudure de la sole et de la paroi, qu'aucune violence ne parvient à détruire pendant la vie, et que l'action prolongée de la macération peut seule rompre après la mort.

Une fusion de la même nature s'établit sur les bords externes des lacunes du corps pyramidal, entre le produit de la sécrétion du tissu velouté et les lames kéraphylleuses plantaires ; et c'est par elle que les barres et la sole se trouvent si étroitement associées, qu'elles forment à la boîte cornée un plancher indiscontinu et en apparence indivisible.

**VII.** *Le tissu velouté qui revêt le corps pyramidal, remplit, par rapport à la fourchette, le même rôle que le tissu velouté solaire par rapport à la sole.*

L'expérience journalière le prouve aussi d'une manière évidente. Le corps pyramidal, dépouillé par arrachement de son enveloppe cornée, sécrète à sa surface une matière concrescible qui ne tarde pas à revêtir les caractères particuliers à la corne de la fourchette et à en prendre la forme et les dimensions.

Mais cette sécrétion de la corne de la fourchette n'est pas le produit exclusif de la membrane veloutée qui revêt le corps pyramidal. L'appareil sécréteur du périople y concourt aussi pour une assez large part; ou pour mieux dire, cet appareil se confond si bien au niveau des bulbes cartilagineux, au-dessus des extrémités des branches du corps pyramidal et dans la lacune centrale de ce corps avec le tissu velouté qui lui sert de revêtement, que toute démarcation disparaît entre deux, et qu'ils ne forment plus qu'une même surface continue, présentant dans toute son étendue le même aspect, douée des mêmes propriétés et sécrétant partout un produit identique.

On s'explique bien, par cette communauté d'origine, la parfaite homogénéité de composition et la complète continuité de substance qui existent entre les extrémités des branches de la fourchette, les *glômes* et le prolongement rubané du périople. Ces trois parties ne sont distinctes que par leur situation ; mais elles font corps ensemble et sont si complétement indivisibles, qu'elles ne se séparent pas, même par l'action d'une macération assez prolongée pour dissocier, l'un de l'autre, les compartiments de l'ongle qui procèdent d'organes sécréteurs différents, et qui ne sont que soudés ensemble.

Ainsi, à bien considérer les choses, les *glômes* et le *périople* ne sont que des appendices des branches furcales épanouies sur le sommet des angles d'inflexion qu'elles embrassent de leur concavité, et prolongées autour de l'ongle sous la forme du ruban périoplique.

Après l'exposé de ces considérations, nous pouvons reproduire, comme leur résumé, la proposition générale dont nous les avons fait précéder, à savoir : *que la membrane tégumentaire sous-ongulée est l'organe spécial de la sécrétion de la corne qui l'enveloppe, de même que la peau est l'appareil sécréteur spécial de l'épiderme qui la revêt.*

Mais les différentes parties de cette membrane sous-ongulée ne remplissent pas toutes le même rôle dans la fonction kératogène, et ne sont pas toutes douées de la même activité. A cet égard, il y a entre elles une différence considérable ; car, dans les unes, celles qui affectent la disposition villeuse, la sécrétion cornée s'opère d'une manière régulière, constante et indiscontinue, tandis que dans la membrane *feuilletée*, cette sécrétion est limitée à une zone supérieure très-circonscrite, et ne donne naissance à des produits *concrets* sur

tout le reste de la surface de cette membrane, que d'une manière intermittente et *éventuelle*.

**VIII.** Nous pouvons maintenant concevoir l'extrémité digitale du
cheval comme un appareil glanduleux spécial, muni d'un nombre
infini de canaux excréteurs, qui laissent suinter par leurs orifices
béants, et s'entasser couches par couches à la périphérie de l'organe,
le produit concrescible de son élaboration.

Cette manière de voir donne la raison de la richesse de l'organisation de cette région, de l'abondance et du volume des artères qui
s'y distribuent, et surtout de la disposition toute exceptionnelle de
ces vaisseaux dans l'intérieur de l'os du pied, lequel « diffère des au-
« tres parties du système osseux par l'ampleur de son appareil vas-
« culaire, et, en cela, se rapproche des organes sécrétoires dont les
« vaisseaux sont ordinairement très-considérables en proportion de
« leur volume [1]. »

Cette observation de Girard fils, est d'une remarquable justesse.
L'os du pied peut être considéré comme le noyau central d'un appareil glanduleux, dont la membrane tégumentaire qui l'enveloppe for-
merait la substance extérieure. Il existe, en effet, entre les tissus de
l'un et de l'autre une telle étroitesse de connexions vasculaires et
nerveuses, qu'il doit y avoir les relations les plus intimes entre leurs
fonctions. La pathologie démontre tous les jours la vérité de cette
induction.

Détruisez à fond, sur un point des surfaces de la troisième phalange, la membrane vasculaire qui les revêt, puis attaquez avec la
rugine la couche corticale de cet os, de manière à mettre à nu son
tissu spongieux dans une étendue correspondante, et vous verrez, au
bout d'un certain temps, la matière cornée sourdre, pour ainsi dire,
des bourgeons charnus formés de toutes pièces sur le tissu propre de
l'os, tant son appareil vasculaire est, si l'on veut ainsi parler, *pré-
disposé* à la sécrétion cornée.

Il est donc vrai de dire que la troisième phalange fait partie intrinsèque de l'appareil kératogène, puisque c'est des ramifications infi-
nies de ses propres vaisseaux dans les aréoles de son tissu, qu'émanent les ramuscules qui, en se divisant dans le tissu de la membrane
sous-ongulée, y affectent la disposition spéciale de laquelle dépend

---

[1] Girard fils, *Thèse inaugurale. — Recueil de médecine vétérinaire*, t. XX,
p. 269.

sans doute l'aptitude sécrétoire de cette membrane ; puisque lorsque cette membrane est détruite avec la partie de l'os qui la supporte, cet os se recouvre de végétations qui bientôt affectent la disposition d'une membrane nouvelle, douée aussi de la propriété de sécréter la matière cornée.

La source de la sécrétion cornée est donc, si l'on peut ainsi parler, dans les profondeurs mêmes de la troisième phalange; mais ce n'est que dans le tissu élaborateur des membranes extérieures à cet os, que le produit de cette sécrétion peut acquérir ses propriétés et se mouler dans sa forme normale.

Ces membranes essentiellement *kératogènes* ne présentent-elles, comme particularité de leur structure intime, qu'une disposition spéciale de leur appareil vasculaire, de laquelle dépendrait la faculté sécrétoire qui lui appartient en propre? Ou bien ne renferment-elles pas, dans les mailles de leur derme, *des glandes blennogènes* de la nature de celles que Breschet et Roussel de Vauzème disent avoir reconnues dans les aréoles du derme tégumentaire?

Ou bien, enfin, serait-ce exclusivement dans les processus villeux, qui hérissent la surface du bourrelet et de la membrane veloutée, que résiderait la faculté de sécréter la corne, comme l'admettent quelques physiologistes et entre autres M. le professeur Delafond?

Il n'est peut-être pas possible encore aujourd'hui de résoudre complétement ces questions d'histologie délicate. *A priori,* il est rationnel d'admettre que la spécialité de la fonction dévolue au tégument sous-ongulé, implique une modification spéciale de sa structure et un arrangement approprié de son appareil vasculaire. A chaque glande, en effet, appartiennent une structure et une vascularisation particulières. C'est là le fait principal et dominant que l'anatomie de structure a permis de reconnaître. Le mystère des sécrétions, et surtout celui des sécrétions spéciales, est encore à dévoiler. Il doit donc y avoir dans la cutidure, dans le podophylle et dans le tissu velouté, un arrangement particulier des vaisseaux artériels qui constitue leurs tissus à l'état d'organes glanduleux spéciaux. C'est là une induction autorisée par les études d'histologie générale, et dont les recherches micrographiques ne tarderont pas à donner la confirmation; ce premier point nous paraît hors de doute.

Quant à la question de savoir s'il n'existe pas dans les aréoles du tissu sous-ongulé des glandules *blennogènes,* comme Breschet et Roussel de Vauzème ont cru en reconnaître dans les aréoles du

derme, nous n'avons pas pour la résoudre d'autres éléments que
l'analogie. S'il était vrai que l'épiderme et la nappe de substance
muqueuse demi-concrète qui lui est sous-jacente, fussent le produit
de la sécrétion d'un appareil spécial, composé d'une multitude de
petites glandules que le derme renfermerait dans la profondeur de
ses mailles, il serait très-admissible que la membrane tégumentaire
sous-ongulée, qui n'est qu'une continuation de la peau, servît aussi
de support, par son canevas, à un appareil analogue ; il serait même
très-rationnel de supposer, d'après l'abondance du produit sécrété,
que dans le tissu sous-ongulé, cet appareil de sécrétion spéciale fût
bien plus développé que dans tout autre département du tégument
externe.

Mais pour que ce raisonnement par analogie eût sa pleine valeur,
il faudrait que le fait qui lui sert de base, fût démontré vrai sans contestation. Or, en est-il ainsi des organes blennogènes ? Leur existence est-elle un fait si bien démontré aujourd'hui, qu'elle ne laisse
plus de doute dans l'esprit de personne? Nous ne le pensons pas ; et
c'est pour cela que, dans l'interprétation des phénomènes de la sécrétion cornée, nous ne devons pas attacher une importance trop
considérable à la découverte de Breschet et de Roussel de Vauzème,
qui ne nous paraît pas avoir encore tous les caractères d'authenticité
que réclament les exigences de la science moderne.

Reste maintenant à examiner l'hypothèse du rôle que l'on a assigné, dans la sécrétion cornée, à l'appareil des processus nervo-vas-
culaires du bourrelet et de la membrane veloutée. Ces processus
ont-ils pour fonction spéciale de sécréter la corne qui émane des surfaces sur lesquelles ils s'élèvent? Où bien ne constituent-ils que des
papilles à grandes proportions, destinées à s'enfoncer dans la profondeur de l'enveloppe cornée, comme les papilles sous-épidermiques
dans la couche concrète qui les revêt, de manière que la substance
cornée, insensible de sa nature, devînt cependant, pour le centre
nerveux, un instrument certain de transmission des sensations ?

Nous nous sommes déjà prononcé sur ce sujet dans le chapitre de
l'innervation : pour nous, les processus de la membrane sous-ongulée, à l'origine et à la base de l'ongle, sont des organes essentiels
de la sensibilité tactile, construits d'une manière plus vasculaire que
les papilles du tégument général, en raison de la situation profonde
qu'ils devaient occuper dans les canaux de la substance inerte de la

corne, en raison peut-être aussi des exhalations liquides dont ils devaient être la source.

En dehors des preuves que nous ont fournies, dans un chapitre précédent, l'induction et l'analogie, nous appuierons ici cette manière de voir par les résultats de l'expérimentation directe. Détruisez par l'incision, par le feu ou par les caustiques, les processus nerveux qui s'élèvent à la surface du bourrelet et du tissu velouté, et au bout de quelques jours, lorsque la lésion traumatique faite aux tissus sécréteurs aura été réparée, vous verrez la sécrétion cornée s'effectuer aussi régulièrement qu'avant l'expérience. Allez plus loin, ne bornez pas la destruction à la superficie de la membrane qui sert de base aux papilles sous-ongulées. Entamez dans l'épaisseur de son tissu, et la sécrétion cornée se rétablira encore à sa surface, lorsque le travail des granulations aura comblé le vide fait par l'instrument tranchant.

N'est-ce pas là une preuve évidente que la propriété sécrétoire de la membrane sous-ongulée ne dépend pas exclusivement et essentiellement des processus de sa surface, mais qu'elle procède de la structure intime de cette membrane, depuis ses couches les plus profondes jusqu'aux plus superficielles? S'il en était autrement, verrait-on la sécrétion se continuer après la destruction de ses organes spéciaux supposés? Voit-on la dent du rongeur se reproduire lorsqu'on a détruit son follicule générateur? Le poil repousse-t-il lorsque son bulbe est anéanti?

Il est donc rationnel d'admettre, puisque l'induction, l'analogie et l'expérimentation directe le démontrent, que la sécrétion cornée se fait en dehors des papilles et indépendamment de leur action. Les papilles, comme du reste, les feuillets du podophylle, servent pour ainsi dire de moules, sur lesquels la matière concrescible sécrétée à leur base, *coule* et se modèle comme la cire versée dans le moule de la bougie se concrète autour de la mèche centrale.

C'est par ce mécanisme que se constituent les canaux qui forment, par leur assemblage, la masse de la paroi et de la sole; canaux qui ne devraient pas exister, si, comme on l'a admis, la sécrétion cornée s'effectuait à la surface des papilles; car évidemment, dans ce cas, leur cavité intérieure devrait être comblée par le produit de cette sécrétion, comme la cavité dentaire est remplie peu à peu par les dépôts successifs qui s'effectuent à la superficie du follicule qu'elle renferme. Il y a plus, si les papilles étaient réellement des organes de sécrétion, par toute l'étendue de leur surface, on ne con-

cevrait pas comment elles ne disparaîtraient pas, étouffées par la
compression de la matière dont elles s'envelopperaient elles-mêmes,
comme dans les dents à racines, le follicule s'atrophie sous l'influence de la même cause. Nouvelle preuve de la nullité d'action des
papilles comme organes sécréteurs.

Les papilles ne sont donc essentiellement que des organes de la
sensibilité tactile. Leur rôle principal, dans la formation de la corne,
est de servir de moules sur lesquels la substance concrescible, sécrétée par le tissu qui les supporte, se dispose en canaux cylindriques, lesquels, après avoir servi de gaîne à ces papilles elles-
mêmes, deviennent ensuite, avec les progrès de l'avalure, les tuyaux
conducteurs des liquides séreux qu'elles exhalent par leur sommet
et qui entretiennent dans la corne, comme nous allons le voir,
l'humidité nécessaire à la conservation de sa souplesse et de son
élasticité.

Il y a, ce nous semble, une assez grande analogie entre la disposition des papilles sous-ongulées, par rapport aux étuis cornés qui
les renferment et celle de la pulpe des poils, dans le canal de leur racine. C'est sur les unes et sur l'autre que se modèle le produit concrescible au moment de sa formation ; c'est par les unes et par l'autre, qu'une fois formé, ce produit demeure en relation intime de
contiguité avec les systèmes nerveux et vasculaire, étranger de fait
à la vie, mais y participant presque par l'étroitesse de ces rapports,
qui lui permettent d'emprunter incessamment, aux organes vivants,
les éléments matériels nécessaires à la conservation des propriétés
de sa substance. En sorte qu'il est vrai de dire, avec Girard fils, que
l'appareil des papilles sous-ongulées n'est qu'un assemblage de pulpes
nerveuses et vasculaires, disposées en relief à la surface du tégument
au lieu d'être enfermées dans l'intérieur de la cavité bulbaire, comme
les pulpes des poils ; et que l'ongle n'est lui-même qu'un assemblage
de poils très-développés, car les canaux qui le constituent par leur
ensemble sont analogues à ces productions du tégument par leur
structure, leur composition chimique, leur mode d'accroissement et
leur régénération.

## DE L'ACCROISSEMENT DE LA CORNE ET DE SON AVALURE.

I. La corne, une fois formée, s'accroît incessamment en hauteur,
à la manière des terrains d'alluvion, par la superposition régulière
et la concrétion de couches nouvelles de substance cornée fluide, à

la surface encore molle de celles qui sont déjà déposées, lesquelles demeurent immutables dans leur agrégation moléculaire, et ne subissent, après leur formation, d'autre changement qu'un déplacement de haut en bas, poussées, comme elles le sont dans ce sens, par ces nouvelles couches incompressibles qui viennent incessamment s'interposer entre elles et la surface des tissus dont elles sont primitivement sorties.

La force qui détermine la descente de l'ongle n'est donc pas autre que celle qui préside à son accroissement; c'est la force sécrétoire. L'ongle glisse, pour ainsi dire, de haut en bas, dans les coulisses podophylleuses où sont engagées ses lamelles internes, sous l'influence de la double impulsion que lui communiquent la sécrétion du bourrelet, d'une part, et celle du tissu velouté de l'autre.

Ce sont ces deux actions combinées qui produisent son mouvement d'avalure d'une manière lente, mais indiscontinue, par un mécanisme *à tergo,* comme celui qui détermine la sortie de l'eau d'une source vive; la corne anciennement formée, recevant l'impulsion de celle qui suinte des canaux excréteurs, comme l'ondée liquide qui s'écoule, est chassée par celle qui vient derrière elle.

La descente de l'ongle est donc en soi un phénomène tout mécanique qui n'a rien d'actif que la cause qui le produit. C'est en cela qu'elle diffère de la poussée *des cornes frontales* qui, d'après les recherches très-intéressantes du savant Numan, s'accroissent en longueur, non-seulement par l'impulsion, de bas en haut, que leur communique la sécrétion de la peau génératrice qui entoure la base de leur support osseux, mais encore par l'élongation active de ce support lui-même, lequel en se développant avec le squelette dont il forme un appendice, s'étend dans tous les sens en longueur comme en circonférence et entraîne avec lui l'étui corné qui lui sert de revêtement.

Cependant il y a quelqu'analogie, dans les premières années de la vie, entre l'accroissement du sabot du cheval et le mode de développement des cornes frontales des ruminants. Dans le poulain, en effet, le sabot très-petit en proportion, du reste, de la taille du sujet, se développe ensuite insensiblement avec les progrès de l'ossification des parties du squelette qui lui servent de supports. Mais ce développement ne s'effectue pas par une expansion graduelle du sabot actuellement formé; son tissu inextensible ne s'y prêterait pas. C'est par un mécanisme analogue à celui qui préside à l'accroissement successif des cornes frontales, que l'ongle se met peu à peu en rapport de dimensions avec le volume des parties qu'il doit revêtir.

L'os de la couronne, en augmentant graduellement de volume avec le restant du squelette, élargit proportionnellement la ceinture que lui forme le bourrelet, et entraîne nécessairement ainsi une augmentation du diamètre du sabot, dont la circonférence supérieure se modèle exactement sur le contour de sa matrice.

Par ce simple mécanisme, la boîte cornée s'élargit à mesure qu'elle s'accroît, et offre peu à peu, à la troisième phalange, un espace plus vaste où elle peut se développer à son tour, et acquérir des dimensions correspondantes à celles du rayon osseux auquel elle est articulée.

Ce développement de la phalange unguéale s'effectue graduellement de son sommet vers sa base, comme l'élargissement de l'ongle qui n'est, du reste, que l'expression du développement parallèle de la phalange coronaire. C'est seulement lorsque cette phalange a acquis ses dimensions définitives, que la troisième s'achève dans les siennes, mettant peu à peu à profit l'espace insensiblement plus vaste que lui présente la cavité intérieure du sabot, à mesure qu'il s'accroît, et entraînant avec elle ce sabot à mesure qu'elle augmente de volume par les progrès de sa propre ossification, de même que le cornillon, en s'allongeant, soulève et entraîne l'étui corné qui le revêt.

Le sabot n'acquiert définitivement sa forme cylindrique, que lorsque la deuxième et la troisième phalanges, complétement achevées, servent de moules invariables à la matière cornée que les membranes kératogènes excrètent à leurs surfaces.

Avant cette époque, il présente la forme d'un cône renversé, qu'explique et que nécessite l'augmentation graduelle et indiscontinue, pendant un certain temps, de la circonférence de l'os qui sert de support à sa matrice.

II. La force sécrétoire qui préside à l'accroissement indiscontinu de l'ongle, pendant toute la durée de la vie, est-elle douée d'une égale activité dans tous les points de l'appareil kératogène? Ou bien n'y a-t-il pas des régions où son action, plus considérable que dans d'autres, déterminerait une pousse plus rapide de la corne?

C'est là une question d'une importance principale pour la pratique de l'art.

En général, on admet que les talons croissent avec plus de rapidité que la pince. Cette opinion qui n'est pas absolument destituée de fondement, a été beaucoup exagérée par suite d'une illusion d'observation facile à comprendre. L'élévation des talons étant toujours inférieure à celle de la pince dans les conditions normales, on conçoit qu'un accroissement égal de l'une et de l'autre région, soit plus frappante dans la première que dans la seconde, puisque relativement à leurs dimensions respectives, la quantité surajoutée par la croissance représente, en fait, une fraction plus considérable dans le premier cas que dans le second. Soit, par exemple, 10 la hauteur du talon et 15 celle de la pince ; si par le fait d'un accroissement égal, une quantité comme 1 est ajoutée à l'un et à l'autre, cette addition qui représentera $^1/_{10}$ de la hauteur totale du talon sera plus sensible dans cette région qu'en pince, où elle ne constituera que $^1/_{15}$. Et successivement, avec les progrès de l'avalure, ce résultat deviendra plus frappant, en sorte que le rapport de hauteur des talons à la pince, que nous supposons être primitivement : : 10 : 15, devra nécessairement devenir à la longue, sous l'influence d'une pousse parfaitement égale, : : 15 : 20; : : 20 : 25; : : 25 : 30, etc., ou plus simplement : : 3 : 4; : : 4 : 5; : : 5 : 6, etc. C'est-à-dire, en d'autres termes, que la différence entre les talons et la pince qui, dans le principe, était de $^1/_3$, se réduira successivement à $^1/_4$, $^1/_5$, $^1/_6$, etc. Différence de moins en moins sensible, qui peut faire croire facilement, à première vue, que la pousse des talons a été beaucoup plus rapide que celle de la pince ; tandis qu'en fait, l'une et l'autre région se sont accrues d'une quantité parfaitement égale.

Nous ne sommes donc pas fondés à croire que, dans l'état physiologique tout au moins, les parties postérieures de l'appareil kératogène soient douées d'une plus grande activité sécrétoire que les parties antérieures.

Au contraire, nous pensons que, dans les conditions normales de l'accroissement de l'ongle, les organes générateurs de la corne fonctionnent avec une égale activité dans tous les points de leur étendue ; en sorte que, dans un temps donné, une même quantité de matière cornée est excrétée sur toutes les parties de leurs surfaces, et que la descente de l'ongle s'effectue d'une manière régulière et égale, sous l'influence impulsive d'une même force, agissant avec une égale intensité, en pince aussi bien qu'en talons ; sur la circonférence de la sole comme sur les bords de son échancrure centrale ; dans le milieu du corps de la fourchette comme à l'extrémité de ses branches.

On peut se convaincre de cette égalité d'action de la force de l'avalure, en imprimant une marque sur différents points du sabot à une égale distance de son origine; on verra, avec les progrès de la pousse, cette marque s'éloigner du bourrelet, d'une longueur parfaitement égale sur tous ces points à la fois.

L'observation attentive de la surface extérieure de la paroi d'un sabot normal conduit aux mêmes résultats.

Dans l'état normal, la surface extérieure de la muraille présente un aspect légèrement onduleux, qu'elle doit à la succession alternative de petits reliefs et de sillons superficiels qui règnent transversalement à la direction de ses fibres, d'un angle d'inflexion à l'autre. Ces sortes d'ondes, dessinées à la superficie de la matière cornée concrète, semblent correspondre à des états alternatifs de plus ou de moins de congestion physiologique des tissus générateurs de la corne, et accuser des degrés dans l'activité de leur sécrétion continue.

Mais quelle que soit l'activité de cette sécrétion même, l'égalité de son action, dans un temps donné, sur toute l'étendue de l'organe sécréteur, se traduit *normalement* par le parfait parallélisme, sur toute la circonférence du sabot, des sillons interposés entre les ondes de la matière cornée; parallélisme qui devrait être rompu, comme cela arrive, en effet, dans les conditions pathologiques, si, dans un point du sabot, plus que dans un autre, l'action sécrétoire était plus active, car alors la zone de corne interceptée entre deux sillons, devrait avoir une plus grande étendue superficielle dans le point correspondant à une plus grande activité de la pousse.

L'expérimentation directe est donc d'accord avec l'observation, pour démontrer que dans l'état physiologique la force qui préside à la sécrétion de l'ongle, une et égale dans son action sur tous les points des surfaces kératogènes, imprime à toute la masse du sabot un même mouvement régulier et uniforme de descente.

Mais en est-il toujours ainsi en dehors de l'état physiologique? Non. Sous l'influence de certaines conditions qu'il va être important d'apprécier, la pousse de la corne peut s'effectuer d'une manière irrégulière et inégale; soit parce que la sécrétion qui y préside est devenue, de fait, plus active dans un point de l'appareil générateur; soit parce que, dans un autre, elle est empêchée et ne peut suivre son cours régulier.

Ainsi, par exemple, lorsque le sabot a dépassé les limites de sa

longueur normale, et que l'excès de corne qu'il a acquis n'est pas
détruit par l'usure ou par une déperdition artificielle, la pousse des
talons devient peu à peu sensiblement prédominante sur celle de la
pince, comme on peut s'en assurer par l'inspection des cercles et
des sillons transversaux qui s'étendent d'un angle d'inflexion à l'autre. Ces sillons n'ont plus alors la disposition de parallélisme parfait
qu'ils affectent sur les sabots à pousse régulière; ils sont au contraire beaucoup plus écartés les uns des autres, et interceptent conséquemment entre eux des cercles beaucoup plus larges dans la

région des talons que dans celle de la
pince, ce qui témoigne évidemment
d'une plus grande activité de la sécrétion dans la première que dans la seconde. Et, effectivement, telle est la
prédominance de la pousse des talons
sur celle de la pince, qu'au bout de
douze mois, la différence primitive de
hauteur qui existait entre deux a pres-

que disparu, et que ces régions mesurent des dimensions à peu près
égales.

La figure ci-jointe donne la démonstration graphique de l'assertion que nous émettons. Elle représente le sabot d'un cheval très-
méchant, qui resta douze mois en fourrière dans une auberge, sans
sortir une seule fois de sa stalle et sans que, une seule fois, ses pieds
fussent parés par le maréchal.

On voit sur cette pièce que les talons présentent des cercles beaucoup plus larges que ceux de la pince et ont une hauteur, à peu de
chose près, égale à la sienne, ce qui témoigne de la plus grande
activité de leur pousse.

Il semblerait dans ce cas que, à mesure que le sabot s'allonge, la
force impulsive du bourrelet en pince rencontrerait, dans la masse
incessamment accrue de la corne, un obstacle de plus en plus difficile à surmonter, qui ralentirait peu à peu la sécrétion; tandis qu'en
talons, l'avalure pourrait se faire avec plus de facilité, d'une part,
parce que la paroi moins haute présenterait une moindre résistance;
et, d'autre part, parce que l'organe sécréteur, doublé sur lui-même
aux angles d'inflexion, jouirait peut-être dans cette région d'une force
impulsive augmentée par cette duplicature.

L'examen attentif de certaines formes de pieds fourbus, nous sem-

ble donner une démonstration irréfragable de la vérité de cette interprétation. Lorsqu'à la suite de la fourbure, un coin de corne kéraphylleuse s'est interposé en pince, entre la surface du podophylle et
la face interne de la paroi, l'avalure du sabot cesse de s'effectuer désormais avec la régularité qui caractérise l'état normal. En pince, la
masse considérable de corne accumulée par la sécrétion morbide,
résiste à l'impulsion que tend à lui communiquer la corne de nouvelle formation excrétée par le bourrelet et retarde notablement son
avalure ; en talons, au contraire, et dans la partie postérieure des
quartiers, l'action impulsive des organes sécréteurs rencontrant une
résistance beaucoup moindre, la nouvelle corne peut effectuer sa
descente, en chassant devant elle l'ancienne, qui éprouve comme un
mouvement de bascule d'arrière en avant, sous l'influence de cette
impulsion inégale plus puissante en talons qu'en pince.

Telle est la différence qui, dans ces circonstances morbides, peut
exister entre la pousse des talons et celle de la pince, que souvent la
corne de nouvelle formation des premiers aura parcouru tout son
trajet, du biseau au bord plantaire, avant que celle de la pince soit
arrivée au delà du tiers supérieur de son parcours.

La figure ci-jointe met en évidence la vérité de cette proposition :
Le cercle BC indique la ligne
de démarcation entre l'ancien
sabot B C E et le nouveau A B C D.

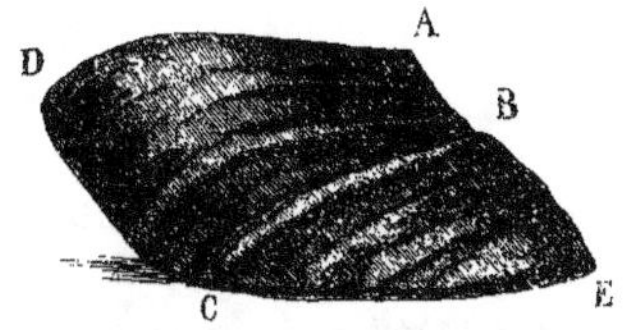

On voit que l'avalure de la
corne nouvelle qui, en pince,
n'est encore arrivée qu'en B,
est déjà en c dans la région
des talons, c'est-à-dire au niveau du bord plantaire.

C'est en raison de cette prédominance de la force impulsive des talons sur celle de la pince, que les sabots fourbus tendent si communément à s'allonger d'arrière en avant, et à s'incurver en haut à la
manière des souliers chinois.

Mais nous reviendrons avec détail sur cette question, dans la partie de notre ouvrage où nous traiterons des maladies du pied ; pour
le moment, nous ne voulons emprunter à la pathologie que ce qui
nous est nécessaire pour l'interprétation des phénomènes physiologiques.

Il nous paraît résulter évidemment de la démonstration que nous
venons d'exposer, que l'action sécrétoire du bourrelet peut être ra-

lentie, ou même complétement entravée, par une pression qui met obstacle à l'excrétion de la corne de nouvelle formation, comme c'est le cas, par exemple, dans les pieds fourbus et dans les sabots extraordinairement allongés.

III. Maintenant, la proposition inverse n'est-elle pas aussi rigoureusement vraie, à savoir : qu'en diminuant les résistances opposées à l'excrétion, on favorise et on active la fonction sécrétoire de l'appareil kératogène?

Oui, évidemment encore ; et l'expérience chirurgicale en donne la preuve journalière. Arrachez, par exemple, un lambeau de la paroi sur un point quelconque de la circonférence du sabot, et vous verrez la corne qui se formera à la surface du bourrelet dénudé, acquérir au bout d'un mois une telle épaisseur, par suite de la suractivité de la sécrétion, qu'elle constituera une tumeur saillante au-dessus du niveau de la surface extérieure de la paroi conservée : preuve qu'au point où aucune résistance ne fait obstacle à l'échappement de la corne sécrétée, cette matière est fournie avec plus d'abondance.

Une autre preuve de la suractivité de la fonction kératogène, dans ce cas spécial, est donnée par la direction qu'affectent les fibres constitutives de la tumeur cornée formée sur le bourrelet. Ces fibres, plus longues que l'espace mesuré entre leur surface d'émergence et l'origine des coulisses podophylleuses sur lesquelles elles doivent glisser, n'ont pas une direction rectiligne comme les fibres de la paroi normale, mais elles décrivent une courbe onduleuse, dont la convexité est antérieure et s'adaptent ainsi à l'espace trop étroit relativement à leur longueur dans lequel elles sont encloses. Ce n'est que plus tard, lorsqu'elles se sont associées à la corne kéraphylleuse, qu'alors entraînées par le mouvement de l'avalure, elles reprennent leur direction rectiligne et effectuent leur descente dans un temps relativement plus rapide que celui de la paroi normale, comme le témoigne la plus grande étendue superficielle des cercles dessinés sur leur surface extérieure.

D'autres preuves de la plus grande activité de la sécrétion du bourrelet sur les points de sa circonférence où les pousses de la corne nouvelle rencontrent le moins de résistance, sont fournies tous les jours par les pratiques de la maréchalerie. Ainsi, par exemple, on active la pousse des talons en les parant jusqu'à la rosée et en appliquant un fer à la planche qui les soustrait à l'appui et diminue l'in-

tensité des pressions transmises à la partie du bourrelet qui leur
correspond. Ainsi, encore, il suffit quelquefois de l'emploi méthodique de cette ferrure pour obtenir, dans le cas de seime quarte, la
formation d'un cercle de corne *épaisse* et continue, à l'endroit de la
fissure de la paroi ; ainsi, par l'emploi intelligent de la ferrure pré-
conisée par Lafosse, on parvient souvent à restituer aux talons du
sabot la hauteur et le développement qui leur faisaient défaut.

De même, lorsque les pieds sont de travers, il est possible, en re-
portant l'appui par une ferrure orthopédique, sur les parties de l'ongle où la pousse de la corne est le plus active, d'en ralentir la croissance, et de l'activer, au contraire, dans celles qui supportent la plus
grande somme des pressions anormales, et qui, par ce fait, ont été
empêchées dans leur pousse, etc.

L'influence sur la sécrétion du bourrelet des pressions inégales
qu'il supporte, est rendue surtout évidente dans les pieds rampins.
Dans cette sorte de pieds, la sécrétion cornée est excessivement
lente, à l'endroit de la pince, où l'appui se fait exclusivement ; tandis
que, dans la région des talons qui ne portent jamais sur la terre, la
pousse de la corne s'opère avec une très-grande rapidité.

Ainsi, pour résumer ces premiers développements, l'accroissement
de la corne s'opère d'une manière uniforme, régulière et égale sur
tous les points à la fois de la couronne cutidurale, dans les conditions parfaites de l'état physiologique, en sorte que dans un temps
donné, l'action impulsive de la sécrétion étant partout la même, toute
la masse de l'ongle effectue dans ce même temps son avalure régulière. Mais en dehors de cet état normal parfait, la sécrétion cornée
pouvant être ou ralentie ou activée dans quelques points circonscrits
de l'appareil kératogène, la pousse de l'ongle s'opère alors d'une
manière inégale, qui se traduit à sa surface par l'inégalité de largeur
que présente dans les différents points de son étendue une zone de
même origine.

L'une des premières règles de l'art du maréchal est, d'une part,
de savoir conserver à l'ongle les conditions de sa pousse régulière
en sauvegardant, par la justesse de la ferrure, la rectitude des
aplombs de l'animal ; et, d'autre part, de mettre à profit, avec intelligence, l'inégalité possible de l'action sécrétoire, en empêchant
dans un point une pousse trop rapide, et en activant dans un autre
l'accroissement trop lent à se produire.

Ces idées, sur l'accroissement de la corne, se rapprochent en quelques points de celles que Bourgelat à formulées dans le passage suivant de son *Essai théorique et pratique sur la ferrure* :

« La partie vive, dit cet illustre auteur, doit pousser, vers l'extré-
« mité du pied, la partie moyenne et la partie morte ensemble, à
« mesure qu'elle y est déterminée elle-même par les chocs qu'elle
« éprouve et par celle à laquelle elle cède insensiblement la place
« qu'elle occupait ; *donc, selon le degré de résistance, de la part des*
« *parties qu'elle doit chasser, l'ouvrage de l'accroissement sera plus*
« *ou moins pénible ; donc, plus leur étendue et plus leur volume se-*
« *ront considérables, plus l'obstacle sera difficile à surmonter, at-*
« *tendu qu'elles contrebalanceront davantage la force impulsive des*
« *liqueurs reçues par la partie supérieure ;*

« *Donc*, moins les retranchements à faire à l'ongle par l'action de
« parer seront fréquents, moins l'ongle croîtra et moins l'accroisse-
« ment en sera prompt ; donc, plus ils seront réitérés, plus cet ac-
« croissement sera diligent et sensible. C'est sur ces grands princi-
« pes qu'il serait superflu d'étendre ici, que l'artiste doit étayer son
« raisonnement et sa pratique. Par eux, et en s'y conformant, il
« parviendra facilement à se rendre maître de la forme de tous les
« pieds, même les plus défectueux ; il en dirigera l'accroissement, il
« le hâtera ou le retardera à son gré. Il répartira la nourriture à sa
« volonté et selon le besoin, sur les diverses parties ; il la détournera
« des unes, il la forcera à refluer sur les autres, et comme il n'agira
« jamais que d'après les vues et les conseils de la nature, il sera
« certain d'entretenir ou de réparer avec succès une partie d'autant
« plus essentielle, que l'animal le plus précieux peut cesser bientôt
« de l'être, pour peu qu'elle ait reçu quelque atteinte. »

Ces propositions, considérées longtemps comme erronées, nous paraissent établies sur une juste observation. Nous croyons, avec Bourgelat, « que selon le degré de résistance de la part des parties
« qu'elle (la corne vive) doit chasser, l'ouvrage de l'accroissement
« est plus ou moins pénible ; » que « plus l'étendue et plus le volume
« de ces parties sont considérables, plus l'obstacle est difficile à sur-
« monter, attendu qu'elles contrebalancent davantage la force im-
« pulsive des liqueurs reçues par la partie supérieure, etc. » Mais ce
n'est pas seulement la résistance que la masse de corne déjà formée oppose à *la force impulsive des liqueurs* qui en ralentit ou en empêche la sécrétion, c'est aussi, et principalement, l'intensité des pres-
sions qui sont transmises par la continuité de la paroi à la surface

sécrétoire, comme le témoignent les exemples des sabots rampins ou de travers, dont la pousse est si lente dans les régions où s'exercent toutes les pressions de l'appui.

Bourgelat n'avait pas reconnu l'influence sur l'activité de la sécrétion cornée de cette dernière cause, si prépondérante cependant. Ne voyant comme obstacle à la pousse, plus ou moins active de la corne, que le plus ou moins de résistance opposée par la masse de l'ongle déjà formée, il prescrivit, comme principe général *sur lequel l'artiste maréchal devait étayer son raisonnement et sa pratique*, de diminuer la longueur du sabot dans celles de ses régions où sa croissance était plus lente à s'effectuer, et de la ménager, au contraire, là où elle était le plus rapide, afin d'activer ou de ralentir la force impulsive de la sécrétion, en diminuant la masse qui lui fait obstacle ou en lui laissant toute sa force. Et, en partant de ce principe, il arriva sans s'en douter, à ce singulier résultat, d'exagérer démesurément les difformités auxquelles il voulait remédier et de les rendre plus durables et plus constantes par la plus grande somme des pressions, que l'inégalité *méthodique* du niveau de la face plantaire du sabot devait accumuler sur les régions les plus abaissées.

Si Bourgelat avait été éclairé par la pratique de l'art dont il essayait de formuler les règles, cette erreur n'eût sans doute pas échappé à son génie observateur. Quoiqu'il en soit, cependant, l'interprétation qu'il a donnée du mode d'action de l'une des causes qui favorisent ou ralentissent la pousse de l'ongle, n'en est pas moins juste, et aujourd'hui elle sert de base aux pratiques les plus rationnelles de l'art de ferrer.

Ainsi donc, la sécrétion cornée peut ne pas s'effectuer avec une parfaite égalité sur toute la circonférence de la couronne cutidurale ; elle peut être accélérée ou ralentie dans une étendue plus ou moins considérable, proportionnellement à l'intensité des résistances opposées sur les surfaces sécrétoires à l'échappement de la corne qui tend incessamment à se former.

IV. Il est encore d'autres circonstances qui peuvent influer sur la sécrétion, et donner à cette fonction une plus ou moins grande activité.

Ces influences nouvelles qu'il nous reste à examiner, peuvent exercer leur action : 1° sur l'organisme tout entier, et indirectement sur l'appareil kératogène ; 2° d'une manière moins générale et plus directe sur les quatre pieds à la fois ; 3° sur un seul pied d'un animal, et même sur une région circonscrite de ce pied.

On peut donc les diviser en trois catégories pour la facilité de l'étude.

Mais avant d'en aborder l'examen, nous devons faire observer que tous les individus ne sont pas susceptibles d'en ressentir l'action au même degré, parce que chez tous la fonction sécrétoire n'est pas douée de la même activité.

A cet égard, il semble qu'il y a de grandes différences suivant les races, et dans chaque race suivant les dispositions individuelles et certaines conditions données de structure qu'il est important de préciser.

Ainsi, par exemple, dans les chevaux de race, en général, la corne du sabot est plus dense, plus luisante, plus épaisse, d'un grain plus fin que dans les chevaux d'une origine moins parfaite ; elle résiste davantage aux influences des agents extérieurs, et se régénère avec une plus grande rapidité, comme il est facile de l'observer dans les régiments qui forment une agglomération de chevaux de différentes origines, sur lesquels le phénomène peut être étudié comparativement [1].

Dans les individus considérés isolément, les variations de l'activité sécrétoire de l'appareil kératogène sont bien plus nombreuses et plus frappantes.

Il est tel animal, chez lequel le sabot ne pousse qu'avec une désespérante lenteur, au point que d'une ferrure à une autre, c'est à peine s'il s'est formé assez de corne pour que le maréchal puisse rafraîchir seulement le bord inférieur de l'ongle et changer les clous de place.

Il en est d'autres, au contraire, sur lesquels la pousse de la corne est tellement active, qu'en moins de trois semaines le sabot a acquis une trop grande longueur pour la régularité des aplombs.

Il n'est pas toujours facile d'apprécier, par des signes extérieurs, cette plus ou moins grande activité de la sécrétion cornée.

En général, cependant, la pousse de l'ongle est plus rapide dans les animaux dont la corne est épaisse, égale à sa surface, luisante, inclinée dans une direction normale, de couleur foncée, bien proportionnée en volume à celui du corps, bien conformée, avec des talons

---

[1] Reynal. *Communication inédite.*

bien développés, une fourchette saillante, des lacunes bien nettes, des barres régulièrement inclinées, etc.

Cette pousse, au contraire, est notablement plus lente dans les sabots dont la corne est mince, inégale et cerclée à sa surface, dépouillée de vernis, inclinée dans une direction qui tend à se rapprocher de l'horizontale, de couleur claire, d'un volume trop considérable relativement à la masse du corps ; à talons bas, à fourchette trop développée, avec une sole qui n'est pas suffisamment excavée et des lacunes trop larges et trop effacées.

L'abondance et la rapidité de la sécrétion cornée paraissent aussi en rapport avec l'épaisseur du derme, l'abondance des poils qui le recouvrent et le développement dans la peau du pigmentum colorant. Ainsi, en général, dans les animaux dont la robe est foncée, et le poil épais et touffu, le relief de la cutidure présente une forte saillie et sécrète une corne plus épaisse et d'une pousse plus rapide que dans ceux dont la peau est mince, fine et recouverte d'un poil rare et soyeux. Dans ces derniers, le bourrelet est généralement peu saillant; et par une conséquence nécessaire, la paroi a peu d'épaisseur. Aussi, est-il très-commun de rencontrer des chevaux alezans ou blancs avec des sabots à parois minces ; et très-ordinaire, au contraire, de trouver une forte muraille dans les sabots des chevaux bais ou à robes foncées.

Il y a donc une corrélation assez constante entre le plus ou moins d'épaisseur de la peau qui supporte, dans ses mailles ou à sa surface, les vaisseaux de l'appareil kératogène, et la plus ou moins grande activité sécrétoire de cet appareil lui-même.

Considérons maintenant les différentes influences qui peuvent exercer leur action sur la sécrétion cornée, à quelque race, du reste, que les animaux appartiennent et quelles que soient leurs prédispositions individuelles.

La première de ces influences et la plus générale, est celle de la nourriture.

Lorsque les animaux ont éprouvé des privations pendant longtemps et qu'ils sont soumis ensuite à un régime substantiel, on voit, au bout de quelques semaines, se dessiner à l'origine de leurs sabots un cercle plus ou moins saillant, qui témoigne de la plus grande activité des fonctions de la peau, et en particulier de celles de l'appareil kératogène unguéal. Cet effet est déterminé quelquefois d'une manière si soudaine, par l'influence d'une alimentation trop nourrissante, qu'il constitue une véritable maladie.

C'est ainsi, par exemple, que la fourbure aiguë se déclare souvent à la suite de l'alimentation avec certaines graines très-alibiles, le blé, entre autres, et l'orge surtout.

L'influence de la nourriture sur la sécrétion de la corne est rendue encore manifeste par l'usage du vert en liberté. Les animaux qu'on envoie à la prairie, à l'époque du printemps, présentent souvent, au bout de quelques mois, à l'origine de leurs ongles, un cercle qui accuse l'activité plus grande de la sécrétion cornée.

Le retour de la belle saison détermine des phénomènes semblables. A cette époque, les animaux se dépouillent du poil épais et touffu qui a formé leur revêtement d'hiver; toutes les fonctions de la peau entrent dans une nouvelle activité à laquelle participe la sécrétion cornée, et qui se traduit par la formation d'un cercle saillant à l'origine des ongles; de même que dans les animaux de l'espèce bovine, l'activité plus grande de la fonction kératogène, à l'époque du printemps, est accusée par le développement d'un anneau en relief à la base des cornes frontales.

L'exercice et l'état de repos influent aussi d'une manière sensible sur la pousse plus ou moins rapide des sabots.

On conçoit, en effet, que les mouvements de la marche et les percussions répétées des pieds sur le sol doivent, en accélérant la circulation dans l'appareil kératogène, imprimer à sa sécrétion une plus grande activité. C'est effectivement ce que l'observation démontre. Ainsi, par exemple, la corne des chevaux de régiments croît avec plus de rapidité dans la saison des manœuvres ou à l'époque des voyages que nécessitent les changements de garnison, que lorsque les animaux demeurent dans une stabulation plus ou moins prolongée. Cette différence peut être facilement mesurée par le plus ou moins de temps qu'il faut dans ces conditions distinctes, pour que le numéro matricule, imprimé avec le fer chaud à l'origine de l'ongle, soit entraîné vers son bord inférieur [1].

Dans la pratique civile, on observe des faits du même ordre. A supposer, par exemple, que la pousse des ongles soit également active dans deux chevaux de même race, de même âge, de même robe et de même poids, si l'un deux travaille tout un mois, et si l'autre

_______________

[1] Reynal, *Communication inédite.*

reste pendant tout ce temps dans le repos le plus absolu, il faut, à la fin de cette période, enlever plus de corne au premier qu'au second, pour restituer à leurs sabots leur longueur régulière et rétablir la rectitude des aplombs.

Cette plus grande rapidité de la pousse de l'ongle, dans le cheval qui travaille, est assez considérable pour permettre le renouvellement de la ferrure jusqu'à deux et même trois fois dans un mois, comme cela est quelquefois nécessité par une usure excessive, à l'époque de la saison des pluies. L'ongle du cheval qui demeure inactif n'aurait certainement pas assez de longueur pour supporter avec impunité ces manœuvres répétées.

Mais ce n'est pas seulement l'influence de l'exercice qui active la pousse de l'ongle dans le cheval qui travaille, c'est aussi l'intervention de la ferrure qui, en substituant périodiquement son action mécanique à celle des déperditions régulières et continues de l'état normal, diminue ainsi la résistance que l'excès de la longueur du sabot oppose de plus en plus à la force impulsive de la sécrétion.

La preuve qu'il en est ainsi, c'est que les dimensions que peut acquérir un sabot qu'on laisse croître indéfiniment pendant douze mois, sans que l'animal sorte de son écurie, équivalent à peine au double de sa hauteur normale, tandis que la quantité de corne qu'on en détache par douze ferrures successives, est bien plus considérable que celle dont cette hauteur donne la mesure, puisqu'il ne faut pas plus de six à sept mois, dans ces conditions, pour qu'une marque empreinte à l'origine de l'ongle soit arrivée à son bord plantaire, c'est-à-dire pour que le sabot ait doublé sa longueur par des renouvellements successifs.

Ainsi, le sabot dépouillé périodiquement par la ferrure de l'excédant de sa corne, croît autant en six ou sept mois que le fait en douze celui qui n'éprouve aucune déperdition naturelle ou artificielle.

L'élevage des animaux en liberté donne encore une démonstration de la vérité de la proposition que nous soutenons en ce moment.

On voit, dans ces conditions, l'avalure des ongles s'effectuer avec bien plus de rapidité, sous l'influence des déperditions continues produites par les frottements de la marche, que lorsque les pieds sont revêtus d'un fer qui s'oppose à l'usure de la corne.

L'exercice active donc la sécrétion de la corne unguéale tout à la fois, et par le mouvement plus rapide de la circulation qu'il détermine dans l'appareil kératogène, et par les déperditions naturelles ou artificielles de l'ongle qu'il produit ou nécessite.

Mais ces effets ne se manifestent pas au même degré sur tous les terrains. Il semblerait, par exemple, que sur des sols sablonneux, la pousse de l'ongle serait plus active que sur des terrains argileux, toutes conditions de race et de dispositions individuelles étant d'ailleurs supposées égales. A quoi cela peut-il être attribué? Peut-être à ce que les réactions du sol, plus fortes dans le premier cas que dans le second, activent davantage la circulation des tissus sous-cornés, et consécutivement leur fonction sécrétoire. Peut-être aussi que l'usure des fers étant moindre dans le second cas, on renouvelle moins souvent la ferrure.

L'état de santé ou de maladie influe-t-il sur la sécrétion cornée? Peut-être. Mais nous n'avons pas à cet égard beaucoup de données positives. Toutes les parties de l'appareil kératogène général étant régies par les mêmes lois, il est rationnel d'admettre que les circonstances morbides qui modifient les sécrétions épidermiques et pilleuses, doivent produire quelque effet analogue sur la sécrétion des ongles; mais c'est là un phénomène encore peu apprécié. Ce qu'il y a de plus connu à cet égard, c'est la relation de causalité que l'observation a démontré exister entre certaines formes d'indigestion du cheval et le développement de la fourbure.

A côté de ces influences générales qui, indirectement ou directement, peuvent modifier la sécrétion cornée, il en est d'autres beaucoup plus limitées dans leur action, qui produisent des effets analogues, soit sur un seul pied, soit même sur une région circonscrite du pied.

Ainsi, on peut activer la pousse de l'ongle d'une manière très-rapide, en entretenant à demeure une application irritante autour de la couronne et jusque sur le bourrelet; on ne tarde pas à voir les effets de cette irritation continue se traduire à l'origine du sabot par l'apparition d'un cercle en relief, qui témoigne de la formation dans un temps donné, d'une quantité de corne plus considérable que ne le commandaient les besoins de l'avalure régulière.

L'art sait mettre à profit cette plus grande activité sécrétoire du bourrelet, sous l'influence des irritants, pour obtenir, dans certaines conditions pathologiques, des modifications de la forme et des dimensions de la boîte cornée.

L'effet déterminé sur toute l'étendue du bourrelet, par une appli cation irritante générale, peut être produit dans un point circonscrit de cet organe. L'état maladif en fournit des preuves journalières. Ainsi, quand la couronne est congestionnée ou enflammée à la région des cartilages, par une maladie de ces organes, on voit des reliefs de corne très-saillants, indices de la supersécrétion du bourrelet dans un point circonscrit, se dessiner à l'origine du *quartier* correspondant.

L'art s'efforce souvent de produire des effets analogues, soit pour obtenir la réparation de solutions de continuité longitudinales de la paroi, soit pour accélérer la formation de la corne dans un point de la couronne cutidurale où elle est ralentie ou pervertie, dans le cas de crapaudine, par exemple.

Mêmes effets peuvent être produits, soit sur toute l'étendue de l'appareil kératogène, soit sur un point circonscrit seulement, par l'action des causes qui peuvent en déterminer la congestion générale ou partielle; telles, par exemple, que les contusions du sabot contre un corps dur, les pressions violentes, les percussions de la ferrure, les brûlures, les piqûres, etc. Toutes causes qui, pour peu que leur action soit profonde et durable, laissent leur empreinte à la face externe ou interne de la boîte cornée, sous la forme, ou de cercles, ou de kéracèles, ou simplement de suffusions sanguines intra-cornées.

La ferrure exerce aussi, comme nous l'avons démontré plus haut, une influence très-puissante sur l'action des organes kératogènes; soit que, en conservant la régularité des aplombs, elle détermine la répartition uniforme des pressions de l'appui sur toutes les parties qui doivent les supporter, et entretienne ainsi la régularité de la sécrétion cornée sur toute l'étendue de la couronne cutidurale; soit que, en soustrayant à ces pressions une partie circonscrite de cette couronne, elle y détermine une sécrétion plus active par la diminution des résistances opposées à l'échappement de la corne qui tend à se former.

Une foule de circonstances générales ou locales peuvent donc intervenir, qui impriment au cours du sang, dans l'appareil kératogène, un mouvement de flux, ou transitoire, ou plus ou moins durable, lequel se traduit toujours à la surface de la corne, par des ondulations superposées qui, semblables aux couches d'alluvion déposées sur le rivage d'un fleuve, témoignent du mouvement oscillatoire du liquide qui les a formées.

L'art consiste souvent, soit à arrêter ce mouvement de flux, quand il est trop rapide ; soit à le mettre à profit, soit à le solliciter suivant les indications spéciales. Nous reviendrons avec détail sur ce point dans la troisième partie de notre travail.

§. II.

### DES EXHALATIONS SÉREUSES DU PIED.

Les membranes tégumentaires sous-ongulées ne sont pas seulement les organes de la sécrétion kératogène, elles sont encore le siége d'une exhalation continuelle de fluides séreux qui pénètrent incessamment la corne de dedans en dehors, et l'entretiennent dans les conditions matérielles les plus favorables à l'exécution du rôle tout mécanique dévolu à l'enveloppe unguéale.

C'est cette fonction exhalatoire qu'il nous reste encore à étudier pour achever l'histoire physiologique du pied du cheval.

La corne diffère essentiellement des tissus vivants par sa structure et ses propriétés. Aucun vaisseau, aucun nerf ne s'irradient dans sa substance, aucun mouvement de transformation, de déplacement ou d'échange ne s'y produit ; ses molécules composantes demeurent immutables dans leurs rapports de cohésion, tant qu'elles ne sont pas désagrégées par les efforts des frottements ; en un mot, c'est une matière inerte, étroitement associée aux parties vivantes qu'elle recouvre, mais ne participant pas de leurs propriétés.

Et, cependant, cette matière si complétement étrangère à la vie, semble emprunter comme une sorte de vitalité aux tissus auxquels elle est unie par des connexions si étroites, car elle ne conserve sa souplesse et son élasticité caractéristiques, au degré de développement nécessaire pour l'exécution de sa fonction toute mécanique, que tant que ces connexions persistent ; elle ne tarde pas à les perdre, au contraire, pour se transformer en un corps remarquablement dur et résistant, dès que les rapports de contact immédiat ont été rompus entre elle et les parties molles.

C'est que, en effet, ces parties, dans lesquelles se ramifient un si grand nombre de vaisseaux, sont le siége d'exhalations de fluides qui pénètrent incessamment la substance hygrométrique de la corne, l'imprègnent, pour ainsi dire, et entretiennent en elle une humidité constante, condition indispensable de sa souplesse.

L'introduction dans la corne des fluides qu'exhalent les tissus sous-jacents, s'opère par une double voie, par les pores des lames

kéraphylleuses et par les espèces d'étuis engaînants que forment,
aux villosités de la cutidure et de la sole charnue, les extrémités supérieures des tubes constitutifs de la paroi, de la sole et de la
fourchette.

I. Les lames kéraphylleuses, continuellement immergées dans le
liquide onctueux qui suinte du fond des sillons-podophylleux, s'imprègnent de ce fluide, à la manière d'un corps poreux, par une véritable imbibition, et le répandent, de proche en proche, par les voies
de la capillarité à travers l'épaisseur de la paroi, jusqu'à la surface
extérieure, où il contribue, peut-être, à former l'espèce de vernis
qui donne à la corne des pieds bien conformés son aspect caractéristique.

La preuve de l'influence de l'imbibition kéraphylleuse sur la
conservation des qualités essentielles de la corne, est donnée tous
les jours par l'observation clinique et par l'expérimentation.

Toutes les fois, par exemple, que dans un point de la circonférence du sabot, la paroi est désunie du tissu podophylleux, elle ne
tarde pas à devenir dure, sèche, cassante dans toute l'étendue du
décollement et à perdre son vernis extérieur : témoin ce qui s'observe
dans le crapaud, dans la fourmilière et dans tous les cas où les connexions entre la *chair* et la sole cannelées sont rompues.

Des effets analogues se remarquent encore, lorsque le tissu podophylleux détruit est remplacé par une membrane lisse, qui n'est que
juxta-posée à la face interne de la paroi, mais ne s'engrène pas avec
elle; dans ce cas, la corne pariétaire ne pompe pas assez d'humidité
dans les tissus qu'elle recouvre, et elle n'a jamais l'aspect extérieur
et la souplesse caractéristique de la paroi normale.

Enfin, l'influence de l'imbibition kéraphylleuse sur la flexibilité du
tissu du sabot est démontrée par les phénomènes qui se produisent,
lorsque la boîte cornée est séparée des parties molles et soumise à
l'action de l'air. Dans ces conditions, elle se dessèche, perd de son
poids et revient sur elle-même en contractant une remarquable dureté. On peut arrêter indéfiniment cette transformation de sa substance, en remplissant sa cavité intérieure d'un liquide qu'on renouvelle au fur et à mesure qu'il disparaît par évaporation ou par
absorption.

L'humidité que pompent incessamment les lames kéraphylleuses
dans les sillons podophylleux, est donc une condition indispensable
de la conservation de la souplesse du sabot.

Mais ce n'est pas par cette seule voie que la corne puise dans ses organes générateurs les fluides nécessaires à son bon entretien.

II. Les villosités qui la pénètrent en si grand nombre, laissent transsuder de leur extrémité et versent dans leurs gaînes enveloppantes un fluide, (de quelle nature? Nous l'ignorons. Probablement onctueux), lequel s'introduit dans les tubes constitutifs de la corne et en parcourt tout le canal intérieur.

Ce fluide peut être considéré comme une sorte de sève qui sert, non pas à la nutrition du tissu corné (il ne se passe pas dans la corne de phénomènes de cet ordre) mais bien à la conservation de ses qualités intrinsèques. C'est à l'imprégnation profonde et continuelle de cette matière, que la corne doit l'aspect onctueux qu'elle présente sur sa coupe, et la mollesse élastique qui lui permet de se laisser entamer facilement par les instruments tranchants.

Cette matière fluide, grasse probablement, qui parcourt les tubes du sabot, est à la substance de la corne ce qu'est à celle des cheveux, des poils, la matière exhalée dans leur canal intérieur par leur pulpe radiculaire, et de même que les cheveux et les poils, arrachés de leurs bulbes, perdent leur apparence brillante et deviennent remarquablement différents de ce qu'ils étaient lorsqu'ils tenaient par leurs racines aux tissus vivants; de même, la corne, séparée des villosités qui sont comme les pulpes de ses poils agglomérés, se ternit à sa surface, perd son aspect onctueux, sa souplesse, et devient remarquablement dure et sèche.

Sans doute, il ne nous est pas possible de démontrer expérimentalement que les villosités sous-cornées sont chargées de la fonction exhalatoire que nous leur assignons. Mais l'induction nous autorise suffisamment à admettre qu'elles joignent cette propriété à la faculté sensoriale que nous leur avons déjà reconnue.

Le premier argument que nous ferons valoir à l'appui de cette manière de voir, est la disposition tubulée que présentent les parties du sabot qui sont sécrétées par des surfaces villeuses.

Pourquoi ce tube qui continue l'étui engaînant de la villosité, suivant toute la longueur de la paroi et à travers toute l'épaisseur de la sole et de la fourchette, s'il n'avait pas pour usage de servir de canal, à travers toute la masse de la matière cornée, au produit particulier de l'exhalation du processus villeux qu'il renferme dans sa partie supérieure? N'est-ce pas là l'analogue du canal central du crin ou du cheveu, et ne doit-il pas remplir le même office?

Remarquons, du reste, que cette disposition est générale, dans l'organisation, pour tous les produits du même ordre. Ainsi, les dents, les poils, les ongles, les sabots, les cornes frontales, etc., présentent tous un arrangement semblable. N'est-ce pas une forte présomption que ces produits de sécrétion concrète sont encore parcourus, après leur formation, par des fluides émanant de leurs propres organes sécréteurs, et que, là, se trouve une condition essentielle de la solidité de leurs connexions avec les parties vivantes et de la conservation des propriétés, en vertu desquelles ils remplissent leur rôle spécial? En effet, la dent perd ses caractères propres lorsque sa pulpe est détruite ou atrophiée, et souvent même elle se détache de son alvéole; de même, le poil se fane, se ternit et finit par tomber, lorsque sa pulpe cesse de sécréter la substance propre de son canal intérieur, etc.; de même, aussi, la corne du sabot perd son vernis, sa souplesse, et devient dure et cassante lorsque ses connexions, avec les villosités, sont rompues, ou que ces organes ont été détruits.

Ainsi, par exemple, dans un *faux-quartier* formé exclusivement par la sécrétion du tissu podophylleux, sans le concours du bourrelet, la corne est toujours sèche, dure, friable, écailleuse à sa surface, malgré l'humidité que les lames kéraphylleuses vont puiser dans les sillons du podophylle, parce que le produit de l'exhalation des houppes villeuses lui manque.

Ainsi, interrompez par un sillon transversal la continuité des fibres de la paroi dans une région quelconque du sabot, et vous verrez, au bout de quelque temps, la partie de corne inférieure à ce sillon, se dessécher et devenir friable, parce qu'elle ne recevra plus des villosités du bourrelet le fluide nécessaire à la conservation de sa souplesse.

Ainsi encore, quand le bourrelet a été détruit à fond, et qu'à sa place s'est formé un tissu de cicatrice qui ne présente pas la structure villeuse du bourrelet normal, la corne, engendrée par ce tissu de nouvelle formation, est loin de présenter les caractères de souplesse et de flexibilité qui appartiennent à la corne physiologique.

Toutes les fois enfin que, soit à la paroi, soit à la sole, soit à la fourchette, soit au périople, la corne cesse d'être en communication avec les villosités de la surface qui l'a sécrétée, elle ne tarde pas à perdre ses caractères particuliers de souplesse pour devenir dure et friable : preuve qu'elle reçoit des villosités, une des conditions prin-

cipales de son entretien et de la conservation de ses propriétés physiologiques.

Un autre argument, en faveur de la fonction exhalante des villosités sous-cornées, nous semble fourni par leur propre structure. Ces
organes sont très vasculaires. Or, s'ils étaient exclusivement préposés à remplir une fonction sensoriale, ils n'auraient pas eu besoin
d'un appareil de vaisseaux artériels ou veineux aussi considérablement développé. Cette grande vascularité implique donc qu'ils sont
aussi chargés d'une fonction de sécrétion. Mais de quelle sécrétion ?
Ce n'est pas celle de la corne. Nous avons démontré plus haut que
si les villosités fonctionnaient comme organes kératogènes, la disposition tubulée de la corne n'existerait pas. Elles ne peuvent donc
avoir pour rôle, comme agents de sécrétion, que la formation du
fluide destiné à parcourir la cavité intérieure des tubes de la substance cornée, et nécessaire, sans doute, à son bon entretien.

Il nous paraît donc ressortir de cette démonstration que la condition principale, pour que la matière constituante du sabot conserve
ses propriétés physiologiques, est qu'elle reste toujours en communication immédiate avec ses organes sécréteurs, afin qu'elle puisse
leur emprunter incessamment, soit l'humidité, soit les fluides spéciaux destinés à mettre obstacle à sa dessiccation et à son endur-
cissement.

La distribution de ces fluides ne s'effectue pas d'une manière uniforme dans toutes les couches de la matière cornée. Vers les parties
profondes où la corne avait besoin d'être douée d'une mollesse pres-
qu'égale à celle des tissus vivants, afin que ses rapports de contact
et d'union intime avec eux ne fussent pas susceptibles d'en altérer
l'organisation, sa substance est profondément imprégnée de fluides,
qui communiquent une telle souplesse à ses couches les plus internes,
qu'elles donnent aux doigts la sensation d'un corps onctueux.

Au contraire, il était nécessaire que ses couches corticales présen-
tassent toujours une certaine dureté, afin qu'elles fussent davantage
susceptibles d'opposer de la résistance à l'action violente des corps
extérieurs, et de protéger contre leur contact les parties organisées
et sensibles auxquelles le sabot sert de revêtement. Aussi ces couches
sont-elles presque dénuées d'humidité, et, par cela même, plus dures
et plus inattaquables.

La structure intime de la corne favorise cette distribution inégale
des fluides dans son intérieur. Du côté de ses couches profondes, sa

substance est plus poreuse, et ses tubes présentent un diamètre plus large et un canal plus ouvert, en sorte que la pénétration des fluides peut s'y faire avec plus de facilité; tandis qu'elle est, au contraire, davantage empêchée dans les couches les plus extérieures, par la plus grande densité du tissu, l'étroitesse de ses tubes et l'obstruction plus ou moins complète de leur canal intérieur.

Vers leur extrêmité périphérique, mais en dehors de ces conditions de structure, il est une autre cause qui intervient pour s'opposer à l'imbibition facile des couches extérieures du sabot par l'humidité intra-cornée ; c'est l'action desséchante de l'air qui, en s'emparant de cette humidité, à mesure qu'elle tend à sourdre à la surface de la corne, maintient toujours sa lame corticale dans un tel état de desséchement et de dureté, qu'elle est rendue comme impénétrable aux fluides intérieurs.

Ainsi, les variations de la consistance de la corne, dans l'état physiologique, ne tiennent pas à d'autres conditions qu'à son imbibition, plus ou moins profonde, par les fluides qu'elle pompe dans ses organes sécréteurs. Elle est molle à sa face interne, parce que sa porosité et le diamètre de ses tubes la rendent facilement pénétrable aux liquides qu'exhalent en abondance les tissus vivants avec lesquels elle est en rapport intime. Elle est dure à sa face externe, parce que, en raison de sa densité, de l'étroitesse de ses tubes intérieurs et de leur obstruction incomplète, les fluides exhalés par ses organes sécréteurs ne pénètrent que difficilement sa substance; parce que, d'autre part, l'air extérieur la dépouille incessamment du peu d'humidité qui peut avoir filtré à travers ses pores.

Notons bien, toutefois, que cette action de l'air extérieur est toujours limitée à une très-petite profondeur, tant que la corne conserve sa longueur ou son épaisseur normales. Dans ces conditions, au delà d'une lame assez superficielle de sa couche extérieure, le tissu corné se présente sous l'instrument tranchant avec des caractères de souplesse et d'onctuosité qui dénoncent son imbibition par les liquides exhalés. Mais à mesure qu'avec les progrès de l'accroissement, la corne de la paroi acquiert plus de longueur et celle de la face plantaire plus d'épaisseur, leurs parties excédantes deviennent de plus en plus dures, parce que leurs tubes, presque complétement obstrués, ne se laissent plus traverser par une quantité suffisante d'humidité, et que l'action desséchante de l'air sur leur substance n'est plus contrebalancée par les exhalations des tissus vivants dont elles sont trop éloignées pour en éprouver l'influence.

Ces parties, complétement desséchées, perdent alors de leur force de cohésion ; elles se détritent, se fendillent, s'écaillent, s'exfolient jusqu'à la limite des régions où la corne est suffisamment imprégnée de liquides, pour conserver sa souplesse et sa ténacité normales : nouvelle preuve que, sans l'influence de l'humidité qui pénètre à travers ses pores et reste combinée avec sa substance, la matière cornée finit par perdre ses propriétés physiologiques.

Cette plus grande dureté que la corne acquiert, à mesure que le sabot s'allonge et s'épaissit, est favorable à la rapidité de son usure, puisque sa force de cohésion diminue avec les progrès de sa dessiccation, en sorte que, par une heureuse combinaison, lorsque, dans l'état de nature, le sabot a acquis un excès de longueur qui pourrait devenir nuisible aux aplombs, la rapidité des déperditions ne tarde pas à la contrebalancer et à rétablir les conditions normales.

En résumé, la corne ne peut s'entretenir dans ses conditions physiologiques, qu'autant qu'elle a conservé des communications libres avec ses tissus sécréteurs. Lorsqu'elle en est séparée ou qu'elle a acquis une trop grande longueur, comme dans le cas d'un accroissement excessif, celles de ses parties qui ne peuvent plus puiser à la source vive, perdent leur souplesse et leur élasticité caractéristiques. Même effet peut être produit, lorsque l'enlèvement de la couche corticale du sabot favorise l'évaporation de l'humidité interstitielle, en exposant à l'air des couches plus profondes, moins dures et plus pénétrables, conséquemment, à l'imbibition.

Ces considérations physiologiques serviront de base aux prescriptions hygiéniques que nous formulerons dans la troisième partie de ce travail, pour la conservation des pieds du cheval dans leur état de parfaite intégrité.

§ III.

### HISTORIQUE DE LA SÉCRÉTION KÉRATOGÈNE.

Nous croyons utile, pour compléter l'histoire de la sécrétion kératogène, de présenter ici l'exposé rapide des différents travaux faits par nos devanciers ou nos contemporains, sur cette partie si importante de la physiologie du pied du cheval. Ce nous sera l'occasion de restituer à chacun la part qui lui revient dans la doctrine d'ensemble que nous venons de formuler.

I. — Théorie de Bourgelat sur la sécrétion cornée.

Bourgelat est, à notre connaissance, le premier auteur qui ait donné dans son *Essai théorique et pratique sur la ferrure,* une théorie complète du mode de formation et d'accroissement de l'ongle.

Bien que les pages écrites par cet illustre maître soient loin d'être en tous points irréfutables, elles portent, comme tout ce qui est émané de sa plume, le cachet d'une remarquable originalité, et témoignent, par la justesse de quelques-unes des idées qu'elles renferment, que si leur auteur n'a pas trouvé la vérité, la faute en est bien moins à lui qu'au temps où il vivait et à l'obscurité profonde de la question que le premier il essayait d'éclairer.

Nous croirions laisser une lacune dans ce livre, si nous n'y transcrivions pas, *in extenso,* l'exposé de la doctrine de Bourgelat, sur la formation de l'ongle, dans les termes mêmes où il l'a donné. Le voici :

« Qu'est-ce que le tissu de l'ongle et comment est il formé? Nous ne saurions espérer ici des idées connues sur l'origine de l'ongle humain, de véritables lumières.

« Dirions-nous, en effet, en nous prêtant à l'opinion de la plus grande partie des anatomistes, que le sabot est une continuation de l'épiderme? Comment un corps aussi solide pourrait-il naître de cette pellicule? D'où recevrait-il sa nourriture? Comment son accroissement aurait-il lieu, puisqu'elle n'a ni vaisseau, ni fibres régulières, et qu'on ne voit en elle qu'un réseau formé de l'épanouissement des dernières séries des vaisseaux qui constituent les pores innombrables dont le tégument se trouve criblé?

« Avancerions-nous, à l'exemple de quelques autres, qu'il ne doit sa naissance qu'à la juxta-position des humeurs qui suintent de la peau, c'est-à-dire à des parties excrémentitielles qui sont desséchées par le contact de l'air? S'il en était ainsi, l'ongle croîtrait par son extrémité, et ne serait pas constamment poussé, comme il l'est, à compter de son principe.

« Le regarderons-nous enfin, avec d'autres observateurs de la nature, comme formé par des poils unis et concrets, ou par des productions de tendons, ou comme une suite des houppes molles, pulpeuses, médullaires, nerveuses, renfermées dans l'épiderme, repliées entre elles, desséchées, unies et serrées avec les vaisseaux cutanés devenus solides, etc., etc?

« Au milieu de tant de contradictions, et de cette diversité d'avis, nous n'aurons garde de réclamer le secours de l'analogie, et nous nous bornerons sagement à la seule considération de l'objet qui frappe nos yeux.

« Je vois d'abord à l'endroit de la *couronne* un changement subit de la peau, opéré dans l'espace d'une seule ligne (2 millimètres), et au moyen duquel le tégument est tout à coup transformé en une sorte de corne molle, dont la dureté augmente à mesure de son prolongement et de son éloignement de cette partie.

« Dans le dessein d'éclaircir mes doutes, je prends un pied détaché et coupé verticalement.

« J'aperçois sur-le-champ deux couches principales : la plus extérieure comprend ce même tissu dégénéré, résultant du derme et de l'épiderme ensemble ; l'intérieure fournit le bourrelet qui remplit exactement le biseau.

« J'examine attentivement celle-ci ; j'y remarque deux plans de fibres très-distincts, le plan externe naissant des fibres intérieures, et le plan interne des fibres extérieures, conséquemment au croisement des unes et des autres sur la ligne qui trace la circonférence de la *couronne*.

« Du premier de ces plans résultent évidemment les feuillets plus lâches que nous avons vu se propager parallèlement le long de l'os du pied jusqu'à son bord inférieur où ils s'évanouissent, ainsi que nous l'avons dit, les fibres de ce même plan s'entre-croisant alors et ne montrant qu'un réseau qui livre passage à une multitude considérable de vaisseaux, et dont les différentes couches forment la *sole* et la *fourchette* molles et charnues.

« D'une autre part, le second plan, ou le plan interne, donne naissance aux autres feuillets qui, depuis le biseau, règnent sur la surface intérieure du sabot, dans toute sa circonférence, jusqu'à sa commissure avec la *sole* solide, où ces mêmes feuillets, dont quelques-uns s'aperçoivent encore sur le revers et sur le principe des éminences bordant la cavité qui loge la *fourchette* charnue, disparaissent aussi pour ne présenter de nouveau qu'un ordre ou un arrangement de fibres semblables à celui qui a eu lieu dès l'origine de l'ongle : on ne trouve donc plus qu'un réseau qui tapisse intérieurement la *sole* et la *fourchette* solides ou de corne, et qui s'étend jusqu'à la commissure de cette *sole* avec l'ongle, où les fibres de l'une et de l'autre se recroisant en partie, forment et assurent la liaison de ces deux portions, tandis que les couches inférieures sont dirigées parallèlement entre elles et à celle de l'ongle, pour former le dessous du pied.

« Eu égard à la face externe ou à la portion la plus dure du sabot, nous avons remarqué que la couche extérieure, ou le tissu dégénéré, résultant du derme et de l'épiderme ensemble, augmentait en densité à mesure de son prolongement et de son éloignement de la *couronne*. Nous ne pouvons pas dire néanmoins que toute l'épaisseur de l'ongle, inférieurement au biseau, lui soit uniquement due ; il est visible que le tissu feuilleté concourt avec lui à donner plus de consistance à ce corps compacte et qui devient toujours de plus en plus dur, selon sa distance du centre, comme selon sa distance de son origine : du reste, il est bon d'observer que les feuillets qui, dans un sabot frais, n'offrent qu'une certaine résistance, peuvent devenir véritablement corne, ainsi qu'il arrive dans le sabot desséché.

« Enfin, le même tissu dégénéré se continuant à la partie postérieure et à l'endroit des *talons,* en forme la face extérieure, ainsi que la profonde échancrure qui divise la base de la *fourchette* solide en deux portions ; ses fibres, d'où résulte pareillement la face extérieure de la *sole* et de la *fourchette* solides, étant au surplus conséquentes, par leur direction, à la forme du pied inférieurement, et marchant parallèlement entre elles jusqu'au bord inférieur du sabot.

« L'ongle paraît donc être réellement une suite et une production du système général des fibres cutanées ; et l'on peut dire que chaque extrémité de l'animal est bornée et renfermée dans une sorte de cul-de-sac opéré par le tégument.

« Il ne pouvait cependant être la suite de ces fibres seules ; les vaisseaux doivent nécessairement participer à cette production, ils y sont en effet multipliés à l'infini : les porosités innombrables dont le biseau, ainsi que la face interne de la *sole* solide, et même chaque feuillet qui tapisse la paroi interne du sabot, sont criblés, en sont une preuve ; mais le diamètre de ces vaisseaux, auxquels toutes ces porosités livrent un passage, diminue tellement à mesure de l'étroitesse et de l'intimité de leur union, qu'ils n'admettent, lorsqu'ils sont arrivés à une certaine portion de l'ongle, qu'une humeur ténue, destinée à subvenir à la nourriture de cette même portion, tandis qu'au delà ce même ongle n'est plus, en quelque sorte, qu'un corps étranger et dénué de toute organisation.

« Or, il me présente trois parties que je ne peux m'empêcher de distinguer.

« La première doit être appelée la *partie vive;* elle en est aussi la plus molle, soit à l'origine du sabot, soit dans sa face interne, soit dans la *sole* solide, parce qu'elle est tissue de fibres et de vaisseaux qui y sont infiniment moins rapprochés et moins serrés qu'à une distance plus éloignée de l'origine et du centre.

« La seconde, plus compacte, et qu'on peut envisager comme le point où finissent les vaisseaux, forme celle que je nomme *partie demi-vive,* ou *partie moyenne.*

« La troisième, enfin, plus dure et plus solide que cette dernière, compose celle que j'appelle *portion morte.*

« Quelle que soit l'exilité des canaux dans la *partie vive,* elle n'est pas telle, que la circulation ne puisse y avoir lieu et ne doive s'y exécuter comme dans toutes les autres portions du corps; c'est-à-dire que le fluide qui y est porté par les artères doit être rapporté par les veines qui leur répondent.

« Dans la *partie moyenne,* que je croirais être réellement le terme de ces mêmes vaisseaux, auxquels la portion supérieure et la moins compacte doit la nourriture et la vie, il ne se fait qu'un suintement d'une humeur gélatineuse, une transsudation du suc nourricier, par des porosités imperceptibles ou par des filières extrêmement ténues, cette portion, la plus subtile de la lymphe, ne pouvant être repompée et rentrer dans la masse.

« Quant à la portion inférieure, c'est-à-dire à la *portion morte,* lors même qu'on y supposerait des vaisseaux, et que l'on présumerait que les espèces de pinceaux, très-sensibles à la face inférieure de quelques *soles* solides desséchées, pussent être formés de ces mêmes vaisseaux et de ces fibres cutanées, unies et confondues avec eux, il est certain qu'ils seraient tellement oblitérés, qu'ils n'admettraient aucune sorte de liquide ; et le dessèchement total des premières couches que l'on enlève, en parant un pied, le démontre sans réplique : or, dès que nulle espèce de liqueur ne peut être charriée dans cette portion, c'est avec raison que je la regarde comme essentiellement privée de la vie.

« Ces faits une fois établis et constants, il est évident que c'est principalement dans la *partie vive,* qui est la plus exposée à l'impulsion des liquides, que s'opère la nutrition, et par conséquent l'accroissement ; aussi voyons-nous que l'ongle ne s'étend et ne s'épaissit, soit le sabot, soit la *sole* solide, qu'à compter de leur portion supérieure ou de leur portion molle, de même que, dans la végétation des plantes, la tige ne se prolonge qu'à commencer de la racine. La force de cette impulsion, due à la contraction du cœur, au battement continuel des artères, ainsi qu'à l'action des muscles et à la pression de l'air, qui sont autant d'agents auxiliaires, y détermine le fluide, qui y aborde avec assez de vélocité pour surmonter et pour vaincre peu à peu l'obstacle que lui présentent la *portion moyenne* et la *portion morte ;* de manière qu'elles sont l'une et l'autre chassées par la portion supérieure, qui, descendant et s'éloignant toujours insensiblement elle-même du centre de la circulation, par sa partie la plus basse, devient successivement la *partie moyenne*, et qui, chassée et poussée encore plus loin, devient à son tour la *portion morte.*

« Il serait assez difficile de penser que la *portion moyenne* ou *demi-vive* pût avec succès faire effort contre cette dernière : comme elle ne reçoit la partie la plus subtile de la lymphe que par transsudation, l'abord lent et paisible de ce suc, qui se trouve à l'abri de l'action oscillatoire des vaisseaux et de tout mouvement progressif ordinaire dans la circulation, ne lui procure en aucune façon le pouvoir de chasser devant elle la *partie morte ;* ce n'est qu'autant qu'elle est un corps continu à cette même partie, et qu'elle est réellement chassée elle-même par la *partie vive,* qu'elle peut la contraindre, la déterminer et la pousser : c'est donc dans cette même *partie vive,* que le travail et l'ouvrage de l'accroissement s'accomplissent.

« Eu égard à la chute de l'ongle et à sa reproduction, cette chute est-elle entière ? A-t-elle lieu par une suppuration, ou en est-elle la suite ? La destruction des vaisseaux interdit alors toute communication de l'ongle avec la source des sucs nourriciers, de manière qu'il se dessèche et qu'il tombe, tandis que les humeurs qui auraient dû aller jusqu'à lui, se mêlent et se confondent avec celle qui est suppurée. Cette chute n'est-elle que d'une partie qui se sépare, et arrive-t-elle par un dessèchement au moyen duquel cette partie s'oppose à l'entrée des liqueurs ? Comme elles se trouvent chassées et qu'elles heurtent sans cesse contre elle, elles rompront les vaisseaux dans l'endroit de l'obstacle, et le mort sera séparé d'avec le vif. Dans l'un et l'autre de ces cas, la reproduction proviendra des fibres et des vaisseaux de la couronne, ainsi que de ceux qui pénètrent le tissu feuilleté.

« Enfin, extirpons-nous nous-mêmes la *sole* solide ? Il y a dilacération de tous les vaisseaux qui pénétraient de la *sole* charnue dans les porosités de sa surface interne, et qui formaient leur liaison et leur adhérence. On ne voit aucune goutte de sang suinter de cette même surface ; il y a, de plus, rupture de la partie fibreuse, qui est une suite des fibres cutanées : la suppuration étant opérée, les parties dilacérées végètent, il s'élève de toutes parts des grains charnus, qui ne diffèrent point dans les commencements de mamelons qui se montrent dans les plaies des parties molles ; mais lorsque ces chairs sont parvenues à un certain point, leur superficie devient lisse et sèche comme une cicatrice : cette espèce de pellicule prend du corps, se durcit, devient en peu de temps entièrement semblable à l'ongle que nous avons enlevé, et s'unit avec la portion qui l'avoisine, de façon à ne laisser aucun vestige de la séparation qui a été faite. Ici la reproduction dépend, en grande partie, de la *sole* charnue, et, sur le derrière, d'une portion des téguments. »

On est frappé, en lisant cet exposé de la théorie de Bourgelat, sur le mode de formation de la corne, de la justesse d'observation dont il porte l'empreinte.

Ce grand maître de l'art avait bien reconnu que le tissu corné est *pénétré de vaisseaux* à une certaine profondeur; qu'au delà, « le « diamètre de ces vaisseaux, *auxquels les porosités de la corne li-* « *vrent passage*, diminue tellement, à mesure de l'étroitesse et de « l'intimité de leur union, qu'ils n'admettent, lorsqu'ils sont arrivés « à une certaine portion de l'ongle, *qu'une humeur ténue destinée à* « *subvenir à la nourriture de cette même portion*, tandis que, au delà, « ce même ongle n'est plus en quelque sorte qu'un corps étranger « et dénué de toute organisation. »

Voilà certainement des faits bien observés ; Bourgelat n'a fait erreur que sur leur interprétation. Trompé par les apparences, il a pris pour des vaisseaux propres du tissu corné, ceux qui appartiennent aux processus villeux de la peau, et cette illusion devait le conduire forcément à considérer la corne comme une transformation ou une sorte de *dégénération du derme et de l'épiderme confondus ensemble*.

De là, la distinction établie par lui et parfaitement fondée, du reste, une fois admise l'erreur du point de départ, de la *corne vive*, *demi-vive* et *morte*, pour exprimer les caractères différentiels que présente à l'œil le tissu corné, considéré dans ses couches profondes et superficielles.

Malgré cette fausse interprétation des faits anatomiques, Bourge-

lnt, chose remarquable, n'en est pas moins arrivé cependant à reconnaître avec un parfait discernement, suivant quel mode et d'après
quel mécanisme même s'opèrent la formation et l'accroissement de
l'ongle. La théorie qu'il en donne est, en effet, très-rigoureusement
vraie, et la science moderne n'a rien à y changer.

Quand on réfléchit à la rapidité avec laquelle Bourgelat a rédigé
les œuvres qu'il voulait léguer à son enseignement, on demeure
étonné de la précocité, si l'on peut dire, et de la justesse de ses conceptions sur les matières les plus ignorées et les plus obscures.

A cet égard, son *Essai théorique et pratique sur la ferrure* n'est
pas le moins remarquable de ses écrits.

II. — Ces idées sur la dégénérescence de la peau en substance
cornée et sur la structure vasculaire que cette dernière conserverait
encore dans le principe de sa formation, furent acceptées sans discussion et régnèrent sans partage, appuyées par l'autorité de la pa-
role du maître, pendant les premiers temps de l'enseignement de
nos écoles.

Girard fils, le premier, réforma la doctrine de Bourgelat, dans ce
qu'elle avait de fautif, en établissant la différence radicale qui existe
entre les tissus vivants du pied et la corne dont ils sont revêtus.

Voici comment s'exprime à ce sujet, dans sa *Thèse inaugurale* [1],
ce savant d'un talent si distingué, que la mort enleva si malheureusement à la fleur de l'âge, à la science vétérinaire dont il était l'une
des plus belles espérances.

« Il nous reste à prouver que le tissu réticulaire sécrète la corne,
car il est évident qu'il est le siége de la sensibilité du pied.

« La plupart des expériences, tout en confirmant qu'il est le siége
de cette propriété vitale portée au plus haut degré, prouvent encore
qu'il est la matrice de la formation de la corne. Ainsi, lorsqu'on a
enlevé une portion quelconque de l'ongle, on voit naître quelque
temps après, de distance en distance, sur la surface du tissu réticulaire, de petits noyaux blanchâtres, qui sont bien évidemment *le produit d'une excrétion.* Ces petits corps, d'abord mous, distincts et séparés, se réunissent bientôt pour former une couche cornée qui finit
par devenir très-dure, jaunâtre et plus cassante que la corne primitive, mais qui n'a jamais l'aspect fibreux. Telle est la manière dont

---

[1] *Recueil de médecine vétérinaire*, t. XX, 1843, p. 275.

se fait la sécrétion cornée sur toute la surface du tissu réticulaire mis à nu.

« Nous verrons plus loin que cette corne diffère, sous beaucoup de rapports, de celle que fournit le bourrelet. Si le tissu réticulaire est le siége d'une sécrétion corné, il doit être nécessairement aussi le foyer central de sa nutrition et de *son accroissement*. »

. . . . . . . . . . . . . . . . . . . . . . . .

« Nous avons déjà prouvé que la corne peut être produite par toutes les parties du tissu réticulaire mis à nu, et nous avons fait observer aussi que cette corne de nouvelle formation, sécrétée à la périphérie de ce tissu, n'avàit pas l'aspect, le liant, la souplesse et la texture de la corne formant primitivement la partie antérieure de l'ongle ou la muraille. Ainsi, nous avons vu que celle-ci était lisse et luisante, que celle-là au contraire était terne et rugueuse, que cette dernière devenait très-dure, cassante et friable, tandis que la première était très-flexible, que celle-ci avait bien évidemment une texture fibreuse que l'on ne retrouvait jamais dans celle-là.

« Ce n'est donc pas le tissu réticulaire qui sécrète la corne fibreuse de la muraille ; en effet, les expériences nous démontrent que c'est le bourrelet qui est la matrice de sa formation.

« Ainsi, lorsqu'on a enlevé une partie de la muraille chez un animal vivant, au bout de quelque temps on voit naître sur la surface du tissu réticulaire mis à nu, de petits noyaux cornés que j'ai indiqués plus haut, et bientôt la plaie se trouve recouverte par une couche cornée plus ou moins épaisse résultant de la réunion de ces petits points. Cette pellicule, d'abord mince, peu consistante, acquiert de l'épaisseur, une grande dureté, et devient rugueuse, disposition qui rend le sabot difforme ; mais pendant que ce travail s'est opéré à la surface des parties vives mises à découvert, le bourrelet est aussi devenu le siége d'une sécrétion de substance cornée, qui, au fur et à mesure qu'elle augmente d'étendue, descend en se moulant sur le tissu réticulaire, et chassant en bas la corne qui s'était d'abord formée sur ce tissu. Or, d'après ces données, on doit considérer la couche cornée primitivement sécrétée à la surface du tissu réticulaire, comme un protecteur provisoire ayant pour but de tenir les parties dénudées à l'abri du contact des corps extérieurs. Maintenant, quand doit-on regarder la guérison comme parfaite ? Sera-ce lorsque les parties vives seront recouvertes d'une pellicule cornée ? Non, ce ne sera que quand la corne provenant du bourrelet sera descendue au bord inférieur de l'ongle, et qu'elle sera de niveau avec les autres parties non altérées de cet organe.

« Si on observe cette corne de nouvelle formation, on y retrouve tous les caractères que nous avons signalés à celle de la muraille.

« Mais pour que cette régénération se fasse comme nous venons de l'indiquer, est-il nécessaire que le bourrelet soit resté intact? Non. Les observations pratiques prouvent que lors même que cette partie a été détruite avec l'instrument tranchant, la peau qui fait suite à la portion détachée devient le siége d'une sécrétion cornée analogue à la première, mais plus lente, ce qui permet de conclure que le bourrelet n'est pas un organe particulier, mais seulement un simple renflement de la peau en cet endroit. Il n'en est pas de même lorsque cette partie a été détruite par des ulcères. Les altérations de ce genre déterminent généralement une viciation dans sa sécrétion ; de là les saillies fongueuses qui se font quelquefois remarquer au bord supérieur de l'ongle. Les compressions et les simples divisions perpendiculaires deviennent également la cause de plusieurs affections connues sous le nom de cercles, seimes, etc. »

Telles sont les idées que professait Girard fils sur le mode de formation et d'accroissement de la corne.

D'après lui, les tissus vivants de la région digitale constituent un *appareil sécréteur complexe,* dont les différentes parties concourent simultanément à la formation de la boîte cornée.

Cette manière de voir est très-exacte ; elle dépouille la corne de ces propriétés vitales, que Bourgelat, trompé par les apparences, lui avait à tort attribuées, et lui restitue sa place naturelle parmi les produits d'excrétion organique.

C'est là une interprétation très-juste des faits, et les recherches ultérieures n'ont fait que confirmer la justesse du principe qui lui sert de base.

III. — Le savant auteur de l'*Anatomie vétérinaire* et du *Traité du pied,* M. Girard père, a émis, à différentes époques, dans les dernières éditions de ses livres, des idées analogues à celles de son fils ; mais c'est surtout dans ses *considérations anatomiques sur la corne des grands quadrupèdes domestiques,* que sa manière de voir à ce sujet est nettement formulée.

« Le tissu réticulaire, dit M. Girard, dans ce dernier travail, peut être comparé aux bulbes pileux avec lesquels il a les plus grands rapports..... il ne paraît être qu'une modification du derme ; il est le siége d'une sensibilité très-grande, et il *sécrète la matière cornée qui, n'étant pas reprise par l'absorption, produit des additions continuelles* et détermine ainsi l'accroissement de l'ongle. »

Et ailleurs, M. Girard ajoute : « Ainsi qu'il a déjà été expliqué, la couche papillaire sous-ongulée *a pour office la formation de la matière cornée ; mais cet organe n'est pas seul agent de cette sécrétion, L'expérience prouve que la peau concourt à la même fonction, et qu'elle fournit la corne fibreuse* de la paroi du sabot. Lorsqu'on enlève une portion un peu étendue de cette muraille, la surface papillaire dénudée ne tarde-pas à se garnir de divers points blancs, qui sont autant de rudiments de corne. Ces petits bourgeons, d'abord mous, blancs et isolés, se rapprochent peu à peu, se réunissent enfin en une seule et même couche mince, peu résistante et jaunâtre. Cette production acquiert de la dureté, de l'épaisseur, et finit, si elle n'est pas chassée, par former une corne rugueuse et de mauvaise nature.

« Pendant que ce travail s'opère à la surface du corps réticulaire, *le bourrelet devient le siége d'une autre sécrétion,* d'où émane une substance cornée qui s'étend en bas et opère une cicatrisation complète de la muraille. Au fur et à mesure que la pousse du bourrelet descend, elle se moule sur le tissu feuilleté, se réunit intimement avec l'ancienne corne encore restante ; elle chasse en bas la couche primitivement formée à la face vive du corps papillaire, et elle finit par rétablir l'intégrité du sabot.

« Toutes les fois que la plaie suit cette marche, la cicatrisation devient parfaite, et la corne de nouvelle formation offre toutes les qualités requises. Cet ordre vient-il à être interrompu d'une manière quelconque, la guérison ne s'obtient qu'incomplétement : il y a communément *faux quartier* et diverses autres altérations.

« Puisque la bonne régénération dépend du bourrelet, l'intégrité de cette partie semblerait devoir en être l'une des conditions essentielles.

« L'observation pratique démontre que, lors même que le bourrelet a été détruit avec l'instrument tranchant, la peau qui fait suite à la partie retranchée devient foyer d'une sécrétion cornée, analogue à la première, mais plus lente, et en quelque sorte plus difficile. L'on peut conclure, d'après cela, *que le bourrelet n'est pas un organe particulier, mais seulement un renflement de la peau à cet endroit.*

« L'accroissement de la muraille se fait dans le même sens que celui de sa reproduction, et il a lieu de haut en bas, du bord supérieur à l'inférieur. C'est aussi par le bord inférieur que se fait l'usure, la destruction de la partie, de manière que la paroi perd à peu près, en raison de ce qu'elle gagne, et il y a dans l'ordre naturel une sorte de compensation.....

« La muraille n'acquiert qu'une certaine épaisseur qui semble subordonnée à la grosseur du bourrelet, et l'on se demande pourquoi cette partie du sabot ne croît pas en épaisseur aussi bien qu'en longueur ? L'explication de cette marche, toute naturelle, nous paraît facile. Si l'on accorde que la paroi puisse être supposée et qu'elle ne soit véritablement qu'un assemblage de poils naissant du bourrelet, nous dirons que ces poils ne peuvent arriver qu'à une certaine grosseur, tandis qu'ils peuvent s'allonger presque indéfiniment. Il est bien vrai que l'expansion papillaire fournit un suc corné, mais nous avons vu que la corne pileuse pousse en bas et remplace ce produit qui n'est pas d'ailleurs de nature à pouvoir former une bonne régénération. On peut donc présumer, avec quelque fondement, que les fluides sécrétés par le tissu réticulaire fortifient la sécrétion pileuse du bourrelet ; toutefois, ils entretiennent la souplesse, la flexibilité de la muraille, et par cela même qu'ils assouplissent, ils doivent favoriser l'allongement des poils qui descendent du bourrelet, et qui deviennent arides dès le moment où ils dépassent le corps papillaire. Ainsi, la substance pileuse de la muraille prend racine au bourrelet, d'où elle descend et s'allonge progressivement. En passant sur l'expansion réticulaire, *elle reçoit un secours de nourriture,* qui entretient une vigueur et une souplesse égales partout. A partir du point où elle quitte le corps papillaire, cette même substance commence à se dessécher et devient comme morte.

« ..... On voit, par ce qui vient d'être dit, que la couche principale de la muraille *n'est sûrement pas une continuité du derme dont elle diffère sous tous les rapports ; elle en est seulement le produit, la matière d'excrétion.* »

IV. — Malgré les recherches de Girard fils, continuées par son père, sur l'origine et le développement de la corne podale, la théorie de la *kératogénèse* n'était pas encore complétement formulée. Girard fils avait bien reconnu, il est vrai, ce fait considérable et d'une importance principale, que la sécrétion est la source de la formation et de l'allongement indiscontinu de la matière cornée ; mais quelles étaient, dans l'action sécrétoire, les attributions bien déterminées des différentes parties composantes de l'appareil sécréteur? c'est ce qu'il n'avait pas exprimé d'une manière parfaitement claire et satisfaisante pour l'interprétation complète des faits.

En assignant au tissu réticulaire, c'est-à-dire aux tissus feuilleté et velouté, un rôle aussi essentiel que celui de *foyer central de nutrition, de matrice de formation de l'ongle;* et, d'autre part, en ne considérant le bourrelet que comme un appareil secondaire, dont la destruction ne s'opposait pas à ce que le sabot se régénérât dans son intégrité, Girard ne s'était pas rendu un compte suffisant des fonctions *spéciales* des différentes parties dont l'ensemble constitue l'appareil sécréteur kératogène.

Restait donc à déterminer par de nouvelles recherches quelles étaient les fonctions respectives de ces parties dans l'action sécrétoire à laquelle elles concourent simultanément.

C'est cette détermination précise et rigoureuse qui a été le but et le résultat des recherches persévérantes du savant directeur actuel de l'École d'Alfort, M. Renault; recherches qui ont servi de base à l'exposé théorique que nous avons donné plus haut de la sécrétion kératogène.

FIN DE LA PREMIÈRE PARTIE.